# Praktische Stanzerei

## Ein Buch für Betrieb und Büro mit Aufgaben und Lösungen

Von

**Eugen Kaczmarek**

Oberingenieur in Berlin

Erster Band

## Schneiden, Flachstanzen und zugehörige Werkzeuge und Maschinen

Vierte, verbesserte Auflage

Mit 209 Abbildungen

Springer-Verlag Berlin Heidelberg GmbH

ISBN 978-3-642-52910-8 ISBN 978-3-642-52909-2 (eBook)
DOI 10.1007/978-3-642-52909-2


Ursprünglich erschienen bei Springer-Verlag OHG., Berlin/Göttingen/Heidelberg 1954

Softcover reprint of the hardcover 4th edition 1954

# Vorwort zur vierten Auflage.

In der Stanzereitechnik herrscht die Tendenz vor, durch zeitverkürzende Arbeitsverfahren zu billigen Verbrauchsgütern zu gelangen. Diese Kurzverfahren erfordern ein erhöhtes Tempo der Produktionsmaschinen, dessen Beurteilung von Ingenieur und Konstrukteur ein großes praktisches Können und technisches Wissen voraussetzt. Um hier ideenschöpferisch zu wirken, wird in diesem Buche der Schritt unternommen, dem in der Praxis Stehenden eine möglichst umfassende Darstellung der neuzeitlichen Stanzereitechnik in knapper Form zu bieten. Dafür sind mit vielen Abbildungen die Werkstücke, Vorrichtungen, Arbeitsverfahren und die hierbei nötigen Berechnungen besprochen worden. Konnten früher die mit neuen Aufgaben in der Stanzereitechnik auftretenden Schwierigkeiten nur durch immer wiederholte Versuche überwunden werden, so hat die neuere Entwicklung eine wissenschaftliche Auswertung und Vertiefung gebracht. Nur durch die Verbindung von Werkstatterfahrung und Festigkeitslehre können mustergültige Entwürfe entstehen, zu deren Gelingen dieses Buch helfen will. So ist seine vierte Auflage durch fachliche Ergänzungen und Normenhinweise gekennzeichnet. Im neuzeitlichen Betrieb wird jetzt sachgemäß berechnet, die Arbeitsverfahren werden planmäßig festgelegt und genormte Werkzeuge verwendet. Auch die Kenntnis der Werkstoffe ist sehr wichtig geworden.

Der *erste* Band bringt das Schneiden und Stanzen von Flachteilen, die dazu erforderlichen Werkzeuge und Maschinen, zahlreiche Fertigungsbeispiele nach weniger bekannten Verfahren und einen technischen Nachschlageteil, der gerade dem Praktiker den Gebrauch des Buches und die rasche Beantwortung der auftretenden Fragen erleichtern soll.

Der *zweite* Band behandelt entsprechend das Ziehen, Hohlstanzen und Pressen. Auch dieser Teil endet mit einem eigenen technischen Nachschlageteil.

Um den heutigen Forderungen nach Mechanisierung der Stanzereiverfahren bis zu Spitzenleistungen und nach vorteilhaft arbeitenden Werkzeugen zu entsprechen, sind in dem neuen *dritten* Band Verbundwerkzeuge, Zuführmittel mit Gleichrichtverfahren und Fließweganlagen mit vielen Anwendungsbeispielen besprochen.

Berlin, im Mai 1954.

**E. Kaczmarek.**

# Inhaltsverzeichnis.

# A. Einleitung.

## Allgemeines über eine neuzeitliche Stanzerei und ihre Einrichtungen.

Unter einer neuzeitlichen Stanzerei wird im folgenden ein Betrieb verstanden, der seine Maschinen stets in gutem Zustand erhält, in jeder Hinsicht eine tadellose Arbeitsorganisation besitzt und mit ausgewählt tüchtigen Kräften arbeitet. Die Forderung, die man an solche Kräfte stellt, ist die vollkommene Beherrschung der Arbeitsverfahren in der Stanzereitechnik.

**Gliederung und Arbeitsbereich der Abteilungen.** Zunächst sind Betrieb und Büro zu unterscheiden, die miteinander Hand in Hand zu arbeiten haben. Der Betrieb ist aus wirtschaftlichen Gründen in Abteilungen gegliedert, die für das Zuschneiden des zu verarbeitenden Werkstoffes, die Herstellung von Schnitt-, Stanz-, Zieh-, Preßteilen und für das hierzu notwendige Entfetten, Glühen, Beizen oder Gelbbrennen der Teile in Frage kommen.

**Zuschneiderei für benötigte Werkstoffe.** Die Abteilung für das „Zuschneiden“ sieht ihre Aufgabe darin, alle zu verarbeitenden Werkstoffe, seien es Tafeln, Streifen, Ronden oder Stangenabschnitte, für Preßrohlinge so vorteilhaft und maßgerecht zuzuschneiden, daß wenig Verschnitt auftritt und unvermeidbarer Abfall eine nutzbringende Verwendung findet.

**Stanzerei (allgemeiner Betrieb).** Die mit der Herstellung von Schnitt-, Stanz-, Zieh- und Preßteilen beschäftigte Abteilung muß darauf achten, daß sie ihre Maschinen gut ausnützt und eingeleitete Arbeitsverfahren nicht unterbrochen werden, um die abgegebenen Liefertermine einzuhalten. Sie hat auch besonders darauf zu achten, daß die Pressen sowohl beim Schneiden wie beim Stanzen vor Überlastung geschützt werden. Die Pressenkörper-Auffederung ist dafür ein wertvolles Kontrollmittel.

**Zieherei.** Bei größeren Unternehmen mit umfangreichem Bedarf an verschieden geformten Hohlteilen findet man meist eine abgezweigte Abteilung, die sich nur mit der Technik des Ziehens beschäftigt.

Bei den Maschinen in der Zieherei soll möglichst viel Platz für Transportkästen der Ziehteile vorgesehen sein, um verstellte Wege zu vermeiden, die die Arbeit des Bedienungspersonals behindern.

**Entfetterei, Glüherei und Beizerei.** Hier werden die Teile entfettet, gebeizt und blank gebrannt. Man verwende eine nicht feuergefährliche Entfettungsflüssigkeit, „Tri“ genannt, die nach ihrer Verunreinigung wieder rein zurückgewonnen werden kann. Beim Beizen oder Blankbrennen muß wirtschaftlich verfahren werden, indem man die Abwässer vor dem Einfließen in städtische Kanalisationsröhren nutzbringend verwertet. Der restliche Säurerückstand ist durch Kalkwasser zu neutralisieren. Hierbei wendet man die KÖPFERsche Methode an, bei der die kupferhaltigen Säureabwässer über Eisenspäne oder -platten geleitet werden. Der dadurch gewonnene Kupferniederschlag wird dann wieder nutzbar gemacht.

Abb. 1 . Hebelfahrgestell für Werkzeuge nach AWF 263.

**Werkzeugbau.** Die Arbeitsmittel liefert der Werkzeugbau der Stanzerei über das Werkzeuglager, das gleichzeitig auch Ausgabestelle für den ganzen Stanzereibetrieb ist. Der Werkzeugbau muß den Fachkenntnissen der Arbeiter entsprechend unterteilt werden, damit jede Gruppe für sich preiswert und gut ihre Werkzeuge sowie Reparaturen ausführen kann. Die erste Gruppe wird z. B. nur für Schnittwerkzeuge, die zweite für Stanz- und Prägewerkzeuge, die dritte für Kalt-, Warmmetall- und Kunstharzpreßformen, die vierte nur für Ziehwerkzeuge vorgesehen. Außer diesen werden noch Facharbeiter für Meßeinrichtungen u. a. m. im Werkzeugbau beschäftigt.

**Werkzeuglager und Ausgabestelle zugleich.** Im Werkzeuglager werden die Werkzeuge nach Kurz- und Kennzeichen oder nach Zahlen registriert verwaltet. (Kurz- und Kennzeichen für Werkzeuge s. S. 8.) Hier wird auch darauf geachtet, daß die Werkzeuge den Abteilungen immer gebrauchsfähig ausgehändigt werden. Bei Rückgabe der Werkzeuge muß das zuletzt gefertigte Teil mitgeliefert werden, das erkennen läßt, ob die Werkzeuge nachgearbeitet werden müssen oder nicht. Kommen bei einem Werkzeug häufig Reparaturen vor, so geht eine Mitteilung an die Betriebsleitung, damit untersucht wird, ob Fahrlässigkeit des Betriebes oder Werkzeugmängel die Ursache sind. Über Verschleiß und Kostenaufwand der Werkzeuge geben die eingeführten AWF-Werkzeugkarten 3019 und 3020 Aufschluß; auf ihnen können ohne viel Zeitaufwand die Kosten für die Neuanschaffung, Reparaturen, Stückleistung und Lebensdauer der Werkzeuge vermerkt werden.

**Die Werkräume.** Stanzereibetriebe müssen stets mit großen Bodenbelastungen rechnen. Deshalb sind die Räume möglichst zusammenhängend im Erdgeschoß unterzubringen. Dazu gehört auch das Werkzeuglager mit seinen besonders großen Regallasten. Um große Leistungen in den Abteilungen zu erreichen, müssen die Werkräume gutes Tageslicht, gute direkte und indirekte Beleuchtung und nicht mit Ware verstellte Ein- und Ausgänge besitzen. Soweit die Stanzereimaschinen nicht für Fließarbeit in Frage kommen, sind sie nach ihren Arbeitseigenschaften und Leistungen zu gruppieren. Dabei sind so breite Wege vorzusehen, daß Transportkarren mit Ladegut fahren können, ohne die Arbeiterinnen zu stören. Die einzelnen Stanzereiabteilungen sind am vorteilhaftesten so zu legen, daß der Weg des zu verarbeitenden Werkstoffes von der Zuschneideabteilung durch die Stanzerei nach den darauffolgenden Abteilungen, z. B. Werkzeugbau, Glüherei und Beizerei, geht. Für den Werkzeugbau und das Werkzeuglager sind die Räume gegenüber den anderen Abteilungen zentralliegend vorzusehen, um den Weg für Werkzeugtransporte möglichst klein zu halten.

## Büros und ihre Aufgaben.

Zur Förderung eines flotten Geschäftsganges sind die Büros ebenfalls spezialisiert in Abteilungen für Arbeitsvorbereitung, Bestellungen, Vor- und Nachkalkulation, Terminverfolgung und Konstruktion von Werkzeugen und Vorrichtungen.

**Arbeitsvorbereitung.** Einen großen Einfluß auf den ganzen Stanzereibetrieb übt das Büro für Arbeitsvorbereitung aus. Von ihm hängt es ab, in wie kurzer Zeit die Aufträge erledigt werden können. Es muß auch für die kleinsten Bedürfnisse des Betriebes gesorgt werden, um Arbeitsunterbrechungen zu verhüten. Je gründlicher die Angaben, die von hier kommen, behandelt werden, um so reibungsloser wickelt sich eine Auftragserledigung ab. In welchem Umfang die Arbeiten vorgenommen werden müssen, bestimmt vorher die Betriebsleitung.

**Kalkulationsabteilung.** Maßgebend für die Herstellung von Teilen ist die voraufgegangene Kalkulation und die nachfolgende Prüfung der Ergebnisse. Letztere Kontrollmaßnahme ist nötig, um festzustellen, ob eine Methodenänderung während der Teilherstellung stattgefunden hat und ob sie nutzbringend oder nachteilig war. Die Kalkulation entscheidet aber auch darüber, ob die Werkzeuge von der Betriebsleitung bewilligt werden oder nicht. Sie kalkuliert den zu verarbeitenden Werkstoff nach, ob er restlos günstig ausgenutzt wird, und versucht bei Überschreitung von etwa 15 bis 20 vH Werkstoffabfall, Ersparnisvorschläge zu machen.

**Abteilung für Terminüberwachung.** Mit der reihenweisen Auftragserteilung beschäftigt sich das Terminbüro, hat es doch großes Interesse, alles, was der Betrieb von auswärts bekommen soll, rechtzeitig heranzuschaffen. Auf Grund seiner Kartei verfolgt es die von den Abteilungen einzuhaltenden Termine und greift rechtzeitig ein, wenn auf Termineinhaltung keine Aussicht bestehen sollte.

**Konstruktionsbüro.** Den Hauptanteil an dem Werteschaffen hat das Konstruktionsbüro, das über genügend technische Unterlagen verfügen muß, die jedem Konstrukteur ohne Unterschied zugänglich sein sollen. Es ist zweckmäßig, daß sich bei den Unterlagen über Werkzeuge auch Wirtschaftlichkeitsberechnungen befinden für alle vorkommenden Fälle (siehe den Plan der Stanzereitechnik, Abb. 2). Dieser Plan gewährt dem Betrachter einen Überblick über ein großes Teilgebiet der spanlosen Formung. Diese Technik weist auch einen ungewöhnlich großen Bereich an Arbeitsverfahren, Arbeitsmitteln, wie Werkzeugen, Maschinen, Vorrichtungen und verschiedenen Werkstoffen auf. Alles hängt von der Wirtschaftlichkeit ab, die dadurch gewährleistet wird, daß einerseits Normungen der Werkzeuge, Maschinen und Werkstoffe, andererseits Richtlinien für die Arbeitsverfahren und Stückrechnung vorgesehen sind.

Durch die Gliederung der Stanzereiwerkzeuge wird ihre wirtschaftliche Wahl wesentlich erleichtert. Dieser Aufbau soll vor allem Fehlentscheidungen verhindern, die häufig erst dann feststellbar sind, wenn man vor der vollendeten Tatsache steht. Das Konstruktionsbüro ist hieran besonders stark interessiert und wird aus dieser Unterlage das jeweils Richtige herauszufinden wissen.

Die oft sinnwidrigen Werkzeugbenennungen haben Anlaß gegeben, daß man die Werkzeuge zwangsläufig nach den ausgeführten Arbeitsverfahren benennt. Wie aus dem Plan Abb. 3 ersichtlich ist, sind den Arbeitsverfahren die entsprechenden Werkzeugnamen gegenübergestellt, die dann eine Änderung erfahren, wenn ein Werkzeug mehrere verschiedene Arbeitsverfahren ausführt. Die Verbindungslinien im Plan geben die einander zugeordneten Arbeitsverfahren an, die das betreffende Werkzeug ausführen kann. Danach sind z. B. folgende Werkzeugbenennungen zustande gekommen:

Schnitt mit Biegestanze . . . . . . . . . . . . Schnitt-Biege-Stanze,
Schnitt mit Formstanze . . . . . . . . . . . . Schnitt-Form-Stanze,
Schnitt mit Zug- und Prägestanze . . . . . . Schnitt-Zug-Präge-Stanze usf.

Diese Werkzeugbenennungen vereinfachen die Registrierung auf den Karteikarten und prägen sich besser ein als willkürlich gewählte Namen. Im Schriftverkehr sind die zwangsläufig gebildeten Werkzeugbenennungen sehr verständlich.

Kenn- und Kurzzeichen für Stanzereiwerkzeuge sind in ähnlicher Weise, wie sie bereits in der Elektrotechnik vorhanden sind, geschaffen worden. Ihr Zweck ist:

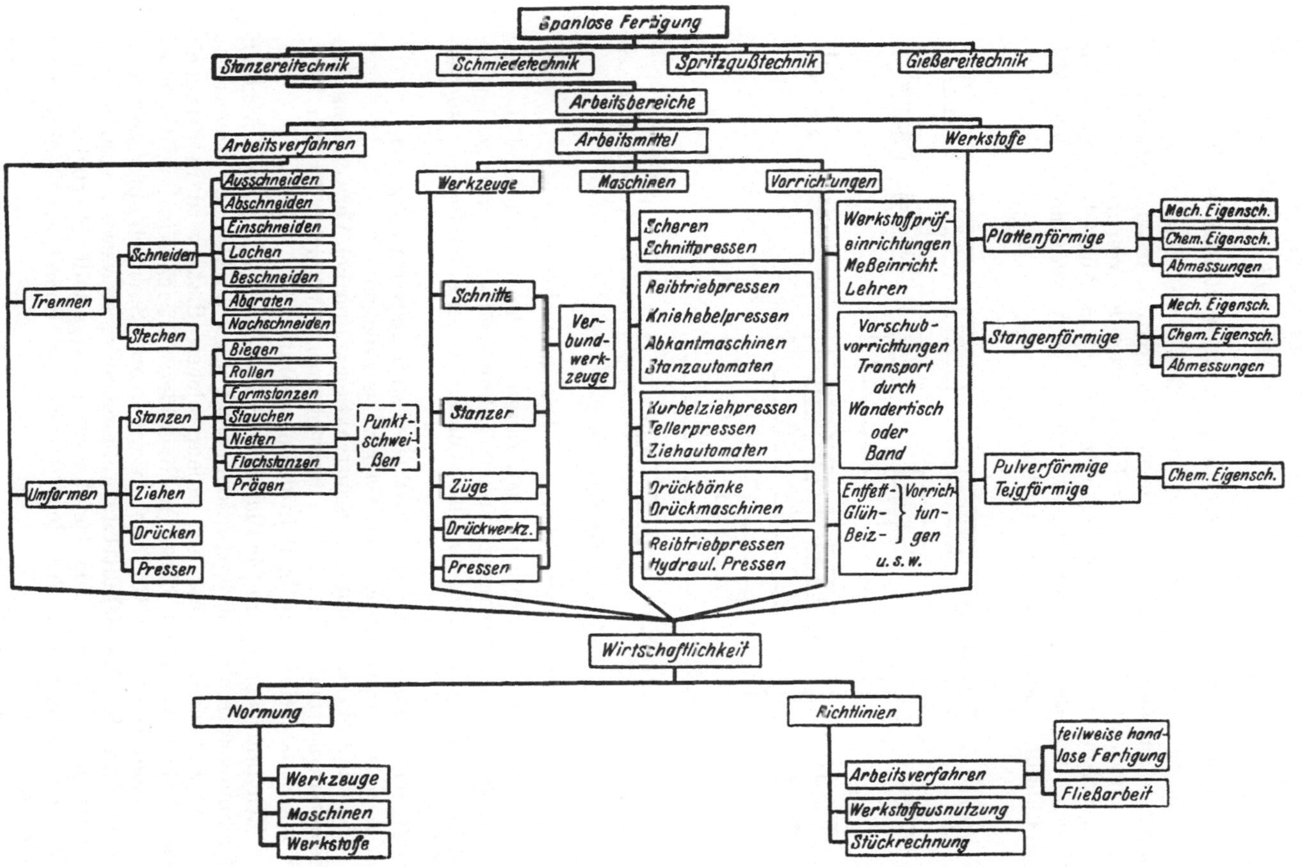


Abb. 2. Schematische Darstellung des Arbeitsbereiches der Stanzereitechnik nach AWF E 5000.

1. eindeutige Benennung und Kennzeichnung der Werkzeuge,
2. Ersparnisse an Schreibarbeit innerhalb und außerhalb des Betriebes,
3. leichte gegenseitige Verständigung in Wort und Schrift.

Die Erfahrungen haben ergeben, daß sich die Sinnbilder mit den Buchstabenbezeichnungen ergänzen, ohne daß dazu viel Erklärungen nötig sind. Die Merkzeichen für Einzelheiten der Werkzeugausführung sind besonders für Bestellungen in Form von Aufklebeschildern geeignet, weil dadurch die Schreibarbeit weiter vermindert und Mißverständnisse ausgeschaltet werden.

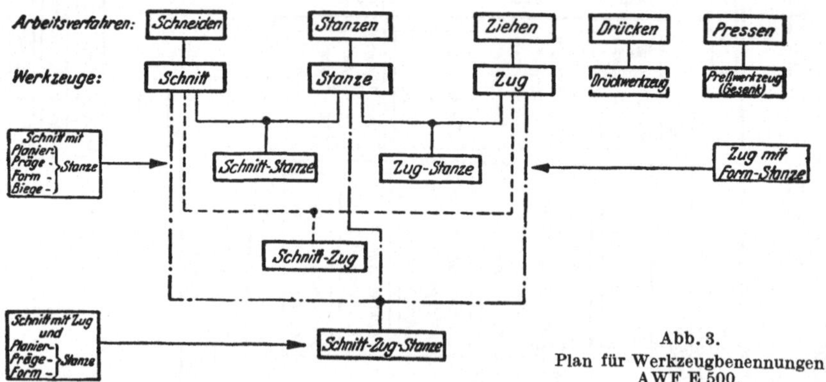


Abb. 3.
Plan für Werkzeugbenennungen.
AWF E 500.

In diesem Sinne ergibt sich eine Arbeitsbeschleunigung:

1. durch Verwendung von genormten Werkzeugbestandteilen,
2. durch Herabsetzung hoher Schnittkräfte mittels geeigneter Scharfschliffe, um leichtere und schneller arbeitende Pressen zu verwenden,
3. durch Benutzung selbsttätiger Zuführungsvorrichtungen,
4. durch Anwendung von Verbundwerkzeugen,
5. durch Verkürzung der Konstruktionszeiten bei Verwendung von Zeichnungsformularen: a) für Plattenführungsschnitte, b) mit Vordruck-Pausblättern für Säulenführungsschnitte.

**Zeichnungsformulare für Plattenführungsschnitte.** In Abb. 7 wird ein Zeichnungsformular gezeigt, in dem ein Folgeschnitt so einskizziert ist, wie er zu arbeiten hat. Auf einem solchen Blatt wird maßstäblich gezeichnet. Das Blatt bietet noch größere Erleichterungen, wenn es mit einem Linienfeld für Schnittkästen und Stempelkopfgrößen versehen wird. Ist das Schnittbild aufgezeichnet, so werden vom Kalkulationsbüro die Kosten für das Werkzeug festgestellt. Hierbei wird das Formular Abb. 8 und für den Betrieb die Bohrskizze Abb. 9 verwendet.

**Vordruck-Pausblätter für Säulenführungsschnitte.** Werkzeugkonstruktionen haben stets wiederkehrende Bestandteile, die groß oder klein

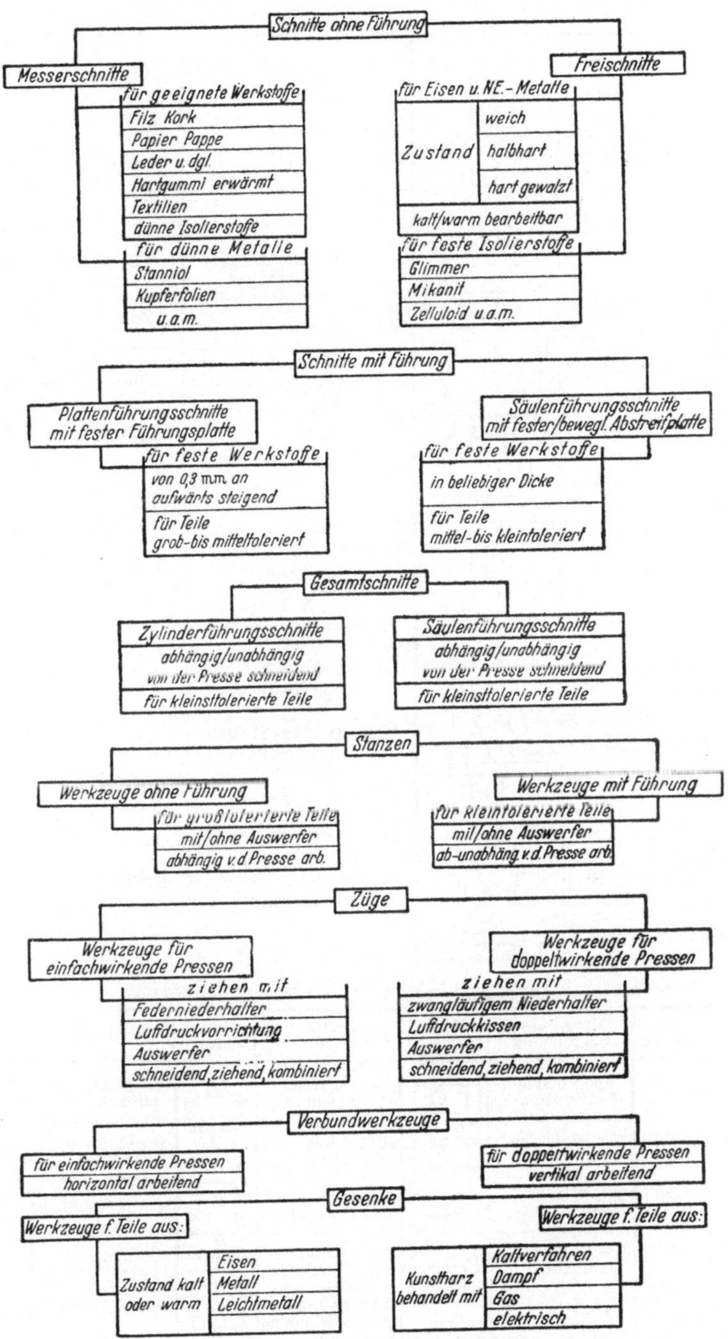


Abb. 4. Gliederung der Stanzereiwerkzeuge.

Merk- und Kurzzeichen für Stanzereiwerkzeuge.

| Benennung | | Kurzzeichen | Merkzeichen |
|---|---|---|---|
| Messerschnitt | | Sm | |
| Freischnitt | | S | |
| Platten-Führungsschnitt | | Sf | |
| Folgeschnitt mit Plattenführung | | Sfv | |
| Säulen-Führungsschnitt | | Sfs | |
| Folgeschnitt mit Säulenführung | | Sfsv | |
| Gesamtschnitt mit Säulenführung | | Sfsg | |
| Biegestanze | einfach | Stb | |
| | einfach mit Auswerfer | Stba | |
| | m. beweglichem Unterteil | Stbu | |
| | m. bewegl. Unterteil u. Auswerfer | Stbua | |
| | mit Keiltrieb | Stbk | |
| Rollstanze | einfach | Str | |
| | einfach mit Auswerfer | Stra | |
| | mit Keiltrieb | Strk | |

| Benennung | | Kurzzeichen | Merkzeichen |
|---|---|---|---|
| Formstanze | | Stf | |
| Flachstanze | | Stpl | |
| Prägestanze | | Stpr | |
| Züge | mit zwangläufigem Niederhalter für doppeltwirkende Pressen | Z | |
| | | Za | |
| | m. federndem Niederhalter für einfachwirkende Pressen | Zna | |
| Schnittzug | für doppeltwirkende Pressen | S-Z | |
| | | S-Za | |
| | für einfachwirkende Pressen | S-Zna | |
| Zug-Schnitt für einfach- u. doppeltwirkende Pressen | | Z-S | |
| Schnitt-Zug-Schnitt für doppeltwirkende Pressen | | S-Z-S | |
| Schnitt-Zug-Stanze für einfachwirkende Pressen | | S-Z-St | |
| Schnitt-Stanze für einfachwirkende Pressen | | S-St | |
| Zug-Stanze für einfach- u. doppeltwirkende Pressen | | Z-St | |

Merkzeichen für Einzelheiten der Werkzeugausführung.

| Schnittart | Merkzeichen | Vorschubbegrenzung | Merkzeichen | Auswerfer und Abstreifer | Merkzeichen | Teileinlagen | Merkzeichen |
|---|---|---|---|---|---|---|---|
| Abschneider (Abhackschnitt) | | ohne Vorschubbegrenzung | | oben: federnd unten: federnd | | Umgrenzungseinlage | |
| Schnitt m. Vorl. (Folgeschnitt) | | mit Einhängestift | | oben: ohne unten: federnd | | Durchbrucheinlage | |
| Abschneider mit Vorlocher | | Ein-Seiten-Schneider | | oben: zwangläuf. unten: federnd | | Verbundeinlage | |
| Lochschnitt | | Zwei-Seiten-Schneider | | oben: federnd unt.:Federboden | | | |
| Gesamtschnitt | | Suchstift | | oben: zwangläuf. unt.:Federboden | | | |
| Mehrfachschnitt | | Anschneideanschlag | | | | | |

Abb. 5. Kenn- und Kurzzeichen für Stanzereiwerkzeuge nach AWF 5952.

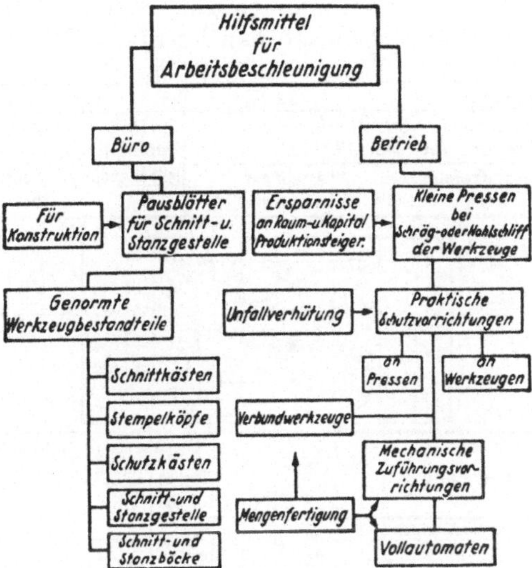


Abb. 6. Mittel und Verfahren für Arbeitsbeschleunigung.

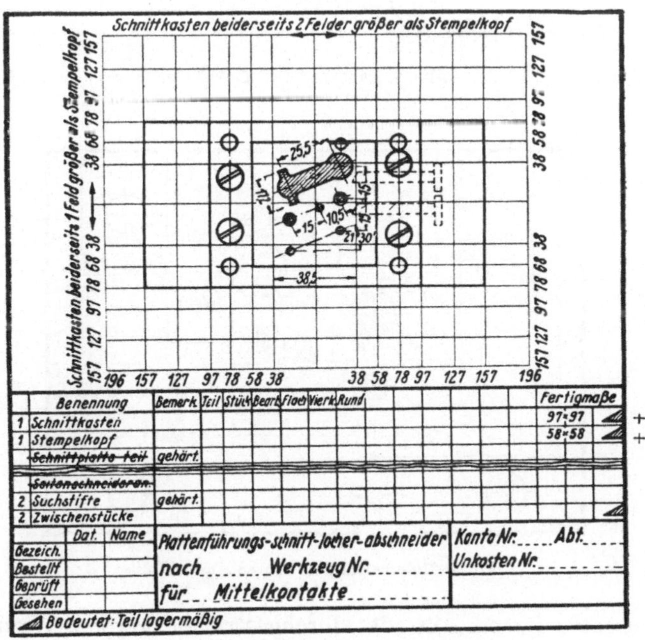


Abb. 7. Zeichenformular für Plattenführungsschnitte.
(+ Beides ist nach Skizze anzufertigen.)

ausfallen und durch Normen maßlich festgelegt sind. Um Zeichenarbeit für diese Teile zu sparen, benutzt man Vordruck-Pausblätter, auf denen

| Vorkalkulation Blatt Nr. | Werkzeugbenennung | |
|---|---|---|
| Plattenführungs – Schnitt – ~~Locher-Abschneider~~ für *Mittelkontakt* | Teil Nr.<br>Zeichng. Nr. | Werkzg. Nr.<br>Werkzg.-Zchg. Nr. |
| Arbeitsstufenfolge siehe Skizze bestellt am<br>zu liefern am | Teilbenennung | Konto Nr.<br>Bestell Nr. |

| | Benennung | | | Vorgabezeit in Minuten | | | | | | | | | | | | | |
|---|---|---|---|---|---|---|---|---|---|---|---|---|---|---|---|---|---|
| | | | | hobeln Fläche | | hobeln Form | | Drehen | | Sägen u. Feilen | | Schleifen | | Arbeiten v. Hand | | Fräs. | Bohr. L.B.M. |
| | | | | A | B | A | B | A | B | A | B | A | B | A | B | A | B |
| *1* | *Schnittkasten 97×97 mm* | | | ▲ | *404* | | | | | | | | | | | | |
| *1* | *Stempelkopf 58×58 mm* | | | ▲ | *40* | | | ▲ | *27* | | | | | ▲ | *90* | | |
| *1* | *Stempelaufnahmeplatte* | | | ▲ | *16* | | | | | *75* | | | | | | | |
| *1* | *Druckplatte* | | | | | | | | | | | ▲ | *7* | | | | *9 Löcher auf L.B.M. 133 min* |
| *–* | *Nadelrohre* | | | | | | | | | | | | | *1950 min* | | | |
| *3* | *Vorlocher* | | | | | | | | | | | | | | | | |
| *2* | *Ziehnadeln* | | | | | | | | | | | | | | | | |
| *1* | *Modell* | | | | | | | | | | | | | *210* | | | |
| | | | | | *655* | *300* | | | *87* | *315* | | | *7* | *2250* | | | *133* |
| | | | | | | *Summa* | | *3747 Min.* | | | *Löhne* | | *75,00 RM* | | | | |

▲ *Bedeutet: Teil lagermäßig, keine Karte ausschreiben*

Abb. 8. Pausblatt für Kalkulation.

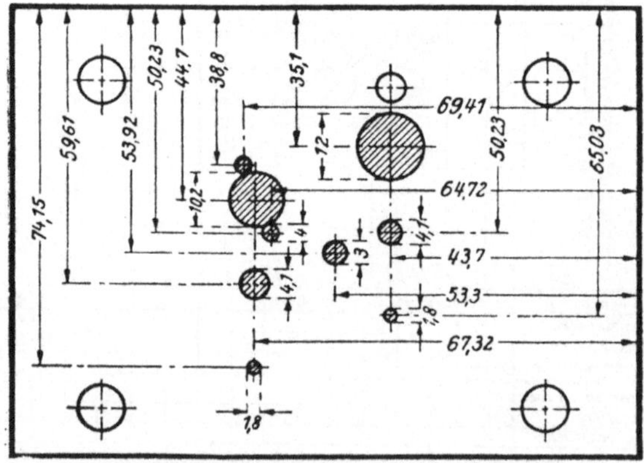


Abb. 9. Bohrskizze für Lehrenbohrmaschine.

die Teile entweder bemaßt oder durchgestrichen werden. Wiederholung von Konstruktionsarbeiten wird also vermieden und Tagesarbeit in Stunden erledigt. In Abb. 10 ist der Vordruck, in Abb. 11 die zu leistende

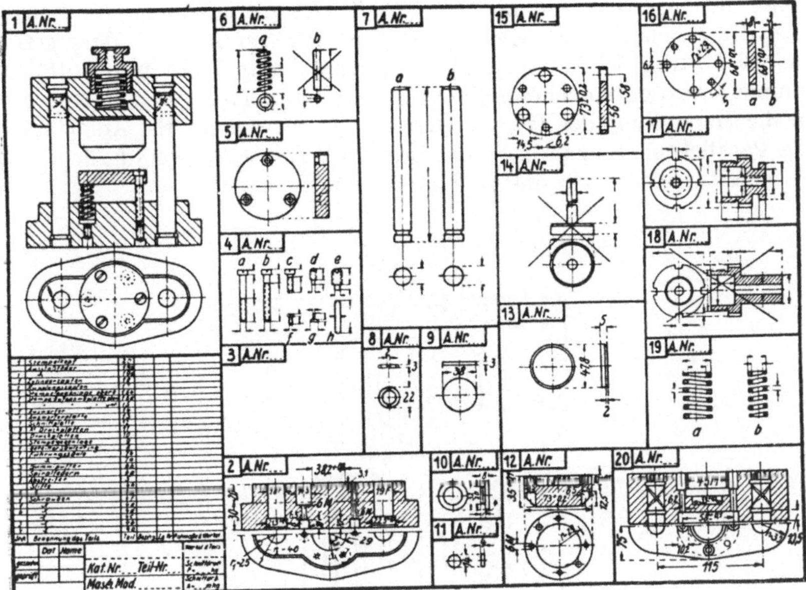

Abb. 10. Pausblatt für Säulenführungsschnitte.

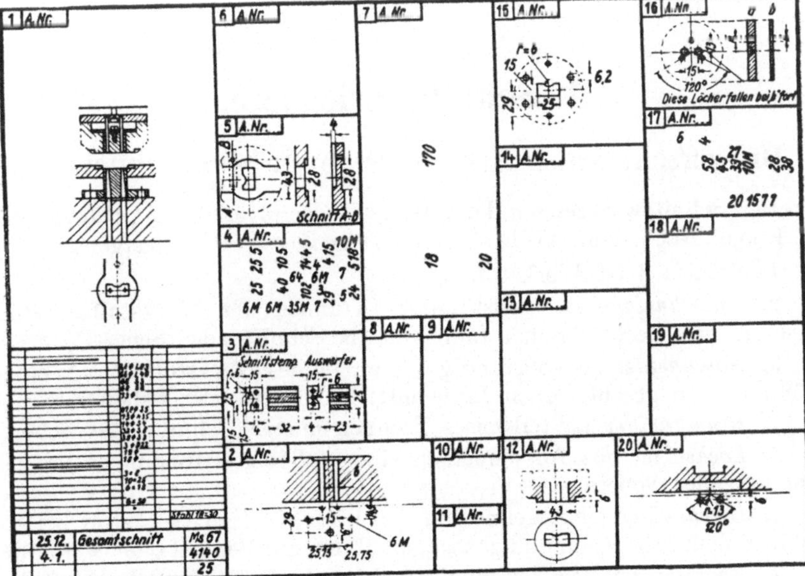

Abb. 11. Konstruktionsarbeit am Pausblatt.

Konstruktionsarbeit und in Abb. 12 die Gesamtzeichnung mit Stückliste, die gleichzeitig Mappe für die Einzelzeichnungen ist, dargestellt. Das Blatt Abb. 10 für Einzelteile, versehen mit Teil- und Auftragsnummer, wird entsprechend den vorgesehenen Feldern zerschnitten und für die Herstellung der Werkzeugeinzelteile verwendet. Bei Anfertigung von Parallelwerkzeugen ist keine Konstruktionsarbeit erforderlich, weil die bereits bestehende Mappe hierzu benutzt wird.

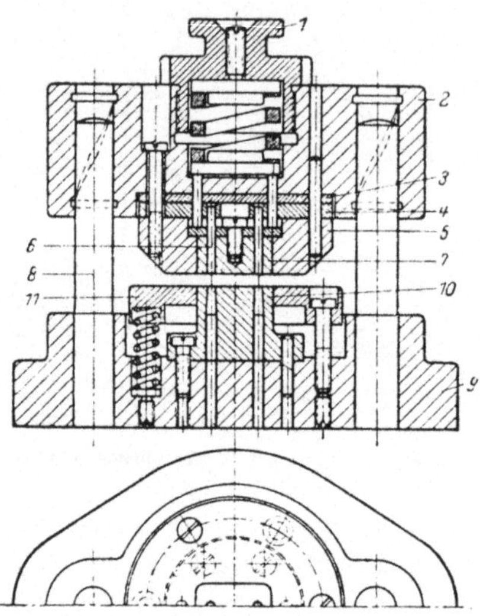


Abb. 12. Pausblattmappe. Pausblatt als Mappe gefaltet nach AWF 5202.

# B. Schnittwerkzeuge.

## Die verschiedenen Arbeitsverfahren beim Schneiden.

Bei Schnittwerkzeugen kommt das Arbeitsverfahren „Schneiden" in Frage. Nach dem AWF sind die Begriffe wie folgt festgelegt:

1. *Schneiden* ist Werkstofftrennen.

2. *Ausschneiden* ist vollständiges Trennen des Werkstoffes längs einer in sich geschlossenen Linie mittels Schnitt oder Schere.

3. *Abschneiden* ist vollständiges Trennen des Werkstoffes längs einer nicht in sich geschlossenen Linie mittels Schnitt oder Schere.

4. *Einschneiden* ist teilweises Trennen mittels Schnitt oder Schere.

5. *Lochen* ist das Ausschneiden einer beliebigen Innenform mittels Schnitt oder Schere.

6. *Beschneiden* ist Abschneiden von überflüssigem Werkstoff bei geschnittenen, gebogenen und gezogenen Teilen mit Schnitt oder Maschine.

7. *Abgraten* ist das Abschneiden von überflüssigem Werkstoff bei Form-, Preß- oder Gußteilen mittels Schnitt.

8. *Nachschneiden* ist das Kleinerschneiden flacher Teile in entgegengesetzter Richtung zur vorhergehenden Schnittrichtung mittels Schnitt zur Erreichung scharfer Kanten und glatter Schnittflächen.

9. *Stechen* ist das Durchziehen (Durchreißen) der Spitze eines Dornes durch flachen Werkstoff zwecks Erreichung runder, nietenähnlicher oder sonstiger herausgerissener Formen mittels Stechwerkzeuges.

**Die Streifenausnützung (Schnittmethoden).**

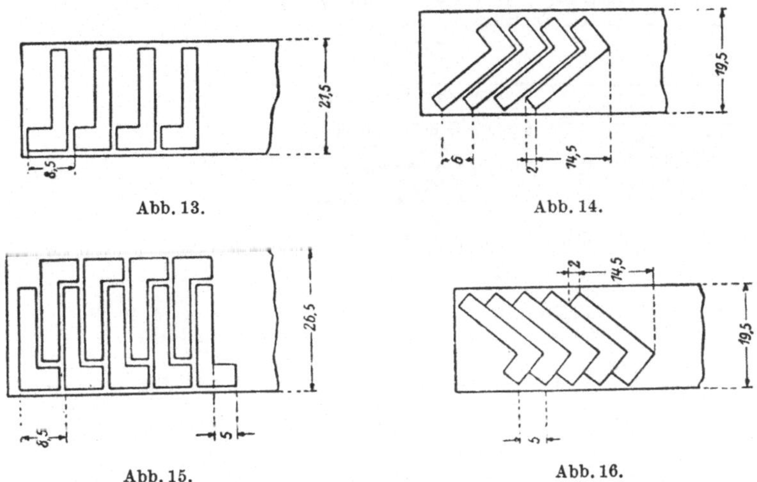


Abb. 13. Abb. 14.

Abb. 15. Abb. 16.

*Vorteile in der Schnittstellung.*

| Abb. | Anordnung | Stück je m | Abfall in vH |
|---|---|---|---|
| 13 | ungünstig . . . | 116 | 61,04 |
| 14 | besser . . . . . | 163 | 39,06 |
| 15 | noch besser . . | 231 | 37,00 |
| 16 | am besten . . . | 244 | 22,30 |

Werkzeug: Führungsschnitt.
Werkstoff: Siliziumeisen.

**Richtlinien für Schnitteile.** Schnittwerkzeuge sollen in ihrem Kostenaufwand den zu fertigenden Schnitteilen angepaßt sein und den Werkstoff restlos günstig verarbeiten. Hierbei sind folgende Richtlinien zu beachten:

1. Bei der Formgebung von Schnitteilen sind geschweifte Umrißlinien möglichst zu vermeiden, sie verteuern die Schnittwerkzeuge erheblich.

2. Wenn es sich nicht umgehen läßt, daß gerade und geschweifte Linien in der Umrißform des Teiles wechseln, wende man an den Übergangsstellen stumpfe Ecken an. Sonst wird die Härtebruchgefahr für das Werkzeug vergrößert.

3. Wo Kantenabrundungen am Teil notwendig sind, sollen sie mit einheitlichen Maßen angegeben werden. Dies erleichtert die Werkzeugarbeiten.

## *Vorteile durch Ausnutzung der Streifenfreiflächen bei zweimaliger Streifenverarbeitung.*

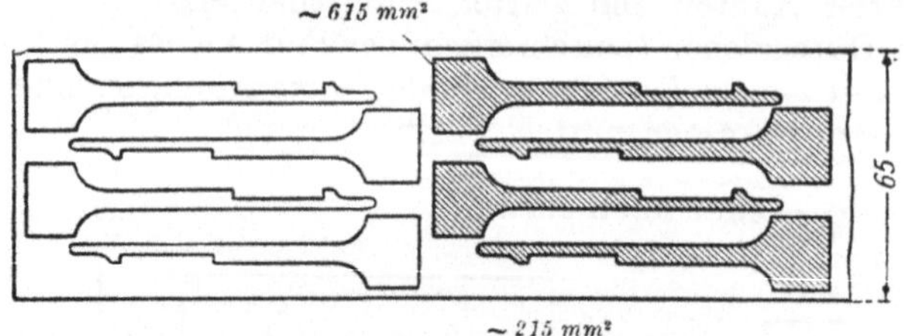


Abb. 17. Erste Ausnützung des Streifens.

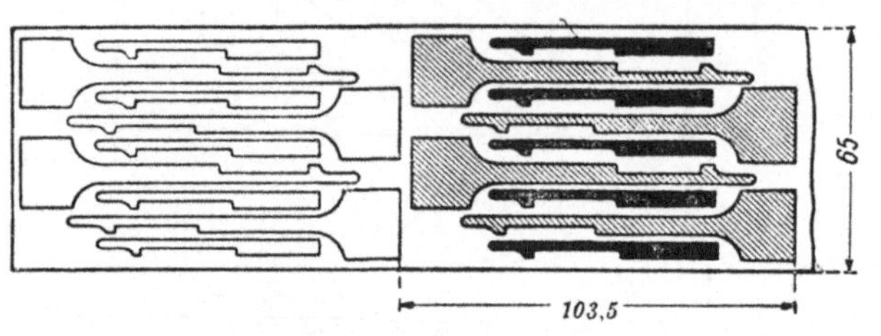


Abb. 18. Zweite Ausnützung des Streifens.

Werkzeuge: Zwei Schnittwerkzeuge.
Werkstoff: Neusilber.

Werkzeugersparnis: rd. 10 vH.
Teile zusammengehörig.

## *Vorteile durch Ausnützung der Streifenfreiflächen bei einmaliger Streifenverarbeitung.*

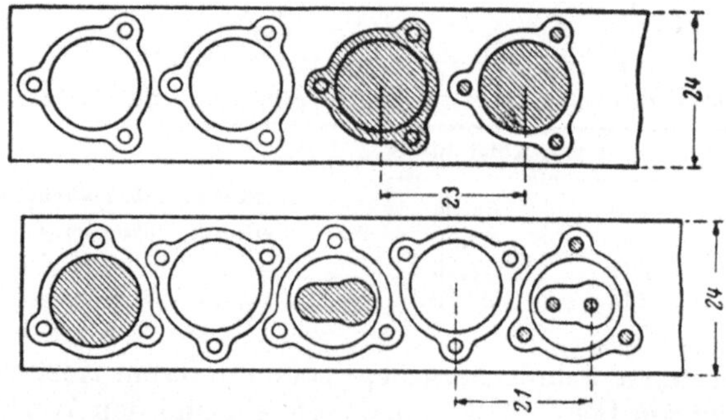


Abb. 19. Ungünstige Streifenausnützung.

Abb. 20. Gute Streifenausnützung.

Werkzeug: Schnitt mit Vorlocher.
Werkstoff: Messing.
Teile zusammengehörig.

Werkzeugersparnis: rd. 35 vH.
Werkstoffersparnis: rd. 41 vH.
Lohnersparnis: rd. 50 vH.

## *Vorteile durch Teiländerung.*

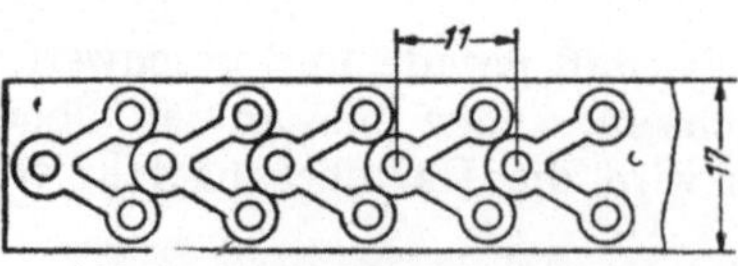


Abb. 21. Ungünstige Streifenausnützung nach AWF 5971.

Werkzeug: Schnitt mit Vorlocher
Werkstoff: Messing.

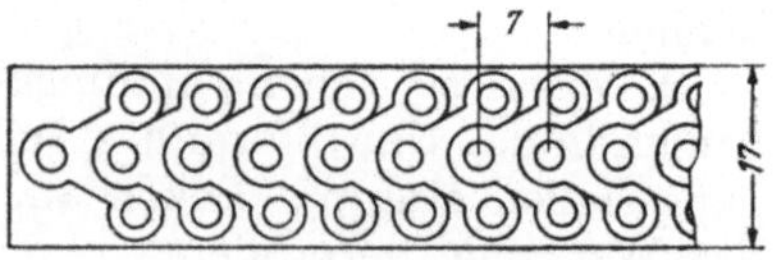


Abb. 22. Gute Streifenausnützung nach AWF 5971.

Werkstoffersparnis: 55,5 vH.

*Vorteile durch große Teilzahl bei gleicher Teilform.*

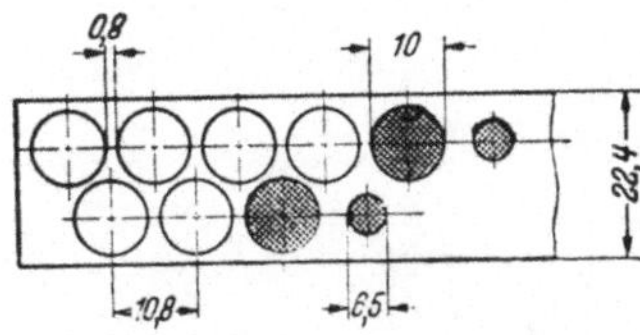


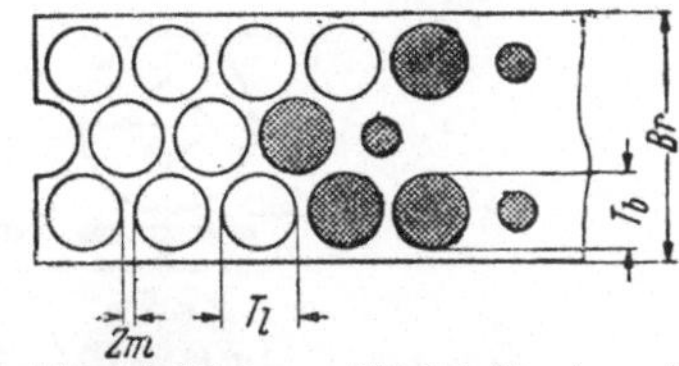


**Abb. 23. Größerer Werkstoffverbrauch nach AWF 5971.**
Werkzeug: **Schnitt mit Vorlocher.**
Werkstoff: **Messing.**

**Abb. 24. Kleinerer Werkstoffverbrauch nach AWF 5971.**
**Werkstofferspamis: rd. 33 vH.**
**Lohnesparrnis: rd. 33 vH.**

**Anmerkung: Bei 25 Reihen Grenze der Werkstofferspamis.**

*Vorteile durch große Teilzahl bei gleicher Teilform; fast abfallos.*

**Abb. 25. Ungünstige Streifenausnützung.**
**Abb. 26. Gute Streifenausnützung.**
**Werkzeug: Schnitt mit Vorlocher.**
**Werkstoff: Messing.**
**Werkzeugersparnis: rd. 66 vH.**
**Werkstoffersparnis: rd. 26 vH.**
**Lohnersparnis: rd. 66 vH.**

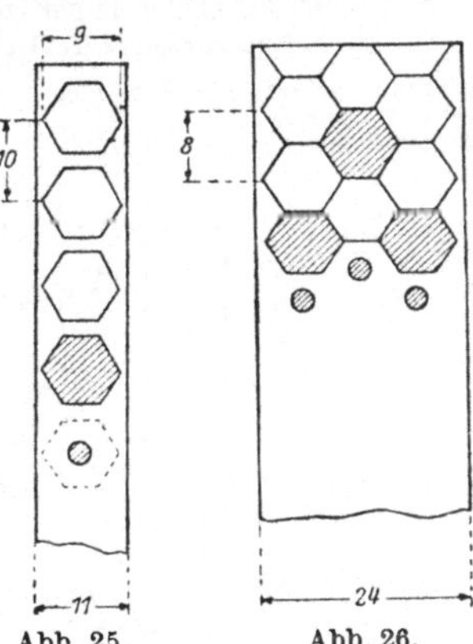


**Abb. 25. Abb. 26.**

*Vorteile durch große Teilzahl bei gleicher Teilform; abfallos.*

**Abb. 27. Ungünstige Streifenausnützung.**
**Abb. 28. Gute Streifenausnützung.**
**Werkzeug: Schnitt mit Vorlocher.**
**Werkstoff: Messing.**
**Werkstoffersparnis: rd. 46 vH.**

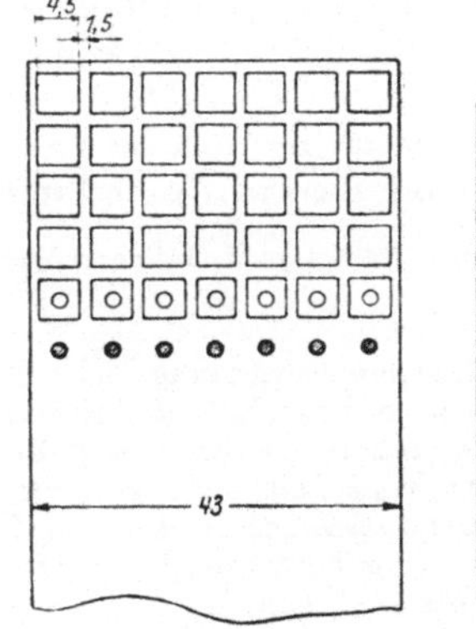


**Abb. 27. 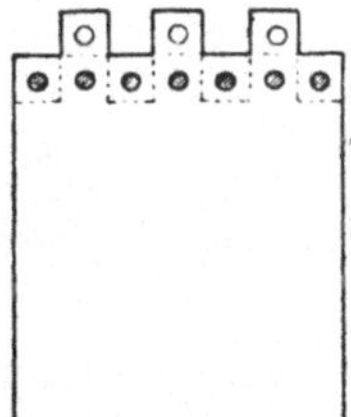 Abb. 28.**

4. Die beste Lösung in der Formgebung eines Teiles wird erreicht, wenn aus dem Mutterteil Ausschnitt gemacht werden, die passend neue Teile darstellen.

5. Ringe aus flachem Werkstoff verbrauchen viel Werkstoff, deshalb soll der mittlere Ausschnitte nutzbringend verwandt werden.

*Vorteile durch große Teilzahl bei ungleicher Teilform.*

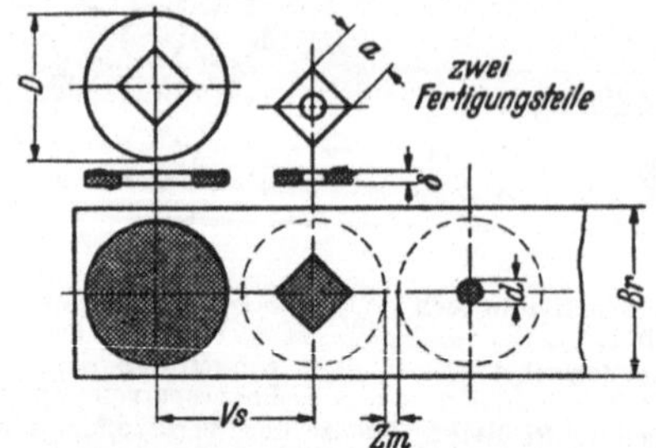


Abb. 29. Zwei Teile sich ergänzend geschnitten.
Fall 1. Bei getrennter Teilfertigung: größerer Werkstoffverbrauch.
Fall 2. Bei gemeinsamer Teilfertigung: kleinerer Werkstoffverbrauch.

Werkzeug: Schnitt für Vorlocher.
Werkstoff: Messing.
Werkzeugersparnis: rd. 40 vH.

Werkstoffersparnis: rd. 23,5 vH.
Lohnersparnis: rd. 50 vH.

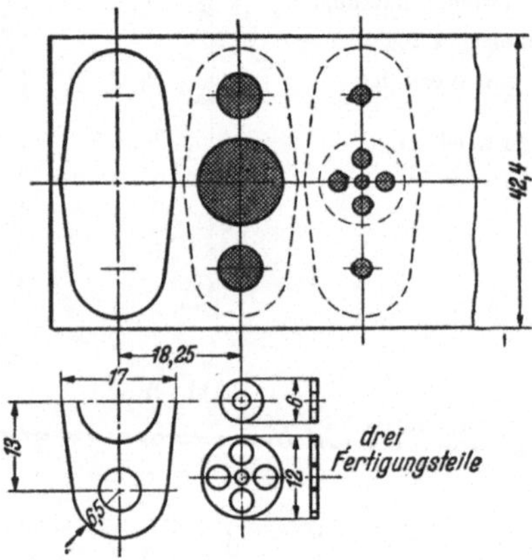


Abb. 30. Drei Teile mit Vorvorlocher geschnitten.
Fall 1. Bei getrennter Teilfertigung: größerer Werkstoffverbrauch und dreifache Fertigungszeit wie im Fall 2.
Fall 2. Bei gemeinsamer Teilfertigung: kleinerer Werkstoffverbrauch und $^1/_3$ der Fertigungszeit wie im Fall 1.

*Zu beachten: Die Zusammendrängung vieler Teile findet ihre Grenze bei der Anzahl der Durchbrüche in der Schnittplatte, die nicht zu eng aneinanderliegen dürfen, damit kein Werkzeugbruch eintritt. Die Erwägung, daß sich Teile ändern könnten, darf uns nicht daran hindern, viele Teile nebeneinander anzuordnen. Für die Fertigung darf nur die Entscheidung ausschlaggebend sein, daß wirklich zwingende Gründe einer Teiländerung vorliegen, die mit noch größeren Ersparnissen verbunden sind. Andernfalls ist das Bestehende beizubehalten.*

6. Die Schnitteilstellung im Streifenwerkstoff soll möglichst mit kleinsten Steg- und Randbreiten, also vorteilhaft, gesetzt sein. Anzustreben ist, den Abfallstreifen (Streifengitter) stabil zu erhalten, damit keine Arbeitsminderung eintritt.

**Abfallarmes Ausschneiden von Blechteilen** (s. u. a. Abb. 16, 22, 26 und 28). Lückenloses Aneinanderfügen = „Flächenschluß".

**Allgemeines.** Um durch abfallarmes Ausschneiden von Teilen zu kleinem Werkstoffverbrauch zu kommen, sollte man die Schnittformen

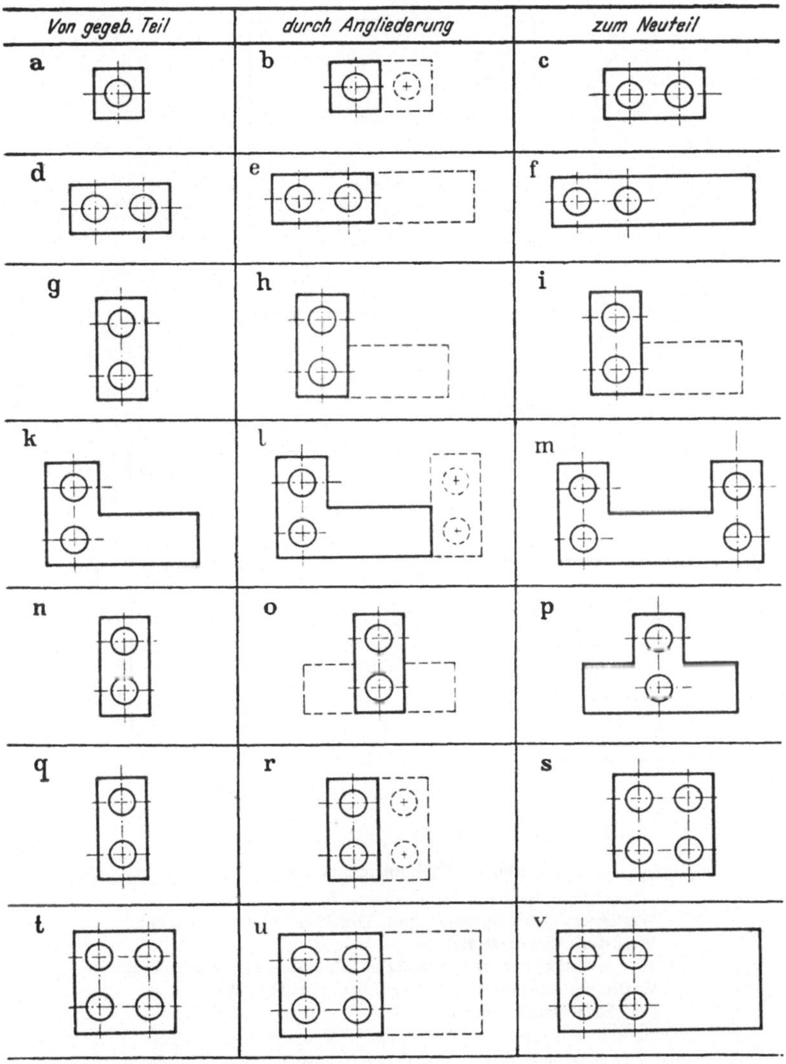

| *Von gegeb. Teil* | *durch Angliederung* | *zum Neuteil* |
|---|---|---|
| a | b | c |
| d | e | f |
| g | h | i |
| k | l | m |
| n | o | p |
| q | r | s |
| t | u | v |

Abb. 31a bis v. Teilbildung aus unteilbarer Grundform mit geraden Begrenzungslinien.

so wählen, daß ihre Aneinanderreihung im Streifen oder in der Tafel ohne nennenswerten Abfall geschieht. Systematisch gegliederte Umrißformen bei Teilkonstruktionen bieten besonders bei Massenfertigung große Vorteile. Für abfallarmes Ausschneiden ist aber eine gewisse Ungenauigkeit in Kauf zu nehmen, da das seitliche Streifenspiel im Werkzeugdurchlaß nicht zu verhindern ist. Beispiele für das Bilden von Teilformen mit kleinem Flächenverbrauch sind in folgenden Darstel-

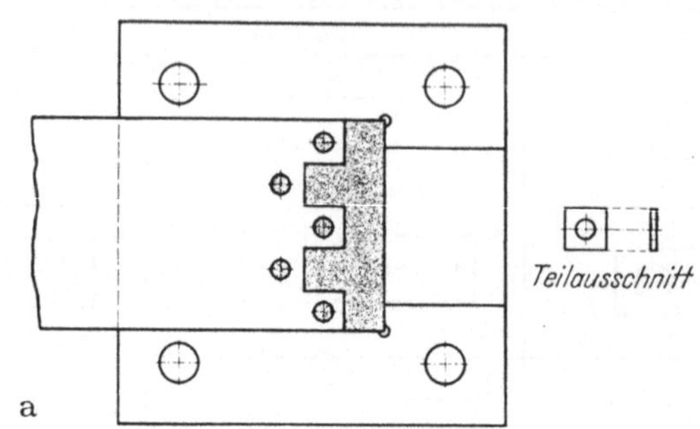


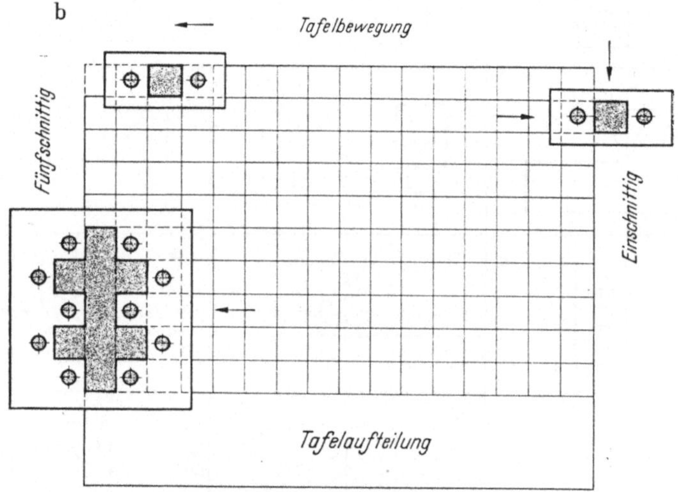


Abb. 32 (Teilform quadratisch).

a Aufteilung der Streifenfläche mit Flächenschluß.
Werkzeug: Führungsschnitt mit Vorlocher, fünffach wirkend.
Werkstoff: Bandmaterial.

b Aufteilung der Tafelfläche (Maßtafel) mit Flächenschluß.
Werkzeug: Freischnitt mit Vorlocher und Abstreifer.

Erforderliche Maschine:
für a Exzenterpresse,
für b Zick-Zack-Presse (Fa. Schuler/Kircheis) oder Exzenterpresse mit aufgesetztem Teilapparat.

lungen gegeben. Dabei ist die Kreisform vernachlässigt und an ihrer Stelle die Drei-, Vier- und Sechseckform bevorzugt. Letztgenannte Schnittbilder eignen sich besonders für stegloses Ausschneiden der Teile und lassen eine gute Flächenaufteilung zu. Durch die versetzt angeordneten Ausschnitte gelangt man mit zunehmender Streifenbreite zu einer zickzackartigen Schnitteilfolge, die für die Verarbeitung von Maßtafeln auf Zickzackpressen das charakteristische Merkmal im Flächenaufteilen ist. Die Anordnung und Formgebung der Teile derart, daß sich ihre Flächen lückenlos aneinanderschließen, nennt man nach Prof. Dr.

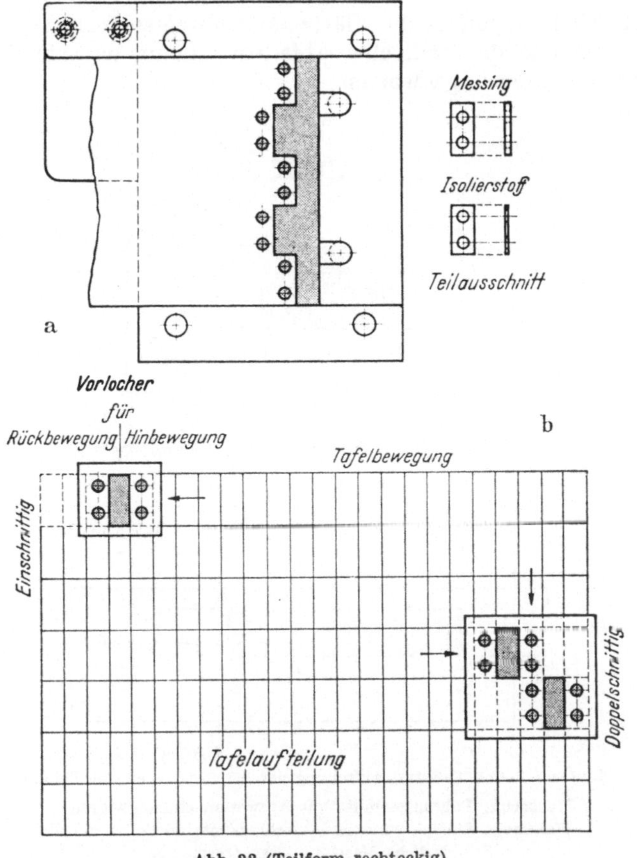


Abb. 33 (Teilform rechteckig).

a Aufteilung der Streifenfläche mit Flächenschluß.
Werkzeug: Führungsschnitt mit Vorlocher, fünffach wirkend.
Werkstoff: Bandmaterial.
b Aufteilung der Tafelfläche (Maßtafel) mit Flächenschluß.
Werkzeug: Freischnitt mit Vorlocher, einfach und doppelt wirkend.
Erforderliche Maschine:
für a Exzenterpresse,
für b Zick-Zack-Presse (Fa. Schuler/Kircheis) oder Exzenterpresse mit aufgesetztem Teilapparat.

KIENZLE Flächenschluß. Um Grundlagen für ein System zu geben, hat Prof. KIENZLE die Ecken solcher Figuren auf Punktnetze bezogen.

**Gliederung für Teile mit geradliniger Umrißform.** Bei den im folgenden dargestellten Schnitteilen verlaufen die Gegenseiten meist parallel, auch Teile mit geneigt zueinander verlaufenden Seiten sind gezeigt, die den Werkstoffabfall u. U. vermehren können. Sofern Mengenteile gegeben sind, ist die Kreisform nur in bedingten Fällen zu bevorzugen. Größere Werkstoffeinsparungen sind bei Drei-, Vier- und Sechseckflächen zu erreichen.

In den Abbildungen ist die Flächenaufteilung so vorgenommen, daß sie mit Ausnahme der Teillöcher abfallos aufgeht, da jede Fläche ein Vielfaches der Ursprungsform ist.

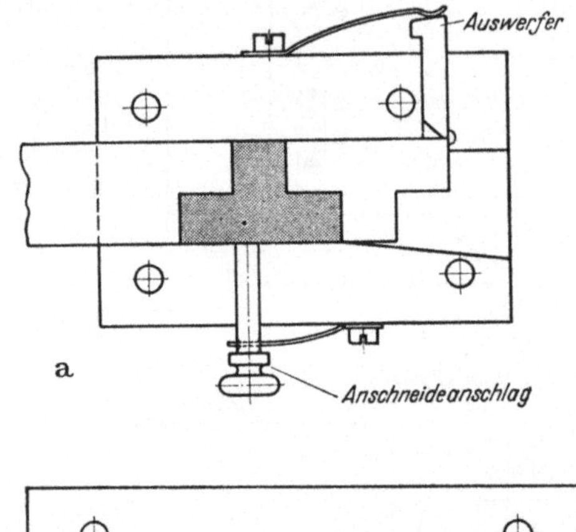


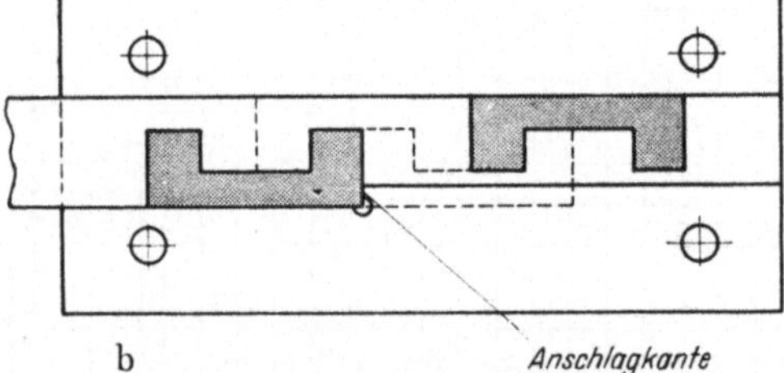


Abb. 34. (Teilform T- und U-Form) Aufteilung der Streifenflächen mit Flächenschluß.
a Werkzeug: Führungsschnitt mit Auswerfer, einfach wirkend.
b Werkzeug: Einfach wirkend, Ausschlagkante doppelt wirkend.
Erforderliche Maschine: Exzenterpresse.

**Teilformbilden mit Punktnetz** (Abb. 36). Um die gewonnenen Erkenntnisse der Praxis nutzbar zu machen, sollte der Konstrukteur sich mit den vorliegenden Richtlinien vertraut machen, sie weiterentwickeln und so abfallarmes Ausschneiden ermöglichen. Die Punktentfernungen im Netz haben in der Richtung der Ordinate und Abszisse die gleichen Abstände und sind an keine bestimmten Maße gebunden; sie dienen nur zur geometrischen Aufteilung der Streifen oder Tafelfläche. Das Punktnetz kann nötigenfalls mit Hilfspunkten gleichen Abstandes verfeinert oder vergrößert werden.

Bei der Bildung der Umrißform des zu konstruierenden Teiles gelten die Regeln für gerade und gekrümmte Begrenzungslinien.

Bei dicken Teilen ist besonders an den Scherflächen der auftretenden Werkstoffverdrängung Rechnung zu tragen, weil bei ihnen unvermeid-

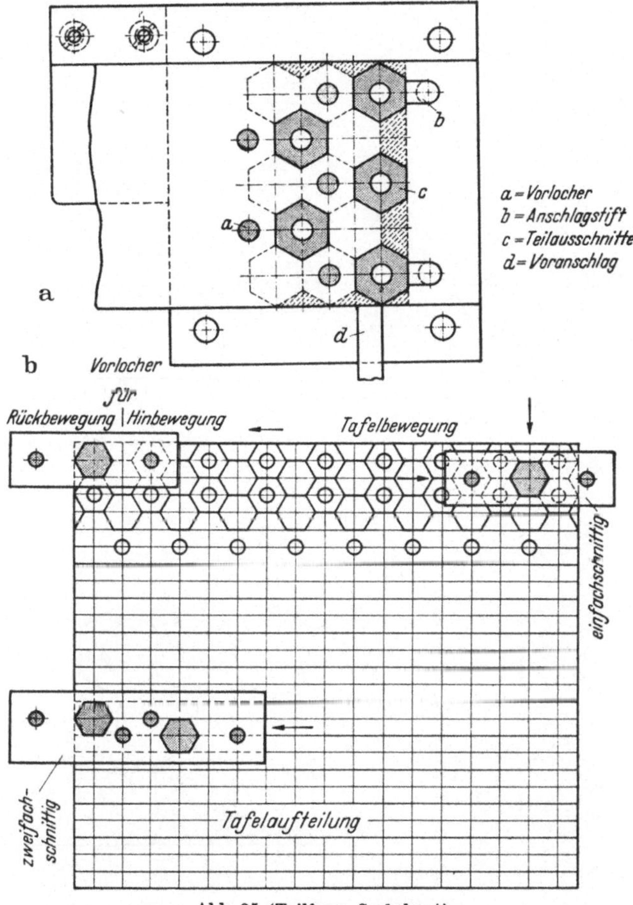


Abb. 35 (Teilform Sechskant).

a Aufteilung der Streifenfläche mit Flächenschluß.
Werkzeug: Führungsschnitt mit Vorlocher, fünffach wirkend.
Werkstoff: Bandmaterial.

b Aufteilung der Tafelfläche (Maßtafel) mit Flächenschluß.
Werkzeug: Freischnitt mit Vorlocher, einfach und doppelt wirkend.
Erforderliche Maschine:
für a Exzenterpresse,
für b Zick-Zack-Presse (Fa. Schuler/Kircheis) oder Exzenterpresse mit aufgesetztem Teilapparat.

bare Formbeeinträchtigungen auftreten, die in Kauf zu nehmen sind. Siehe Flächenbildung mit gekrümmten Begrenzungslinien Abb. 37 und 38.

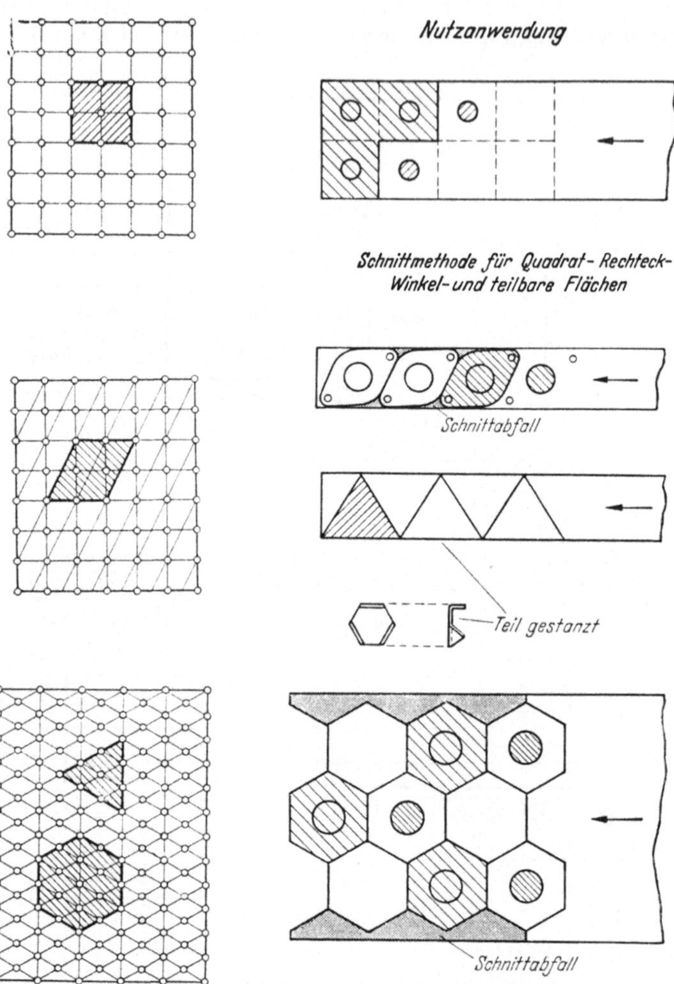


Abb. 36. Teilformbildung im Punktnetz.

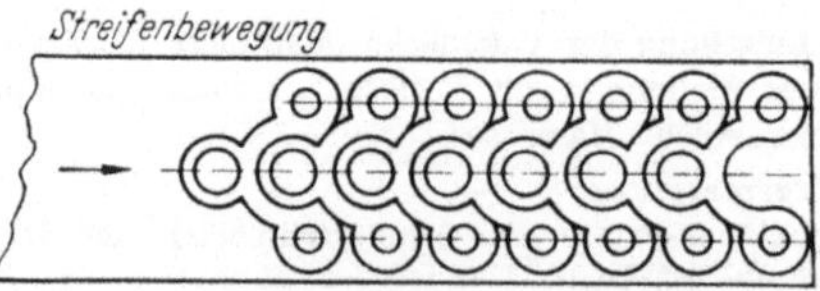


Abb. 37. Aufteilung von Streifen und Maßtafelfläche mit Flächenschluß bei gekrümmter Begrenzungslinie.

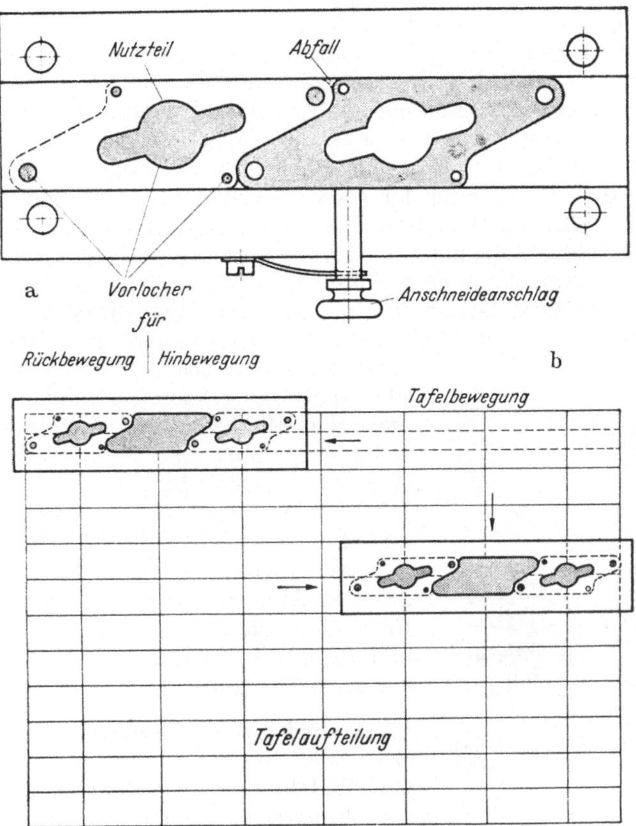


Abb. 38. Aufteilung von Streifen und Maßtafelfläche mit Flächenschluß bei gekrümmter Begrenzungslinie.

# Schnitte ohne Führung.

## a) Messerschnitte.

**Allgemeines.** Mit „Messerschnitt" wird ein Schnittwerkzeug bezeichnet, dessen Schnittkanten messerförmig gehalten sind. Man verarbeitet damit vorteilhaft nichtmetallische Werkstoffe oder dünne Folien, wie in Abb. 4 angegeben, und unterscheidet zwischen Teil- und Lochschnitt.

**Befestigung des Einspannzapfens im Stempelkopf.** Die Ausführung sowie die Befestigung des Einspannzapfens im Stempelkopf kann je nach Größe des Werkzeuges ganz verschieden werden. Bei kleineren Stempelköpfen wird der Einspannzapfen vorteilhaft angedreht (vgl. Entwurf DIN 9859, Bild E), bei größeren dagegen nach Abb. 192 in den Stempelkopf eingesetzt.

**Befestigung der Schnittstempel.** Einfache bzw. Formstempel werden mit angestauchtem Stempelrand oder mit Ansätzen, die an dem oberen Stempelrand angedreht oder angefräst sind, in die Stempelaufnahmeplatte eingesetzt. Formstempel können mit einem aus dem vollen herausgearbeiteten Flansch von unten an die Kopfplatte geschraubt und verstiftet werden. Es wird darauf gesehen, daß die Randstauchung keine wesentliche Verkleinerung der Stempelstirnfläche verursacht, und daß sich die Stirnfläche nicht während der Werkzeugtätigkeit in den Stempelkopf eindrückt. Ineinandergesetzte Ringstempel befestigt man in der Stempelaufnahmeplatte nach Abb. 39; dabei erhält der innere Stempel durch den äußeren seinen festen Sitz. Der gegenseitige sichere Halt wird dadurch erreicht, daß man den Mittelstempel um etwa 0,1 mm über die Auflagefläche hervorstehen läßt[1]. Man spart bei größeren Stempeln an hochwertigem Werkzeugstahl, wenn sie zweiteilig ausgeführt und beide Teile ähnlich Abb. 40 verschraubt oder elektrisch geschweißt werden. Das Oberteil ist dann aus St 42 hergestellt. Die Abb. 39, 40 und 42 veranschaulichen bewährte Stempelbefestigungen, Abb. 40 und 41 Schnittmesserausführungen, die erste zum Schneiden nichtmetallischer Werkstoffe, die zweite für erwärmten Hartgummi.

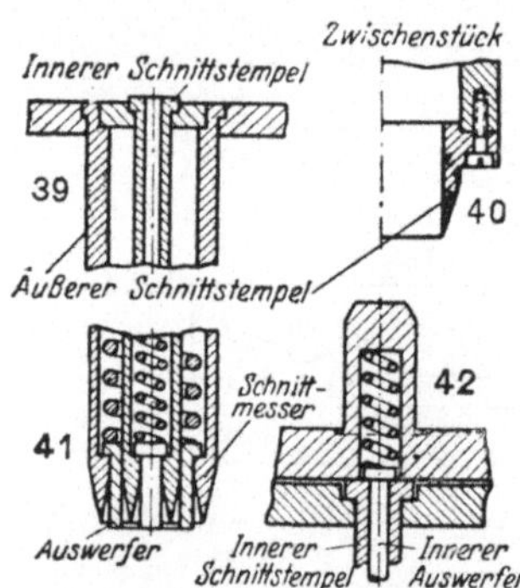


Abb. 39 bis 42. Stempelform und Befestigung nach AWF 5001–5004.

**Ausbildung der Schnittmesser.** Außer zum Schneiden von erwärmtem Hartgummi sind die Schnittmesser für den Teilaußenrand auf der Innenseite zylindrisch auszuführen, Schnittmesser zum Lochen außenseitig zylindrisch. Ihre Gegenseite verläuft in einer Schräge von etwa 16° bis 18°. (Nach OEHLER für Pappe und Leder 15 bis 20°, für Zelluloid, Hartpapier und Metallfolie 10°.) Bei Hartgummi, auf etwa 100 bis 120° erwärmt, sind für rechtwinklige Kantenflächen gleichschenklige Schnittmesser im Winkel von etwa 12 bis 8° erforderlich. Bei 20 mm dickem Hartgummi sind noch gute Schnittflächen erreichbar.

**Auswerfer und ihr Kraftbedarf.** Es gibt zwei Arten von Auswerfern, die üblichen, durch Federn betätigten, und zwangsweise gesteuerte für große Ausstoßkräfte. Je nach dem Werkstoff der Schnitteile ist die Ausstoßkraft für Messerschnitte und nichtmetallischen Werkstoff angenähert $0{,}015 \cdot P$ ($P$ = Schnittkraft in kg).

---

[1] In den USA, England und auch in Deutschland sind in der Praxis gute Ergebnisse mit dem Eingießen von Stempeln in Schnitt- und Stanzwerkzeuge mit Hilfe niedrigschmelzender Legierungen erzielt worden. Die Richt- und Einpaßarbeiten in der zur Schnittplatte richtigen Lage entfallen. Die Öffnungen in der Kopfplatte sind 3 bis 4 mm nach allen Seiten größer als die Stempel und werden ausgegossen mit einer Legierung aus 48% Bi, 28,5% Pb, 14,5% Sn und 9% Sb. Nähere Hinweise siehe Mitteilungen Forschungsgesellschaft Blechverarbeitung 1952 Nr. 14, S. 161/162.

Die Abmessungen der Ausstoßfeder, auch wenn sich mehrere im Werkzeug befinden, bestimme man nach den in der Praxis gut bewährten Formeln:

$$d = 0{,}5 \cdot \sqrt[3]{P_a \cdot r} \quad \text{und} \quad f = \frac{n \cdot r^3 \cdot P_a}{d^4 \cdot c};$$

darin bedeutet:

$P_a$ = Ausstoßkraft für Auswerfer in kg,
$r$ = mittlerer Halbmesser der Schraubenfederwindung in mm,
$d$ = Drahtdurchmesser der Feder in mm,
$f$ = Zusammendrückung der Feder in mm (Vorspannung),
$n$ = Anzahl der wirksamen Federwindungen = Gesamtwindungszahl minus 1,5,
$c$ = 125 bis 130 kg/mm², Konstante.

Bei mehreren gleich großen Schraubenfedern ist die Ausstoßkraft durch die Anzahl der vorgesehenen Federn zu dividieren und dieser Wert für $P_a$ einzusetzen; bei ungleich großen Federn sind diese einzeln zu berechnen, und zwar so, daß in jedem Falle die Summe der Federkräfte gleich der Ausstoßkraft ist (Beispiel im TN[1]).

Abb. 43. Messerschnitt mit Gummiabstreifer. Abb. 44. Messerschnitt ohne Gummiabstreifer.

**Unterteil (Messergegenlage).** Die Unterlagen, auf die die Schneiden des Messerschnittes aufsetzen, sind aus Hartpappe oder ähnlichen Werkstoffen; auch Hartwachsplatten werden hierfür benutzt. Eindrücke in Hartwachsplatten können mit erwärmtem Plätteisen beseitigt werden. Bei Verwendung von diesen Platten achte man darauf, daß sie gut aufliegen und die Messerschneiden nicht zu tief eindringen.

**Ausführungen von Messerschnitten.** Einfache Schnittmesser zum Schneiden gerader Streifen fertigt man aus handelsüblichem Profilstahl. Die Herstellung sogenannter Locheisen ist nicht ratsam, weil sie im Handel preiswert zu erhalten sind. Eine große Anzahl von Messerschnitten gibt es, die aus zugeschärftem Bandstahl bestehen, in Birkenholz eingesetzt sind und mit aufgeklebten Gummipuffern die geschnittenen Teile herauswerfen. Abb. 43 und 44 zeigen solche Messerschnitte mit und ohne Gummiauswerfer. Die Messerschnitte in Abb. 45[2] zeigen in Ausführung A einen Teilschnitt, in Ausführung B die Messerausbildung für einen Lochschnitt und in der Ausführung auf der rechten Seite

[1] Technischer Nachschlageteil.

[2] Nach Entwurf DIN 9866 wird die obere Kopfplatte, die hier in den Abbildungen Stempelkopf genannt ist, als Kopfplatte bezeichnet, die untere Platte, hier Kopfplatte genannt, wird in den DIN-Normen als Stempelplatte bezeichnet.

von Abb. 45 eine Vereinigung von Teil- und Lochschnitt. Im ersten Falle wird mit den Werkzeugen eine ungelochte, im letzten Falle eine gelochte Scheibe geschnitten. Damit die im Werkzeug ausgeschnittenen Teile nicht haftenbleiben, werden sie mit einem Federauswerfer herausgestoßen. Die Unterbringung der Schraubenfeder hängt von der benötigten Ausstoßkraft ab; bei der Darstellung genügt die Unterbringung im Schnittmesser bzw. im Einspannzapfen des Stempelkopfes. In den Fällen, wo höhere Ausstoßkräfte erforderlich sind, wendet man entweder Doppelfedern oder bei ungenügender Druckkraft zwangsweise Auswerfer an (s. Abb. 46). Die Schnittkraft ermittelt man aus $P = U \cdot \delta \cdot \tau_a$ bzw. $P = D \cdot \pi \cdot \delta \cdot \tau_a$ in kg (Beispiele im TN).

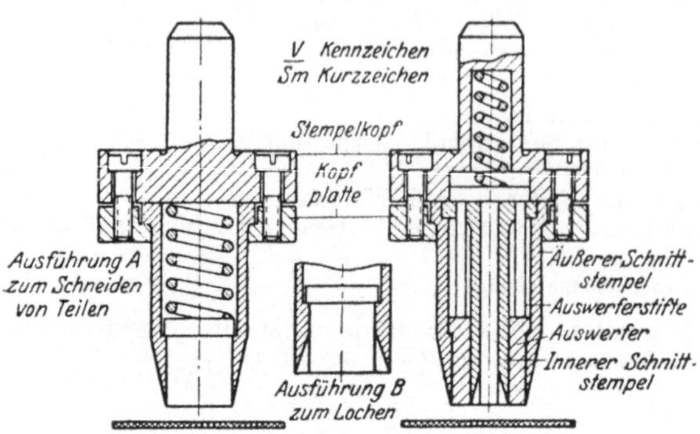


Abb. 45. Messerschnittausführungen nach AWF 5001—5002.

## b) Freischnitte.

**Allgemeines.** Der Freischnitt ist kein stempelgeführtes Werkzeug und kann auf Pressen zufriedenstellend arbeiten, wenn sich die Stößelführungen in einwandfreiem Zustand befinden. In den meisten Fällen werden runde Freischnitte verwendet, sie sind vom AWF auf Normausführungen gebracht, um größeren Stahlverbrauch zu verhindern und eine schnelle und gute Einspannung zu ermöglichen. Freischnitte werden für eine geringe Stückzahl von Ronden bzw. anderen Ausschnitten verwendet und nur vereinzelt zur Mengenfertigung herangezogen.

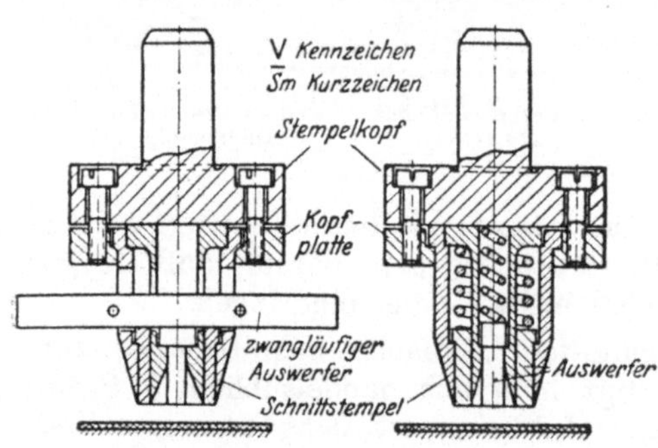


Abb. 46. Messerschnittausführungen nach AWF 5003—5004.

**Ausführung des Stempelkopfes.** Die Stempelköpfe werden meist nach Abb. 193 ausgeführt, kleine Freischnittstempel darin befestigt und größere mit angedrehten oder eingeschraubten Einspannzapfen versehen (s. TN).

**Ausführung der Stempel und Werkzeuge.** Für Rundschnitte bis zu 25 mm ∅ wird der Schnittstempel entweder in die Stempelaufnahmeplatte des Stempelkopfes eingesetzt oder der Einspannzapfen an den

Schnittstempel angedreht. Damit der Schnittstempel sich in die obere Platte nicht einschlägt und sich dadurch lockert, wird zwischen Stempelkopf und Stempelaufnahmeplatte eine etwa 2 mm (nach Entwurf DIN 9866: 4 mm) dicke, blauhart geschliffene Stahlplatte (Werkzeuggußstahl HRc = 58 ± 2) gelegt (s. Abb. 47). Bei Rundschnitten über 25 mm bis 60 mm ⌀ wird der Einspannzapfen an den Schnittstempel angedreht (s. Abb. 48). Bei Rundschnitten über 60 mm bis 150 mm ⌀ wird der Einspannzapfen in den Schnittstempel eingeschraubt, wie Abb. 49 zeigt. Bei Rundschnitten über 150 mm bis 300 mm ⌀ wird der Einspannzapfen in der Stempelkopfplatte nach Abb. 50 eingeschraubt und der Schnittstempel als Ring an dieser befestigt. Bei Rundschnitten über 300 mm ⌀ fällt der Einspannzapfen weg, das Oberteil wird mit Spannklauen am Pressenstößel befestigt. Die Schnittstempel von etwa 40 mm bis 200 mm ⌀ erhalten an ihrer Stirnfläche eine Freidrehung, damit die Schleiffläche klein und zum Schärfen nur kurze Zeit beansprucht wird. Die aus einem Stück hergestellten Schnittstempel sind aus halbhartem Kohlenstoffstahl anhämmerungsfähig. Wenn dünne, gratfreie Teile geschnitten werden sollen, muß durch Anhämmern der Schnittkanten und deren Nachschliff das Stempelspiel gegen die Schnittplatte verkleinert werden. Das Stempelspiel in der Schnittplatte liegt im Bereich von etwa 0,05

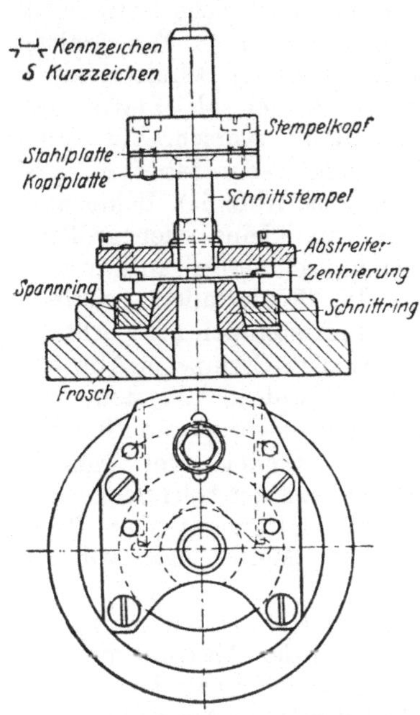

Abb. 47. Freischnitt mit Abstreifplatte.

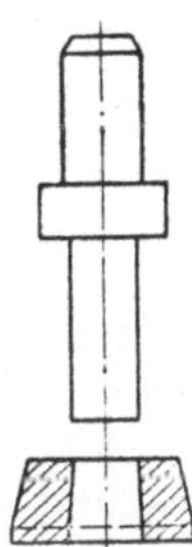
Abb. 48. Stempel und Schnittring.

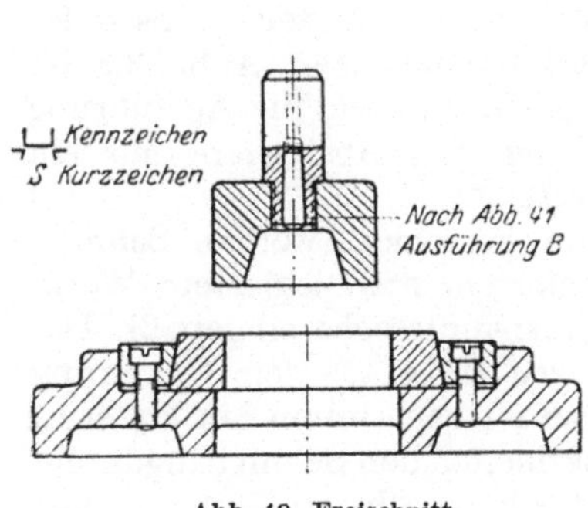

Abb. 49. Freischnitt.

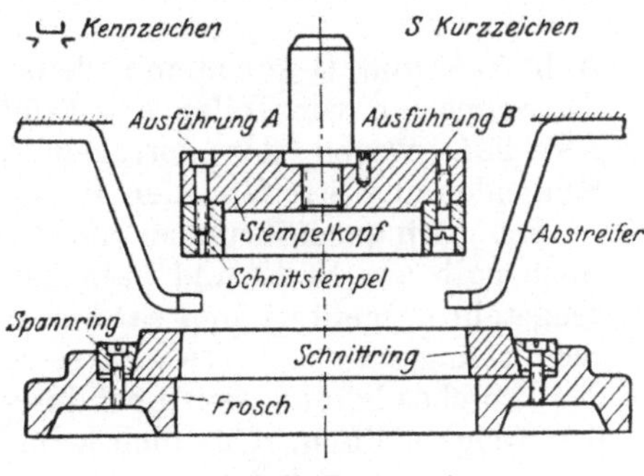

Abb. 50. Freischnitt.

bis 0,1 mal Blechdicke; hierbei hat der Durchbruch der Schnittplatte das Nennmaß des Schnitteiles, der Schnittstempel dagegen das des Teilloches. (Kleinere Spiele als 5 vH der Blechdicke geben eine größere Schnittarbeit, besonders bei dicken Blechen und hoher Scherfestigkeit.)

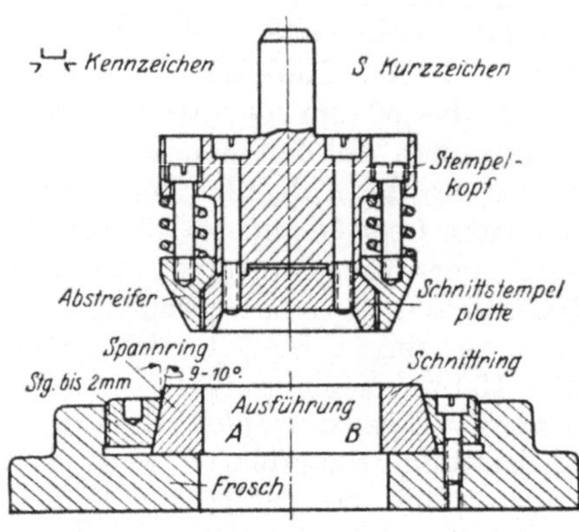

Abb. 51. Freischnitt mit Federabstreifer.

Gebraucht man Freischnitte häufig, so ist ein Schnittstempel vorteilhaft, der als Platte am Stempelkopf verschraubt und mit einem Federabstreifer versehen ist (s. Abb. 51). Beide sind schnell für kleine oder größere Rondendurchmesser auszuwechseln. In Sonderfällen erhalten die Schnittstempel zwei Abfalltrenner. Diese Stempel (s. Abb. 52) werden hauptsächlich zum Beschneiden von gezogenen Flanschteilen verwendet. Der Meißelabstand von der Stirnfläche des Stempels entspricht der dreifachen Blechdicke, um zu verhindern, daß die Meißel hart auf die Schnittplatte aufsetzen.

**Abstreiferausführungen.** Zu unterscheiden sind bewegliche und feststehende Abstreifer. Ihre Anwendung hängt von der Abstreifkraft des Werkstoffstreifens ab. Die beiderseitig befestigten Abstreifer nach Abb. 53 B und D sind beim Schneiden dicker Bleche den nur einseitig befestigten nach Abb. 53 A vorzuziehen. Der Schnitt Abb. 53 E mit Federabstreifer ist nur zum Schneiden dünner Bleche zu verwenden; im TN ist für die Ermittlung der Abstreifkraft ein Beispiel gegeben. Bei dem am Maschinenkörper befestigten Abstreifer Abb. 53 A und B sowie mit dem Federabstreifer nach Abb. 53 E ist das Schneiden von Teilen aus Tafeln möglich, während die Ausführung Abb. 53 C wegen der geringen Ausladung des Abstreifers nur ein Schneiden aus Streifen oder Bändern gestattet.

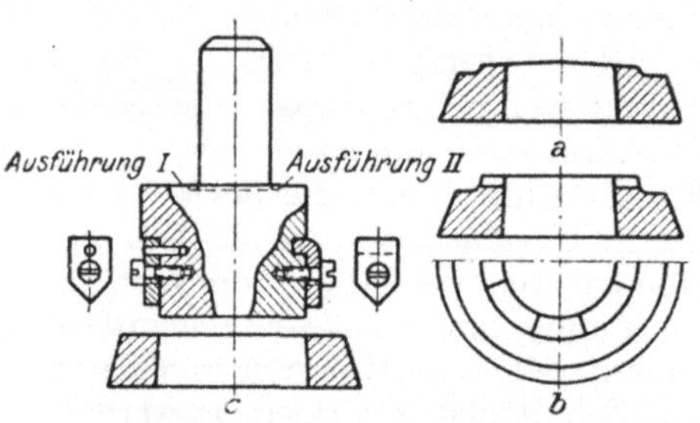

Abb. 52. Freischnitt mit Abfalltrenner.
*a* Schnittring mit Dachschliff; *b* Schnittring mit Hohlschliff; *c* Schnittring mit Parallelschliff.

**Schnittringausführungen.** Je nach dem Verschleiß werden Schnittringe halb aus St 42 und halb aus unlegiertem bzw. legiertem Werkzeugstahl ausgeführt und satzweise in Einspannfrösche eingepaßt. Der Schnittring steht um etwa $^1/_3$ seiner ganzen Höhe aus dem Spannring des Frosches heraus; sein Lochdurchmesser ist nach unten hin um etwa 0,5° freigeschliffen. (Um auch beim Nachschleifen den Schnittringdurchmesser genau zu halten, wird oft das Loch im oberen Teil auf eine

Länge von 4,5facher Blechdicke zylindrisch ausgeführt und dann unter einem Winkel von 1° freigeschliffen.) Übersteigt die Schnittkraft die Pressenleistung, so können Schnittringe dachförmig oder mit eingeschliffenen Hohlkehlen (s. Abb. 52) ausgeführt werden. Eine Schnittkraftverringerung um rd. 50 vH und demnach eine Entlastung des Schnittringes wird durch Schräg- bzw. Hohlkehlenschliff in Höhe der Werkstoffdicke erreicht.

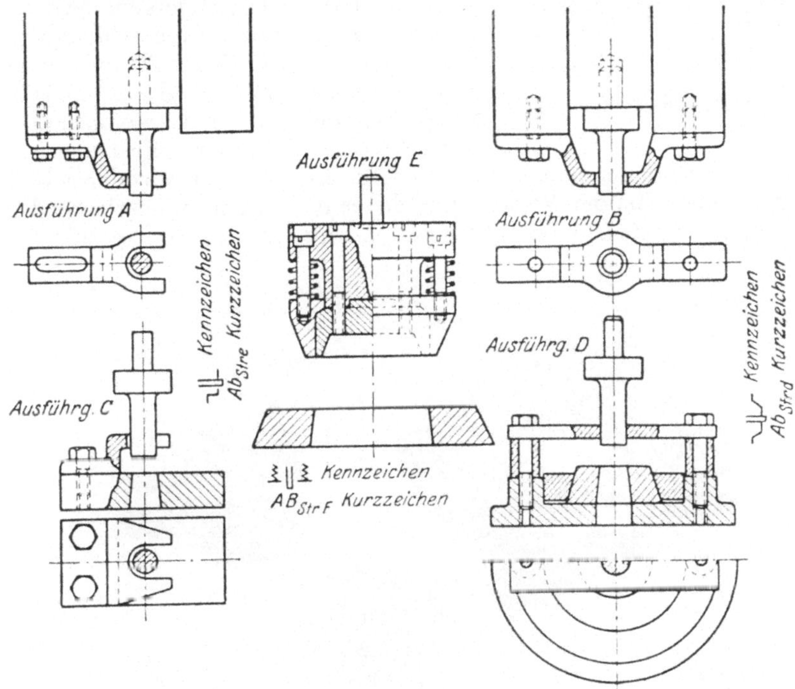


Abb. 53. Abstreiferausführungen nach AWF 5902.

**Aufbau der Einspannplatten (Frösche).** Die Einspannplatten hat man nach AWF-Richtlinien aus Gründen der Wirtschaftlichkeit festgelegt, um

1. die Austauschbarkeit der Schnittringe bis zu den kleinsten Größen zu gewährleisten,
2. sie auch für das Einspannen von Zieh- und Schnittziehringen zu verwenden,
3. möglichst kleine Einrichtezeiten für Zusammenbau und Einspannung auf der Presse zu erreichen,
4. hochwertigen Werkzeugstahl bei Ring und Stempel zu ersparen,
5. möglichst große Lebensdauer für alle Werkzeugbestandteile zu gewährleisten u. a. m.

Stahl wird dadurch erspart, daß man kleinere Ringe aus größeren heraussticht und die Stempel zweiteilig, d. h. das Oberteil aus St 42 herstellt. Je 10 Schnittringe erhalten gleich große Kegel und passen in einen bestimmten Einspannfrosch aus Gußeisen. In der gleichen Weise wird mit den dazugehörigen Schnittstempeln verfahren, hier werden ebenfalls verschiedene Größen für einen Stempelkopf passend gemacht (s. Abb. 54).

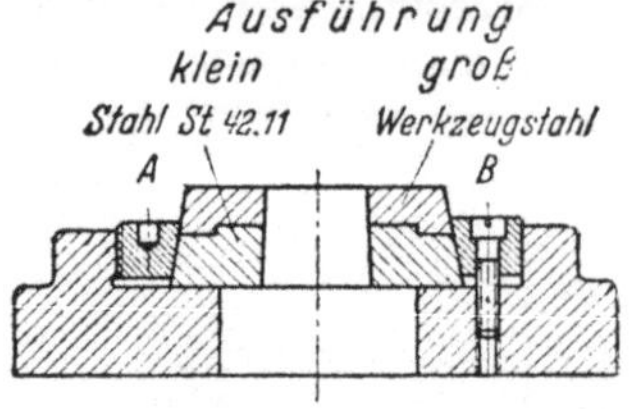

Abb. 54. Stahleingesparter Schnittring.

**Werkzeuge aus Kunstharzpreßstoff.** Freischnitte werden besonders zum Schneiden von Leichtmetallen aus geschichtetem Kunstharzpreßstoff (Ferrozell und Novotext) mit etwa 6 mm bis 8 mm dicken, gehärteten Schnitt- und Stempelstirnplatten hergestellt; die physikalischen Eigenschaften dieser Kunstharzpreßstoffe sind aus dem Normblatt 7735 zu entnehmen. Bei der Verwendung dieses neuen, gut zu bearbeitenden Werkstoffes mit hohen Festigkeitswerten wird eine Kostenersparnis von

Abb. 55. Freischnitt.
Aus Hartpapierplatten aufgebaut und mit gehärteter Stahlplatte belegt nach AWF 280.

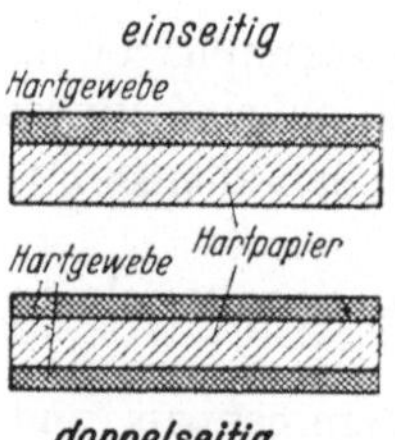


etwa 30 bis 40 vH ermöglicht, ohne daß die Leistungsfähigkeit anderen Werkzeugen gegenüber irgendwie zurücksteht. Zweckmäßig ist es, Hartpapier, je nach Bedarf einseitig oder zweiseitig mit Hartgewebe belegt, zu verwenden und den Aufbau des Werkzeuges nach Abb. 55 vorzunehmen.

**Scharfschliffarten.** Man unterscheidet 3 Arten von Scharfschliffen:

1. den Parallelschliff, höchstbelastend für Werkzeug und Presse bei geräuschvoller Arbeit,
2. den Schrägschliff } kraftmindernd für Werkzeug und Presse bei
3. den Hohlschliff } geräuschloser Arbeit.

Man wählt den Scharfschliff so, daß er sehr leichtschneidend auftritt, um dadurch schnellaufende Pressen zu benutzen. Die größte Schnittplattenbeanspruchung gibt der Parallelschliff, daher kommt er nur zum Schneiden dünner Blechteile mit verhältnismäßig kleiner Umrißlinie in Frage. Weil der Schrägschliff rd. 50 vH, der Hohlschliff rd. 35 vH leichter schneiden als der Parallelschliff, kommen sie für uneingeschränkte Dicken in Frage.

## Schnitte mit Führung.

### c) Schnitte mit Plattenführung.

**Allgemeines.** Mit „Führungsschnitt" wird besonders auf die Führung des Werkzeuges verwiesen, die die Güte des Werkzeuges hervorhebt. Die Güte eines stempelgeführten Werkzeuges wird bedingt durch eine gute, möglichst lange Führung. Schnittkastenschnitte haben sie nicht, Säulenführungsschnitte besitzen sie in jedem Falle und sind deshalb besser und billiger. Bis etwa 9 mm Stempeldurchmesser kann mit einem Schnittkasten ein solides stempelgeführtes Werkzeug entstehen, darüber hinaus wird es aber mit zunehmender Stempelgröße und besonders bei profilierten Stempeln teuer und schlechter. Gutführende Formstempel in die Führungsplatte an jeder Stelle tragend einzuarbeiten, ist unbezahlbar. Geschliffene Säulenführungen sind dagegen an Präzision nicht zu übertreffen.

**Konstruktives über Werkzeuge.** Bei Schnitten mit Vorlochern (Folgeschnitten) muß auf die Vorschubbegrenzung des Werkstoffstreifens geachtet werden, weil die Herstellgenauigkeit der Teile davon abhängt. Teile, die ohne Vorlocher geschnitten werden, sind meist mit Führungsschnitten, die Einhängestift oder Hakenanschlag besitzen, herzustellen. Schnittwerkzeuge ohne Seitenschneider, aber mit Vorlocher, rüste man in jedem Falle mit Fangstiften, die möglichst vor dem Ausschnittstempel stehen, und mit Einhängestiften aus. Fangstifte im Schnittstempel sind nur bei Großflächlern angebracht. Schnittwerkzeuge mit einem Seitenschneider haben Fangstifte, die mit zwei Seitenschneidern nur dann, wenn die Teilrevision im Werkzeug vorgenommen werden soll; schlechte Teile werden darin verbogen, gute Teile bleiben erhalten.

**Zu Beachtendes für die Werkzeugwahl.** Die Schnitteilverwendung bedingt bei der Teilfertigung eine Tolerierung. Es muß versucht werden, die Teile so groß wie irgend möglich zu tolerieren, um die Werkzeugkosten niedrig zu halten. Je feiner die Teile toleriert werden, desto größer werden die Werkzeugkosten, und umgekehrt. Schnittwerkzeuge haben gestaffelte Genauigkeitsgrade für die herzustellenden Teile, und das muß hinsichtlich der Wirtschaftlichkeit auch entsprechend berücksichtigt werden.

**Hinweise für Werkzeugausführungen.** Um die Hauptsache hervorzuheben, werden im folgenden Werkzeugausführungen nach ihrer Eigenart behandelt. Zunächst sind Stempelköpfe nach Abb. 193, Schnittkästen nach Abb. 196, runde Schnittstempel nach Abb. 194, Seitenschneider nach Abb. 195 und profilierte, zusammengesetzte Schnittstempel nach Abb. 80 auszuführen. Die Durchbrüche in der Schnittplatte sind nach unten hin um 0,5° frei zu arbeiten und haben im Durchschnitt ein Stempelspiel von etwa 0,05 bis 0,1 mal Blechdicke. Scharfschliffe für Stempel sind bis etwa 0,3 mm Werkstoffdicke mit Parallelschliff, für dickere über 0,3 mm mit Schrägschliff (0,9 mal Blechdicke) und für schlitzförmige Durchbrüche mit Hohlschliff auszuführen. Runde Abfallausschnitte, die man von Vorlochern erhält, können als kostenlose und brauchbare Unterlegscheiben nutzbar gemacht werden, wenn vor den Vorlochern eines jeden Schnittes noch Vor-Vorlocher gesetzt werden. Schnittplatte und Schnittstempel werden stets mit Kühlung scharfgeschliffen, weil der Trockenschliff Temperaturen über 1000° an der Schleifstelle hervorruft (s. Funkengarbe).

**Richtlinien für Schnittwerkzeuge.** Klein bemessene Toleranzen für Schnittteile vergrößern die Werkzeugkosten, was nicht immer zu rechtfertigen ist. Deshalb ist möglichst große Teiltoleranz anzustreben. Für jede Teilgenauigkeit ist nämlich ein ganz bestimmtes Werkzeug vorhanden, das die Gewähr bietet, die gestellten Bedingungen zu erfüllen. Bei Schnittwerkzeugen kann man mit folgenden Werten rechnen:

a) *Freischnitte* bei Verarbeitung von verschiedenen Blechdicken; Teilgenauigkeit ± 0,2 mm.

b) *Führungsschnitte mit Einhängestift oder Hakenanschlag mit oder ohne Vorlocher* bei zweistufigem Schneiden, d. h. mit einer Vorlochstufe: Teilgenauigkeit bis ± 0,08 mm Abweichung vom Sollmaß.

c) *Folgeschnitte mit Seitenschneider* bei zweistufigen Vorlochern 0,08 mm bis 0,12 mm Abweichung vom Sollmaß und bei vierstufigen bis ± 0,15 mm.

d) *Nachschnitte (Scharfkantenschnitte)* für dicke Teile: Teilgenauigkeit ± 0,05 mm.

e) *Gesamtschnitte (Komplettschnitte):* Teilgenauigkeit ± 0,025 mm.

Zu a: Für Freischnitte, mit denen durchbruchlose Teile in verschiedenen Blechdicken geschnitten werden, kommen hauptsächlich geringe Stückzahlen von etwa 1000 bis 2000 in Frage.

Zu b: Führungsschnitte mit oder ohne Vorlocher sind nicht an Herstellungsstückzahlen gebunden; bei Anwendung von Einhängestiften ist Handvorschub, für Hakenanschläge, Hand- oder selbsttätiger Streifenvorschub vorzusehen.

Zu c: Folgeschnitte mit Seitenschneidern sind besonders für Mengenfertigung mit den genannten Teiltoleranzen anzuwenden. Dabei ist zu beachten, daß die Lageungenauigkeit der Durchbrüche in den Teilen um so größer wird, je mehr Vorstufen die Vorlocher haben; mit der Anzahl der Schnittvorstufen summiert sich die Ungenauigkeit.

Zu d: Nachschnitte besitzen größtenteils bewegliche Einlagen (Schieber) für das nachzuschneidende Teil. Je mehr Spiel das Einlegeteil hat, desto größere Ungenauigkeiten können auftreten, wenn die bewegliche Einlage keinen festen Anschlag erhält.

Zu e: Gesamtschnitte sind teuer und erhöhen die Fertigungskosten um so mehr, je schwieriger die Umrißform der Durchbrüche bzw. Form der Stempel ist. Bei kleinen Fertigungsstückzahlen sind Gesamtschnitte nicht zu verwenden. In Zweifelsfällen ist zu entscheiden, ob eine große Teilgenauigkeit unbedingt sein muß oder ob bei Berücksichtigung einer weniger großen Genauigkeit für das Teil die Möglichkeit besteht, mit zwei oder mehr Arbeitsgängen billiger das Ziel zu erreichen.

### d) Führungsschnitte ohne Vorlocher.

**Schnitt mit Einhängestift** (Abb. 56).

*Geeignet:* Für lochlose Teile, die entweder unverändert bleiben oder nachträglich mit passenden Durchbrüchen für das Gegenstück versehen werden sollen.

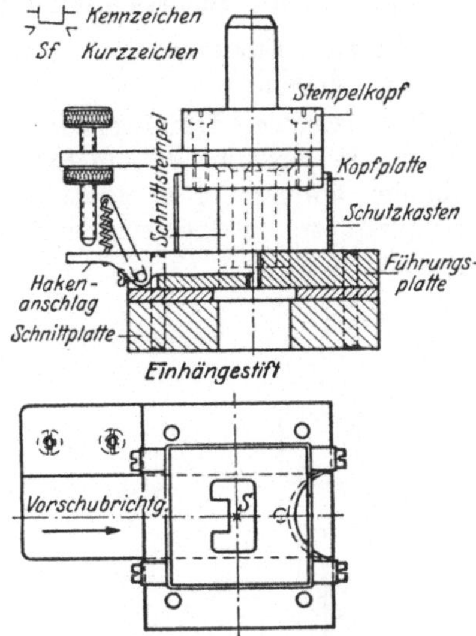


Abb. 56. Führungsschnitt mit Einhängestift.

*Zu beachten:* Teile, deren Durchbrüche mit dem Gegenstück übereinstimmen müssen, sind nachträglich zu lochen, um Nacharbeit zu vermeiden; Teile aus Folgeschnitten fallen mehr oder weniger verschieden aus.

**Schnitt mit Hakenanschlag** (Abb. 57).

*Geeignet:* Für Mengenteile ohne Löcher oder solche, die größere Abmaße in ihren Durchbrüchen zulassen.

*Zu beachten:* Bei Lochteilen sind die Lochstellungen durch die seitliche Federung des Hakenanschlages an seiner Begrenzung weniger genau. Die Wirkungsweise ist folgende: Beim Verschieben des Streifens läßt man den Hakenanschlag bis zu seiner Anliegeseite durchfedern und schneidet dann das Teil aus. Beim Niedergang des Stempels wird der Hakenanschlag durch die Stellschraube gehoben, er federt in seine alte Lage zurück und kommt stets auf den Steg des Abfallstreifens zu stehen, von dem aus er während des darauffolgenden Streifenvorschubes in den nächsten Ausschnitt fällt.

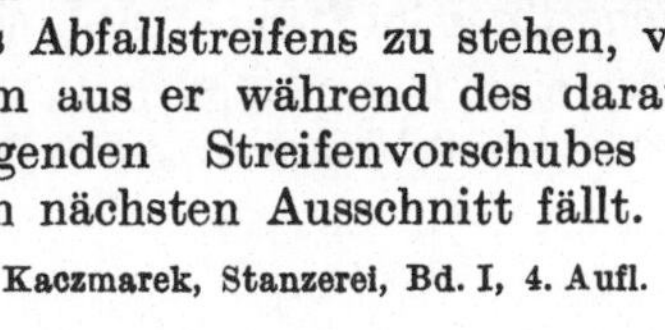

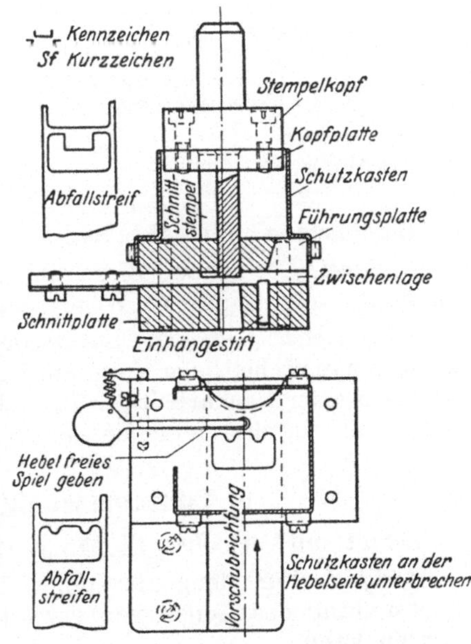


Abb. 57. Führungsschnitt mit Hakenanschlag.

**Nachschnitt, Scharfkantenschnitt** (Abb. 58).

*Geeignet:* Für dicke Teile, die scharfe und glatte Schnittränder aufweisen müssen.

*Zu beachten:* Handwerkliche Randnacharbeit bei Schnitteilen ist teuer; sie wird mit diesem Schnitt besser und billiger ausgeführt. Die Ränder können auch blank ausfallen, wenn der Durchbruch in der Schnittplatte zylindrisch und nach der Werkzeughärtung rissefrei poliert ist.

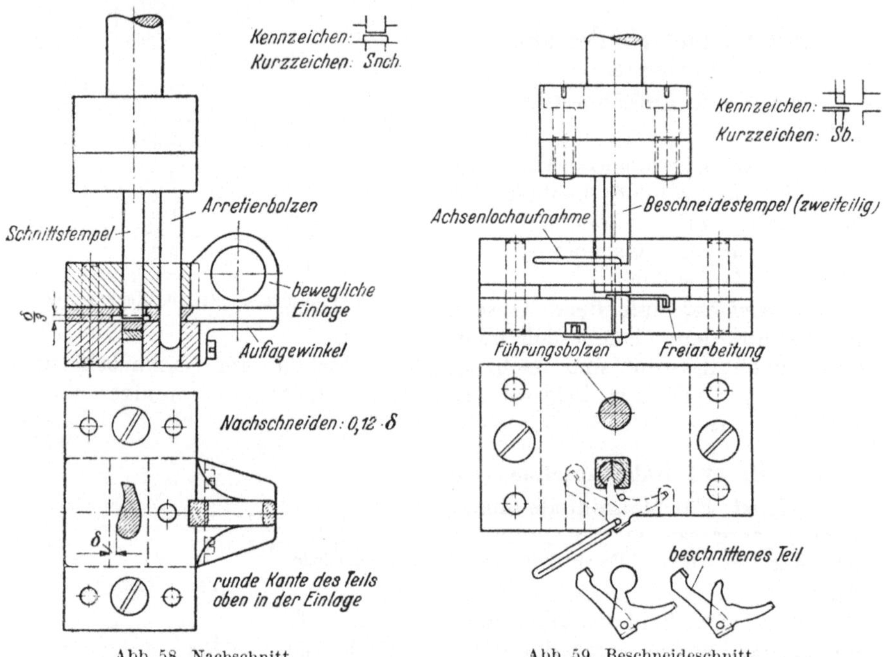


Abb. 58. Nachschnitt. Abb. 59. Beschneideschnitt.

**Beschneideschnitt** (Abb. 59).

*Geeignet:* Für genaue Biegeteile, die Schaltelemente oder dergleichen darstellen und begrenzte Wege auszulösen haben.

*Zu beachten:* Gebogene Stanzteile nehmen meist nach der Stanzung keine genau einheitliche Form an. Um sie einwandfrei wirken zu lassen, bedarf es einer Nacharbeit der Teile, die durch Nachschneiden bedeutend billiger als durch Nachfeilen geschieht.

## e) Führungsschnitte mit Vorlocher.

**Schnitt mit Vorlocher, Einhängestift, Fangstiften im Stempel** (Abb. 60).

*Geeignet:* Für Mengenfertigung, bei der eine Ungenauigkeit in der Lochstellung des Teiles von etwa 0,1 mm bis 0,15 mm zugestanden werden kann.

*Zu beachten:* Mit der Anzahl der Vorlochstufen wird die Genauigkeit der Teile schwankend, schlechter und ist auch nicht durch Fangstifte im Schnittstempel zu verbessern (Teildurchfederung ist die Folge); Fangstifte im Schnittstempel sind nur bei Großflächlern angebracht, sonst sind sie in der vorletzten Schnittstufe unterzubringen. Der Anschneideanschlag wird stets zur Schonung der Vorlochstempel beim Anschneiden des Streifens vorgesehen; dabei ist auf rechtwinklig geschnittene Streifen besonders zu achten.

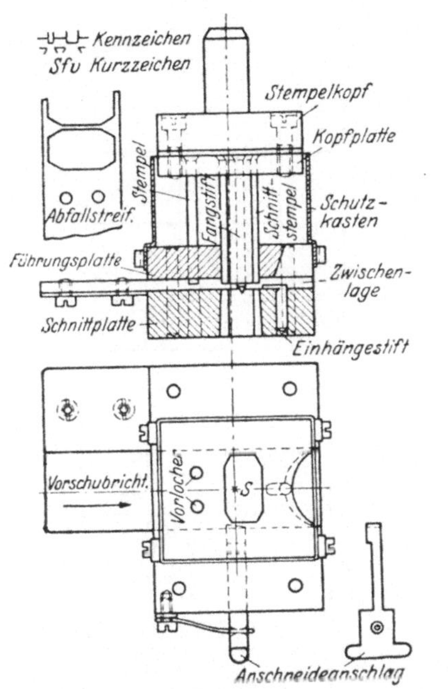


Abb. 60. Führungsschnitt mit Vorlocher und Anschneideanschlag.

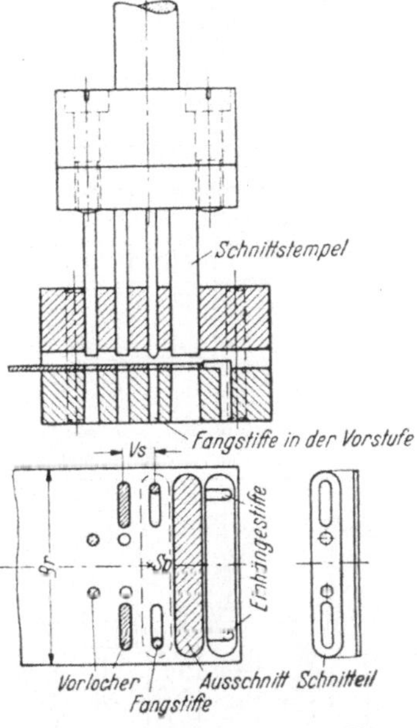


Abb. 61. Schnitt mit Vorlocher, Einhängestift und Fangstiften in der Vorlochstufe.

**Schnitt mit Vorlocher, Einhängestift, Fangstiften in der Vorlochstufe** (Abb. 61).

*Geeignet:* Für schmale Schnittstempel, die zur Aufnahme von Fangstiften zu dünn sind.

*Zu beachten:* Gegenüber dem zuletzt genannten Werkzeug (Abb. 60) ist hier als Vorteil die leichte Unterbringung der Fangstifte in der Vorlochstufe des Werkzeuges zu verzeichnen. Die Vorlochstufen erhalten durch die vorverlegte Zentrierung des Streifens eine bessere Lage im Werkzeug, und die ausgeschnittenen Teildurchbrüche werden in ihrer Stellung bei weitem genauer.

**Schnitt mit Vorlocher, Einhängestiften für Wendestreifen** (Abb. 62).

*Geeignet:* Um Schnitteilen zwecks guter Werkstoffausnutzung eine günstige Lage im Streifen zu geben.

*Zu beachten:* Dies ist eine bevorzugte Schneidemethode. Für geringe Stückzahlen erfolgt die Herstellung mit einem einseitig im Schnitt gesetzten Stempel, bei größerem Bedarf dagegen mit einem Doppelstempelsatz. Im ersten Fall wandert der Streifen zweimal durch das Werkzeug und im letzten Falle nur einmal. Doppelschnittige Werkzeuge verbilligen wesentlich die Herstellungskosten.

**Schnitt mit Vorlocher, Einhängestift und einem Seitenschneider** (Abb. 63).

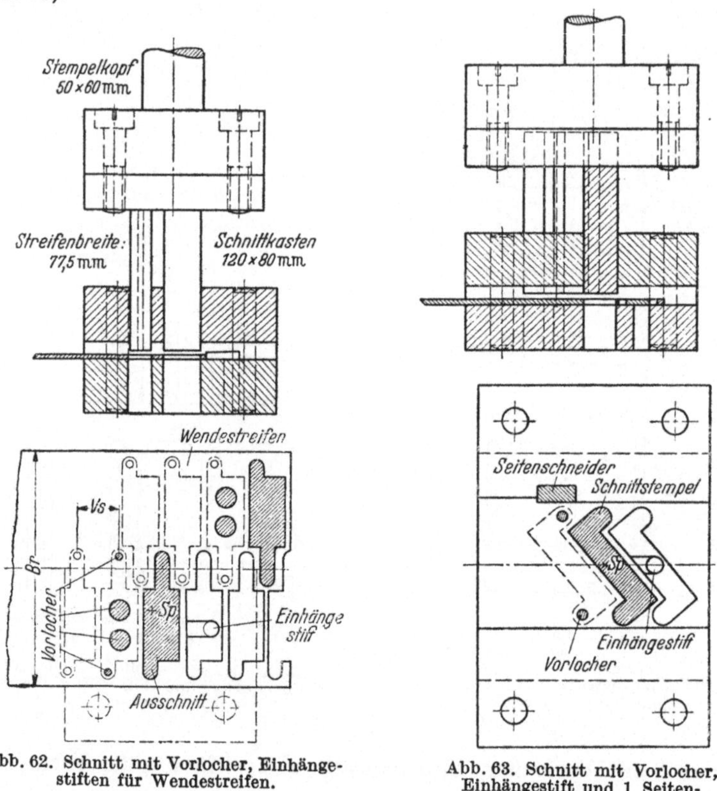


Abb. 62. Schnitt mit Vorlocher, Einhängestiften für Wendestreifen.

Abb. 63. Schnitt mit Vorlocher, Einhängestift und 1 Seitenschneider.

*Geeignet:* Um einen Seitenschneider zu ersparen und den Blechstreifen restlos auszunutzen.

*Zu beachten:* Der Ersparnis eines zweiten Seitenschneiders steht der Nachteil entgegen, daß beim Schneiden des letzten Streifenteiles ein großer Zeitverlust in Kauf genommen werden muß. Werkzeuge mit zwei Seitenschneidern haben bisher ihre Wirtschaftlichkeit bewiesen.

**Schnitt mit zwei Seitenschneidern** (Abb. 64).

*Geeignet:* Bei Schnitteilen für Mengenfertigung mit durchschnittlich großem Genauigkeitsgrad.

*Zu beachten:* Eine bestbewährte Schneidemethode bei fortlaufend störungsfreier Arbeit, für Mengenfertigung besonders gut geeignet. Je nach den Anforderungen, die man an das Werkzeug stellt, sind Seitenschneider entweder mit oder ohne Vorsprünge (s. Abb. 195) herzustellen.

**Mehrfach-Scheibenschnitt** (Abb. 65).

*Geeignet:* Für besonders großen Scheibenbedarf.

*Zu beachten:* Mit der Unterbringung mehrerer Schnittstempel in einem Werkzeug sinken die Herstellungskosten der Fertigungsteile. Die Werkstoffersparnis erreicht für runde Scheiben bei 25fachen Ausschnitten den Grenzwert, darüber hinaus sind keine nennenswerten Vorteile mehr zu verzeichnen. Scheibenherstellungen sind aber mit fast jedem Schnittwerkzeug möglich, in das vor die Vorlocher noch Vor-Vorlocher gesetzt werden.

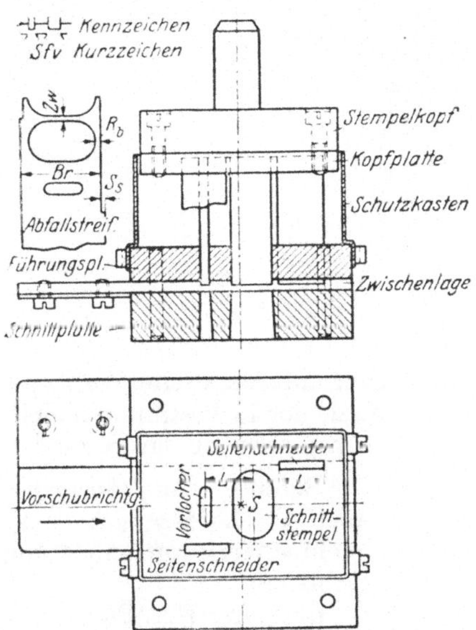


Abb. 64. Führungsschnitt mit 2 Seitenschneidern.

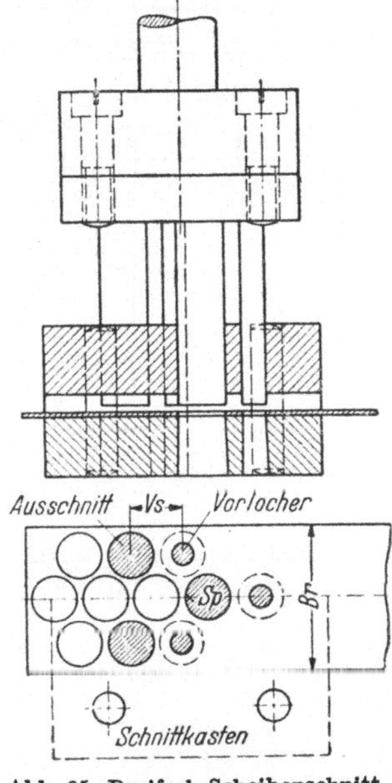


Abb. 65. Dreifach-Scheibenschnitt. Durch Vorsetzung kleiner Stempel vor den Vorlochern können aus den Vorlocherabfällen weitere Scheiben entstehen.

**Schnitt mit Leitkanal** (Abb. 66).

*Geeignet:* Für Fertigungsteile in sehr großen Mengen, bei denen die Weiterverarbeitung möglichst selbsttätig vor sich gehen soll.

*Zu beachten:* Die möglichst selbsttätige Weiterverarbeitung von Schnitteilen ist dann gewährleistet, wenn sich die Teile in dem unterhalb des Werkzeuges angebrachten Leitkanal aufschichten können. Zwei Wege für die Weiterverarbeitung der Teile sind gegeben, entweder der Leitkanal führt direkt zu einem anderen Werkzeug, in dem die Teile weiterbearbeitet werden, oder der Leitkanal ist in seiner Länge begrenzt und wird nach seiner Füllung an einer zweiten Stelle aufgesetzt und entleert.

Abb. 66 und 66a zeigen den zuletzt geschilderten Fall, bei dem sich die aufgeschichteten Teile im Leitkanal befinden. Nach der Füllung des

Kanals wird gleichzeitig mit einem Signal die Maschine stillgesetzt. Als Sicherung gegen das Herausfallen der Teile aus dem Leitkanal beim umgekehrten Aufsetzen auf ein zweites Werkzeug ist ein Stiftverschluß

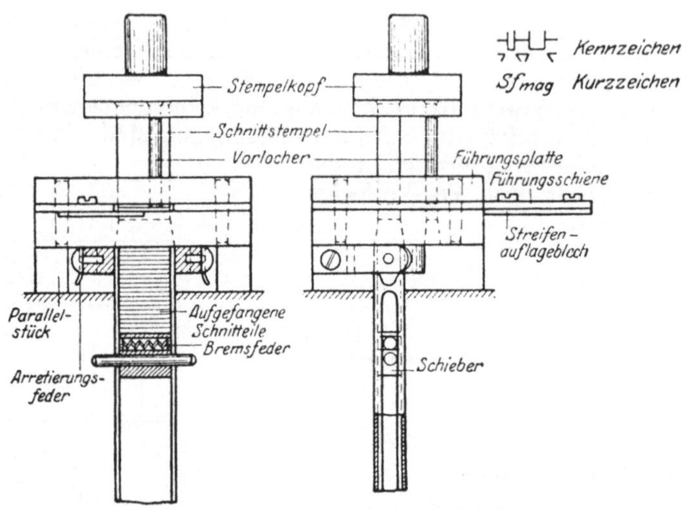


Abb. 66. Führungsschnitt mit Leitkanal.

vorgesehen; dieser wird nach dem Aufsetzen auf das zweite Werkzeug herausgezogen. Abb. 67 zeigt einen Leitkanal, der in bestimmten Zeitabständen zu entleeren ist.

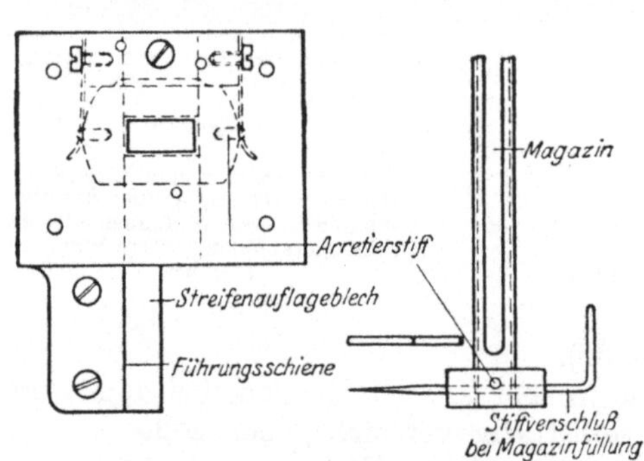


Abb. 66a. Leitkanal mit Stiftverschluß.

**Schnitt mit Vorlocher und Abschneider mit senkrechter Werkstoffzentrierung** (Abb. 68).

*Geeignet:* Für Flachteile, die sich aus Stangenwerkstoff leicht herstellen lassen.

*Zu beachten:* Vorteilhaft ist die Werkstoffersparnis, weil dicke Schnitteile große Werkstoffverbraucher sind, wenn sie aus Blech geschnitten werden. Die Vorlocher erhalten eine halbe Werkstoffdicke Voreilung, und die Genauigkeit der Teile bewegt sich in den Grenzen von etwa $\pm$ 0,2 mm, die für viele Zwecke genügt.

**Schnittweise bei Abschneidern** (Abb. 69). Je nach der Abschnittform des Teiles wird der Abschneider ausgebildet, seine schwächste Stelle ist für 3 mm Werkstoffdicke etwa 5 mm, darüber hinaus wird sie bis zu 10 mm bemessen. Die Abschnittform kann z. B. an beiden Enden des Teiles halbrund oder halbrund auf der einen Seite und gerade auf der anderen, sogar auch schlitzartig (s. Abb. 70) gemacht werden. Der Stangenwerkstoff wird in diesem Fall durch senkrecht gefederte Keiltriebe zentriert.

Abb. 67.

**Schnitt mit Vorlocher und Abschneider mit waagerechter Werkstoffzentrierung** (Abb. 70).

*Geeignet:* Für Bandeisenteile, die streckenweise verschieden breit sind und zentralliegende Durchbrüche besitzen sollen.

*Zu beachten:* Bandeisenteile, die weniger genau zu sein brauchen und bei denen es mehr auf zentrisch liegende Durchbrüche ankommt, werden vorteilhaft mit diesem Werkzeug hergestellt; Breitenunterschiede von etwa 1 mm können hierbei ausgeglichen werden. Der Werkzeughub ist begrenzt, deshalb muß seine Anfangsstellung gut eingestellt sein. Das Bandeisen wird zentriert durch zwei waagerecht bewegliche und einen senkrecht arbeitenden Keiltrieb.

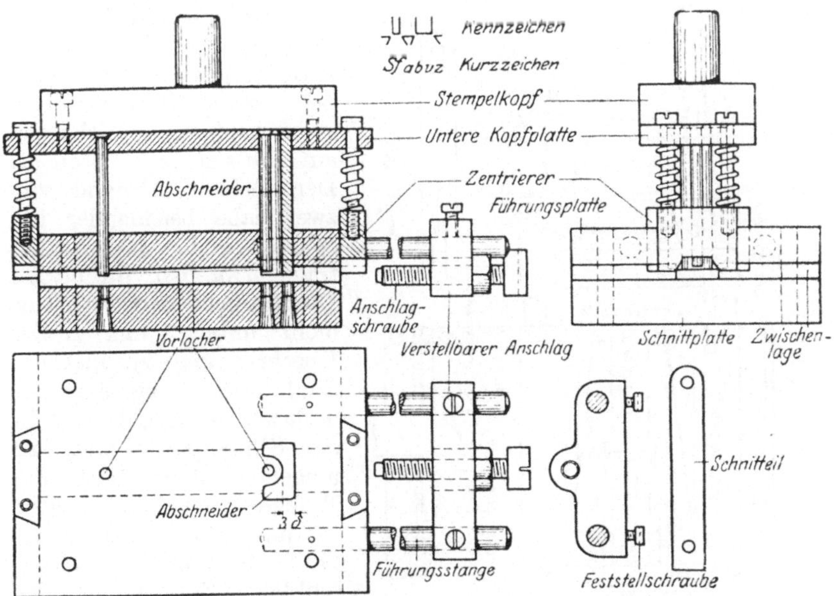


Abb. 68. Führungsschnitt mit Vorlocher und Abschneider.

## f) Lochschnitte (Locher).

**Locher für Einlegeteile mit Auswerfer** (Abb. 71).

*Geeignet:* Für Durchbrüche, die zusätzlich zu lochen sind, weil im Folgewerkzeug die Bedingungen für das Lochen ungünstig sind.

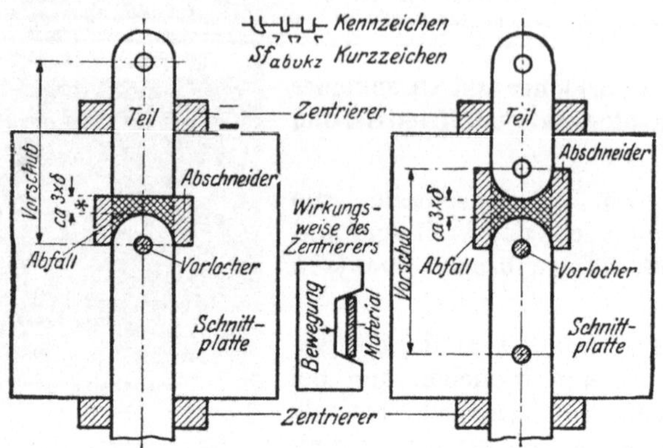

Abb. 69. Schnittweise bei Abschneidern.

*Zu beachten:* Schnitteile mit zu nahe beieinander oder am Rande liegenden Durchbrüchen können nicht immer mit Folgewerkzeugen fertig geschnitten werden, weil die Härtebruchgefahr zu groß und die Standfestigkeit der Schnittplatte zu gering wird. Je härter der Werkstoff ist, desto weiter sollen die Durchbrüche in der Schnittplatte voneinander entfernt liegen, während man bei weichen Werkstoffen etwas weniger Rücksicht darauf zu nehmen braucht. Der kleinste Abstand von zwei nahe beieinander liegenden runden Löchern beträgt etwa 5·δ, für eckige Durchbrüche dagegen ist er nicht unter 5 mm großer Überbrückung zu machen. Sind lange, eng aneinanderliegende Durchbrüche in der Schnittplatte nicht zu umgehen, dann muß die Brücke zwischen beiden für das Schneiden der Teile durch Schräg- oder Hohlschliff der Stempel entlastet werden.

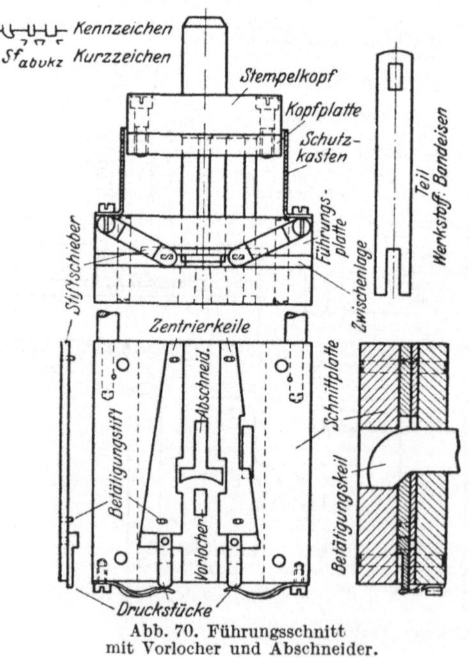

Abb. 70. Führungsschnitt mit Vorlocher und Abschneider.

**Locher für schlitzförmige Durchbrüche mit Auswerfer** (Abb. 72).

*Geeignet:* Zum Perforieren oder Lochen von Gittern für elektrische Heizböden u. a. m.

*Zu beachten:* Schlitzlocher mit gitterartiger Stempelstellung sind wechselstehend mit einem etwa $^1/_3$ einseitigen Hohlschliff in Blechdickenhöhe auszuführen, damit die Endkraft beim Schneidvorgang nicht auf Stegmitte wirkt. Die hier zu schneidenden acht Schlitze werden mit vier so hohlgeschliffenen Stempeln in zwei Arbeitsgängen hergestellt; im ersten Arbeitsgang werden vier Schlitze, je einer dabei übersprungen, im zweiten nach Drehung des Teiles um 180° die dazwischenliegenden Schlitze geschnitten. Die Stege sind deshalb in der Schnittplatte doppelt so groß wie beim Schnitteil. Der Auswerfer erhält eine Abschrägung von 45°, wird gehärtet und geschliffen, damit das Teil leichter ausgeworfen wird.

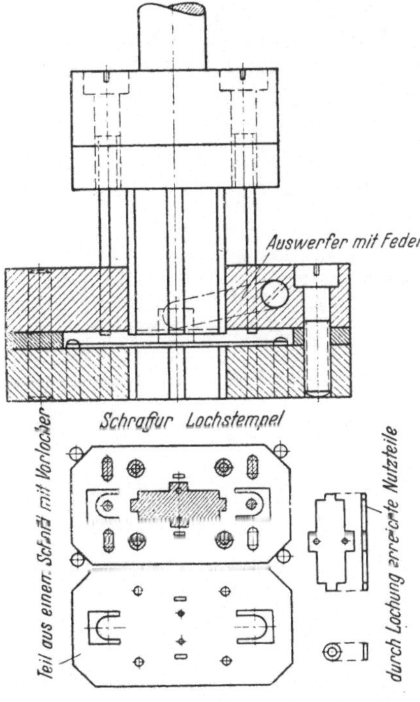


Abb. 71. Locher mit Auswerfer.

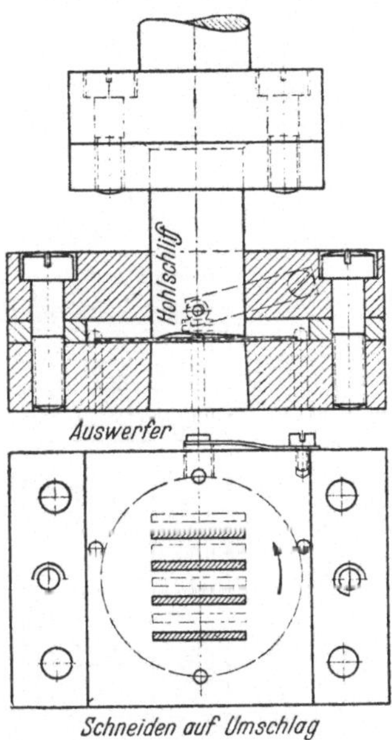


Abb. 72. Schlitzlocher mit Auswerfer.

**Locher für Leisten mit Auswerfer für unterbrechungsfreies Lochen** (Abb. 73).

*Geeignet:* Für lange Flachteile, z. B. Leisten aus Stangenwerkstoff oder ähnliche Teile.

*Zu beachten:* Lange, leicht verbiegbare Teile, z. B. Leisten aus Stangenwerkstoff mit einer Anzahl von Löchern, können in diesem Locher fortlaufend gelocht werden. Die Konstruktion des Werkzeuges vermeidet das zeitraubende einzelne Einlegen der Teile in das Werkzeug, um das Drei- bis Vierfache der sonst möglichen Leistung zu erreichen. Abb. 73 zeigt, wie auf der linken Seite des Werkzeuges die Teile zu den Anschlagstiften geschoben, dort gelocht und selbsttätig herausgeworfen werden. Ein Vorteil des Werkzeuges ist, daß die bedienende Hand gezwungen wird, ihre Arbeit außerhalb des Schnittstempelbereiches zu verrichten, so daß sie weniger Verletzungen ausgesetzt ist als bei anderen Werkzeugen.

**Locher mit Schieberstempel und Daumensteuerung** (Abb. 74).

*Geeignet:* Für Hülsen bei großem Stückzahlbedarf.

*Zu beachten:* Die Arbeitsweise des Lochers ist so, daß beim Abwärtsgehen des Daumenschiebers a der Daumen b gegen den linken Bolzen c

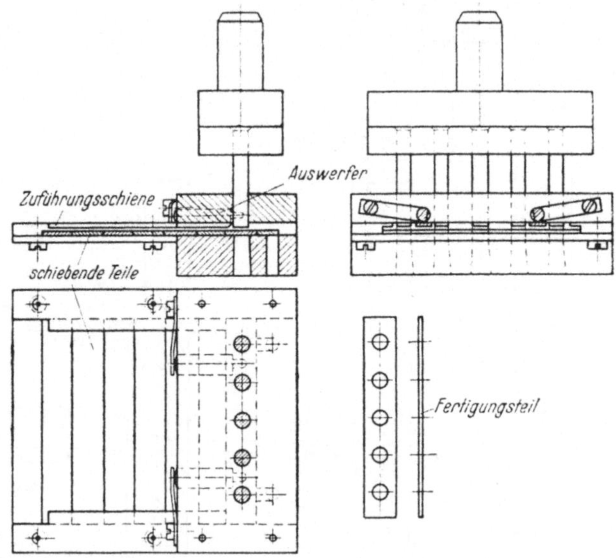


Abb. 73. Locher für Leisten.

des Schieberstempels d drückt und den Stempel zwingt, nach links zu gehen, und dann bei seiner weiteren Abwärtsbewegung durch seine oben rechts befindliche Keilfläche den Schieberstempel nach rechts bewegt. Das Teil wird beiderseitig von innen nach außen gelocht. Bei der Aufwärtsbewegung des Daumenschiebers legt sich der Daumen nach unten um, und der Schieberstempel wird mittels der linken oberen Keilfläche wieder in die Mittellage zurückgebracht.

**Ausklinker mit in der Schnittplatte geführtem Stempel** (Abb. 75).

*Geeignet:* Zum Lochen oder zum Randausschneiden von eckigen oder runden Hohlteilen.

*Zu beachten:* Rechteckige oder runde Hohlteile von außen nach innen zu lochen, erfordert einen hohen Werkzeugaufbau. Dieser wird aus Preisgründen vermieden, indem umgekehrt von innen nach außen geschnitten wird. Die Führung des Schnittstempels ist deshalb in die

Schnittplatte verlegt, um ihn vor dem Abdrängen während des Schneidens zu schützen. Aus Abb. 75 geht hervor, wie die ausgeschnittenen Kappen vom Stempel mittels Federabstreifer abgestreift werden.

**Locher mit Kurvensteuerung und Keiltrieb** (Abb. 76).

*Geeignet:* Für mehrfaches Lochen von Hohlteilen bei Mengenfertigung.

*Zu beachten:* Gewöhnlich haben Locher mit Keiltrieben eine hohe Bauart, und das Einlegen der Teile ist bei ihnen oft beschwerlich. Hin-

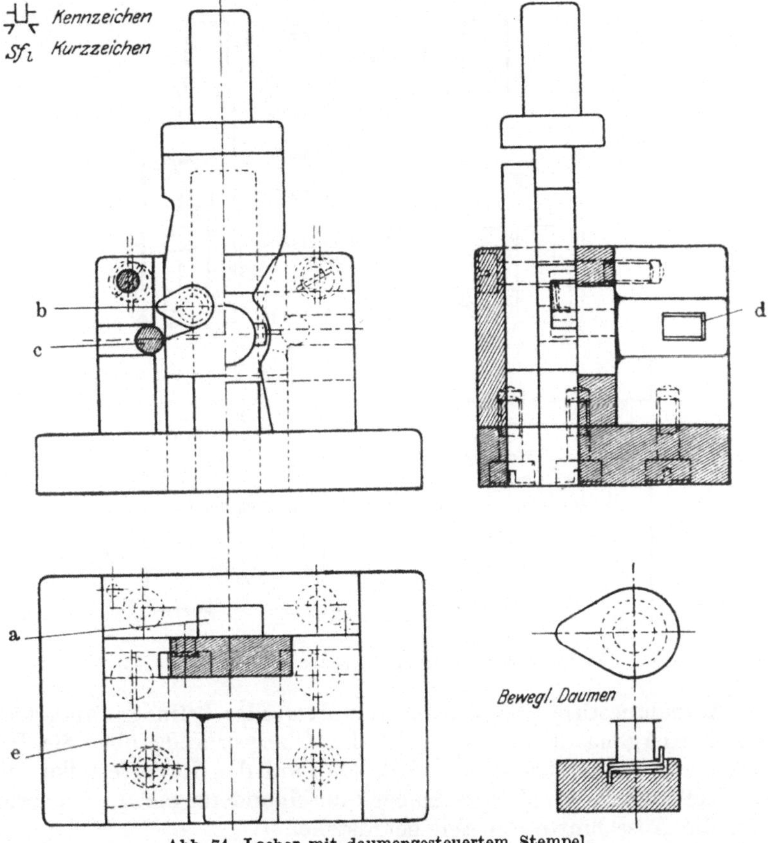


Abb. 74. Locher mit daumengesteuertem Stempel.
(e verstellbare Schnittbacke.)

gegen bietet diese Werkzeugausführung größere Vorteile: sie ist niedrig gehalten und ist zugänglicher an der Teileinlegestelle des Werkzeuges; sie gibt auch weniger Anlaß zu Handverletzungen. Durch einen Keiltrieb und mittels Kurven werden alle vier Lochschieber in Bewegung gesetzt, die zwangsläufig die Vorwärtsbewegung und durch Federkraft die Rückbewegung ausführen. Infolge der maschinell ausgeführten Werkzeugbestandteile ist das Lochwerkzeug preiswert herzustellen.

**Locher mit Revolverteller** (Abb. 77).

*Geeignet:* Für seitliche Hülsenausschnitte vor allem bei beträchtlichen Mengen.

*Zu beachten:* Für Ausschnitte, die in gezogenen Hülsen selbsttätig auszuschneiden sind, wird vorteilhaft eine Revolverpresse als Schnittpresse benutzt. Da die Arbeiterin durch das Tempo der Maschine zur Schnelligkeit angehalten wird und nicht wie gewöhnlich umgekehrt, ergibt sich eine große Leistung. Die vorher gelochten Teile werden auf

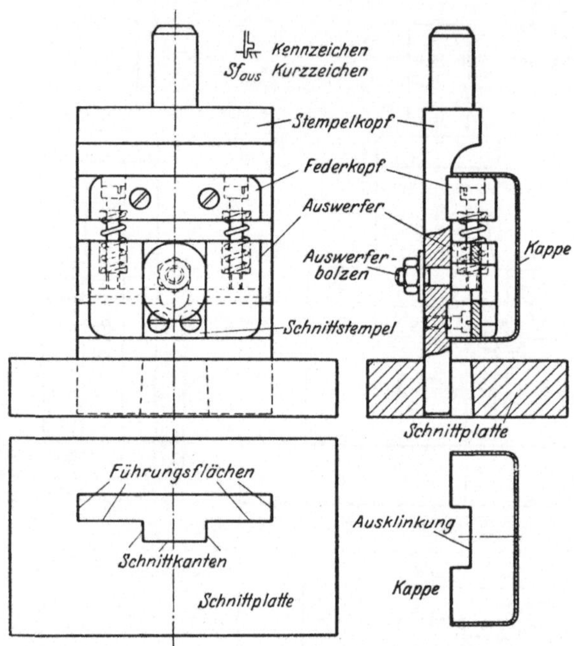


Abb. 75. Locher mit in Schnittplatte geführtem Stempel.

zwei Aufnahmestifte, die sich im Revolverteller befinden, aufgefädelt. Beim Niedergang des Stößels geht das Oberwerkzeug über die Hülse hinweg und zwingt bei seinem Aufsetzen auf den Revolverteller durch zwei Keiltriebe die Messerschieber, auseinanderzugehen, um beiderseitig die Ausschnitte am Teil herzustellen.

**Werkzeugbestandteile für Sonderfälle** (Abb. 78). Hierzu gehören:

a u. b Runde Schnittstempel mit Verstärkungsrohren (Docken),
c Schnittkästen mit verkleinerter Führungsplatte,
d gefederte Zwischenlagen,
e Anschneideanschläge,
f zusammengesetzte, geschliffene Schnittstempel.

*Geeignet:*

Zu a u. b: für Verarbeitung von besonders dicken oder harten Werkstoffen, zu c: wenn Spannklauen auf dem Schnittkasten stören,

zu d: damit durch gut anliegende Streifen die Schnitteile besser ausfallen,

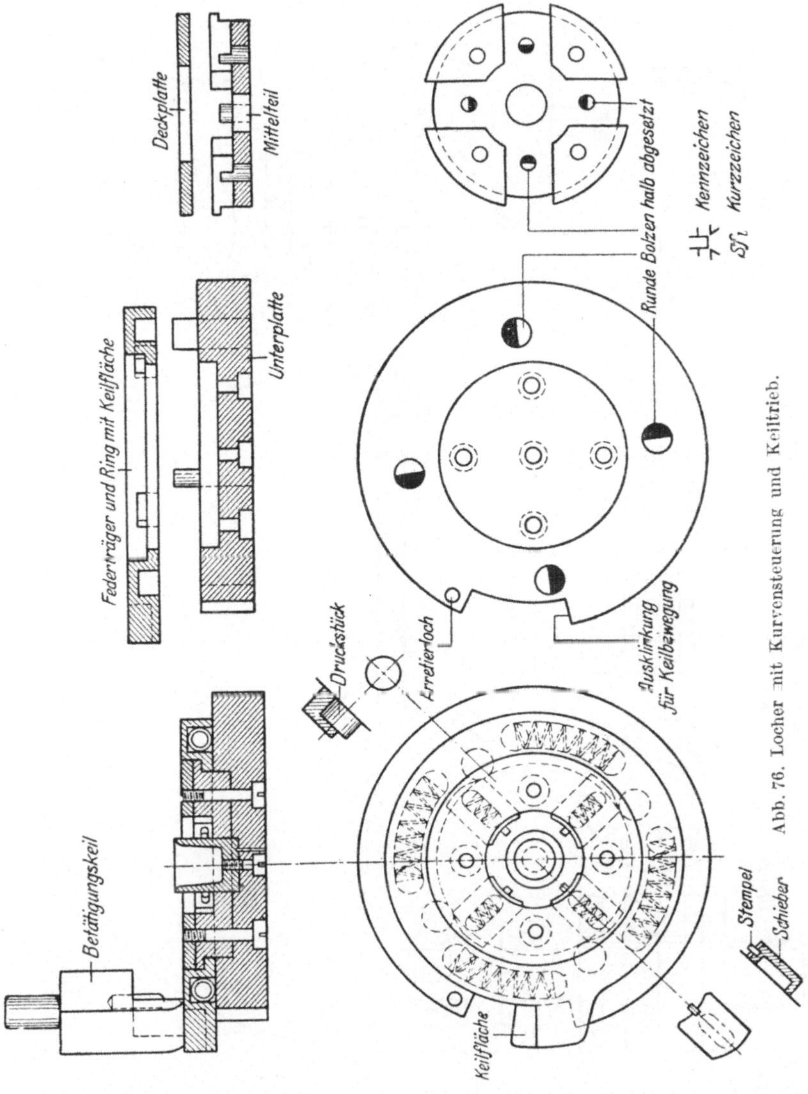


Abb. 76. Locher mit Kurvensteuerung und Keiltrieb.

zu e: zur Schonung der Vorlocher bei Beginn des Streifenschneidens,

zu f: für leichte Herstellung von Ergänzungsteilen bei Formstempeln.

*Zu beachten:*

Zu a u. b: Besteht beim Schneiden für den Stempel Knickgefahr, dann wird der Stempel mit einem Verstärkungsrohr (Docke) nach

Abb. 78a und 78b oder mit einem angeschliffenen Ansatz versehen (s. TN). Die am Kopf auftretende Flächenpressung ist

$$p = \frac{P}{F} = \frac{4 \cdot d \cdot \pi \cdot \delta \cdot \tau_a}{d^2 \cdot \pi} = \frac{4 \cdot \delta \cdot \tau_a}{d},$$

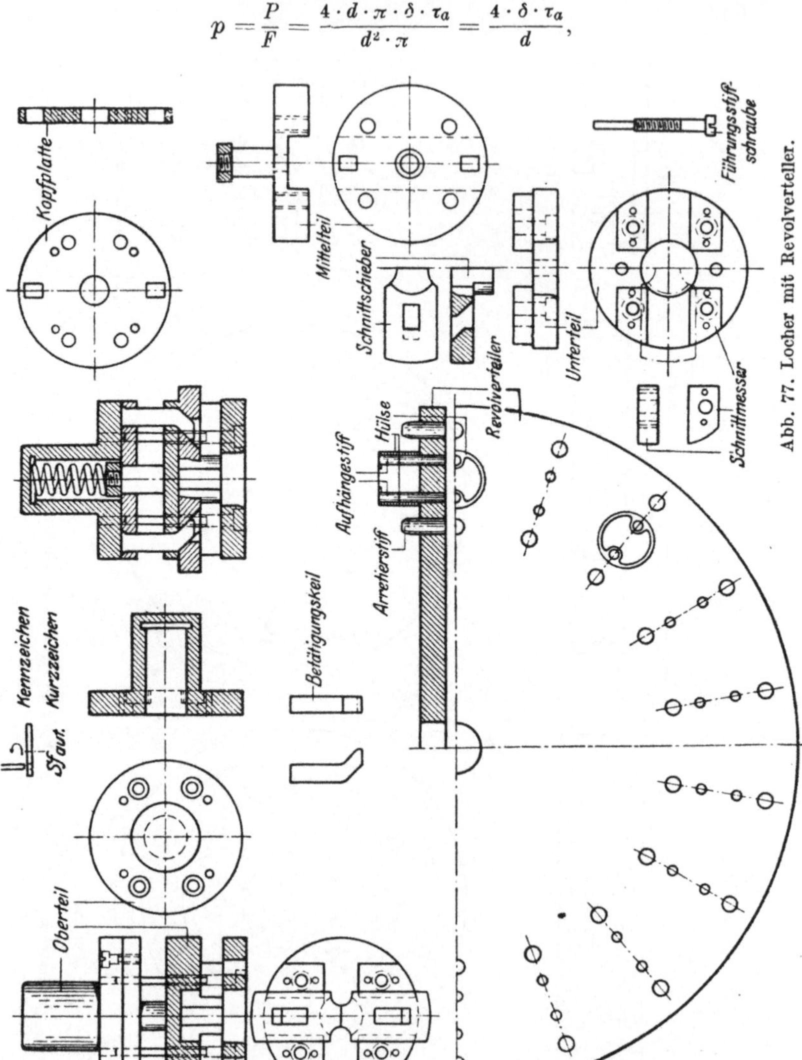


Abb. 77. Locher mit Revolverteller.

und $p$ sollte die Streckgrenze des Werkstoffes nicht überschreiten. Das Stempelspiel in der Schnittplatte ist 0,05- bis 0,1mal Werkstoffdicke zu wählen, damit das Schnitteil nicht sehr durchfedert (s. Abb. 79).

Zu c: In den Fällen, bei denen die Spannklauen auf dem Schnittkasten hinderlich sein sollten, wird die Führungsplatte nach Abb. 78c verkürzt.

Zu d: Die Handgeschicklichkeit wird bei federnder Zwischenlage unterstützt. Dies ist in gewissen Fällen (beim Anlernen von Arbeiterinnen) wertvoll, aber nicht immer notwendig.

Zu e: Anschneideanschläge werden verwendet, wenn Gefahr des Halblochens der Vorlocher beim Schneidbeginn besteht.

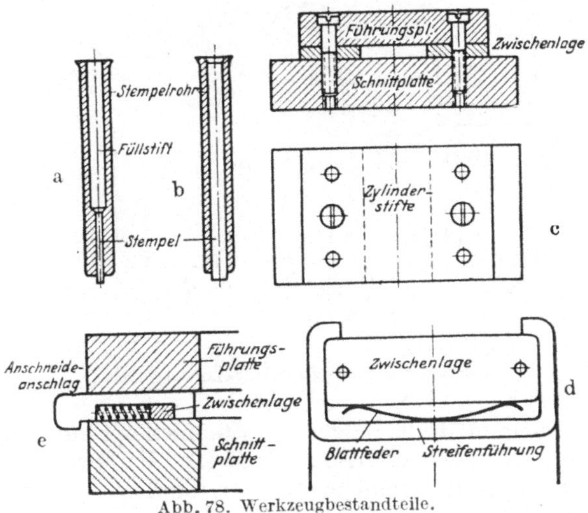


Abb. 78. Werkzeugbestandteile.

Zu f: Zusammengesetzte Schnittstempel (Abb. 80) sind erst dann einwandfrei hergestellt, wenn die Bestandteile nach dem Härten gänzlich geschliffen sind; bei Stempelbruch braucht nur das Einzelstück ergänzt zu werden. Sie sind im übrigen genauer und preiswerter als von Hand hergestellte.

## g) Werkzeuge aus Kunstharzpreßstoff.

**Wendeschnitt aus Kunstharzpreßstoff mit gehärteten Stahlplatten** (Abb. 81).

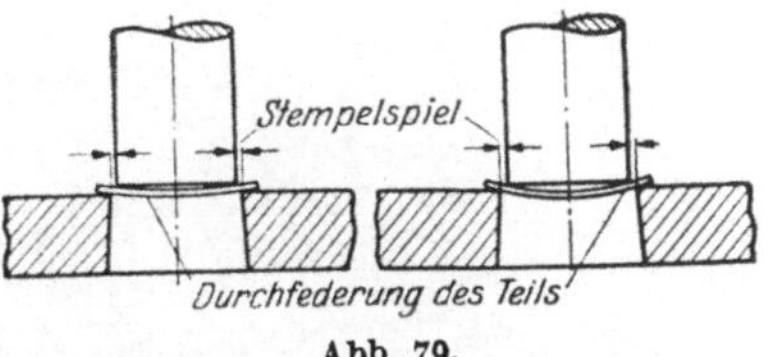


Abb. 79.

*Geeignet:* Zum Schneiden von Leichtmetallteilen bis etwa 3 mm Blechdicke.

*Zu beachten:* Die Werkzeugausführungen sind den üblichen Konstruktionen wesensgleich. Die befestigten Stahlstirnplatten der Stempel und Schnittplatten sind etwa 6 bis 8 mm dick und so angeordnet, wie Abb. 81 zeigt. Alle Platten aus Kunstharzpreßstoff werden nur mit der Säge zurechtgeschnitten, zusammengeschraubt und nicht mehr weiterbearbeitet; die untere Spannplatte wird etwa 25 mm und die Führungsplatte 20 mm dick ausgeführt. Der obere Schnittstempel besteht aus übereinandergelegten Preßstoffplatten, ist etwa 60 bis 70 mm hoch und mit einer harten Stirnplatte zusammen verstiftet und verschraubt. Das gleiche ist beim Schnittkasten der Fall. Hervorzuheben ist hierbei, daß die Werkzeuge mit Parallelschliff elastisch schneiden.

**Schnitt mit Vorlocher, Einhänge- und Fangstift** (Abb. 82).

*Geeignet:* Zum Schneiden von 1,5 mm dicken Aluminiumscheiben.

*Zu beachten:* Bei geringer Scheibenanzahl genügt eine Werkzeugausführung nach Abb. 82. Die Schnittplatte ist aus etwa 8 mm dickem Werkzeugstahl, desgleichen der Stempel, und der Fangstift ist ein-

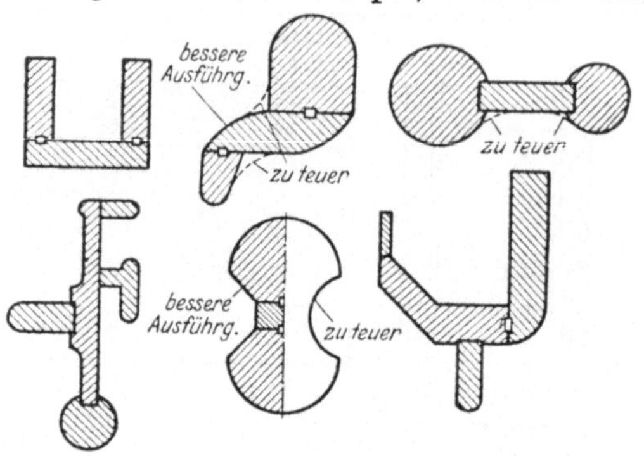


Abb. 80. Zusammengesetzte Schnittstempel.

gesetzt. Alle anderen Teile, auch der Stempelkopf mit angedrehtem Einspannzapfen, bestehen aus Kunstharzpreßstoff; Feuchtigkeit hat auf den Kunstharzpreßstoff keinen merklichen Einfluß.

**Führungslocher mit eingesetzten Schnittbuchsen und Auswerfer** (Abb. 83).

*Geeignet:* Für zu lochende Leisten aus Aluminium.

*Zu beachten:* Genauso wie man Locher aus Stahlplatten herstellt, werden diese aus Kunstharzpreßstoff gebaut. Der Locher in Abb. 83

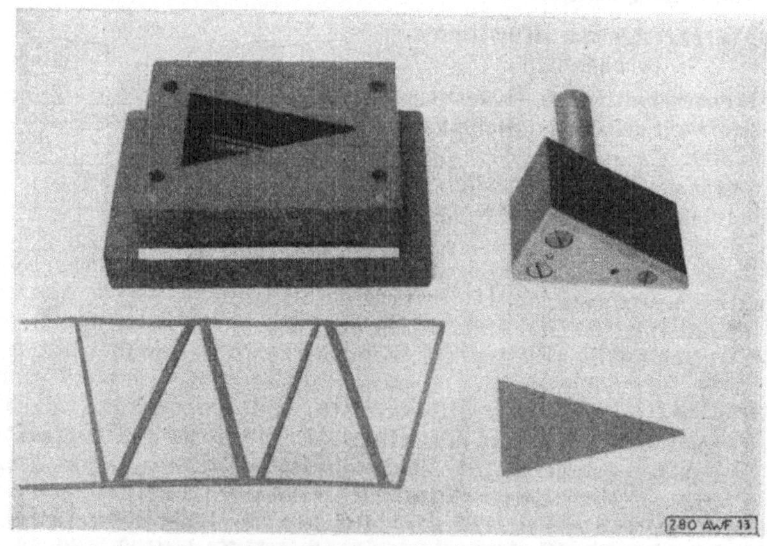


Abb. 81. Wendeschnitt aus Kunstharz nach AWF 280.

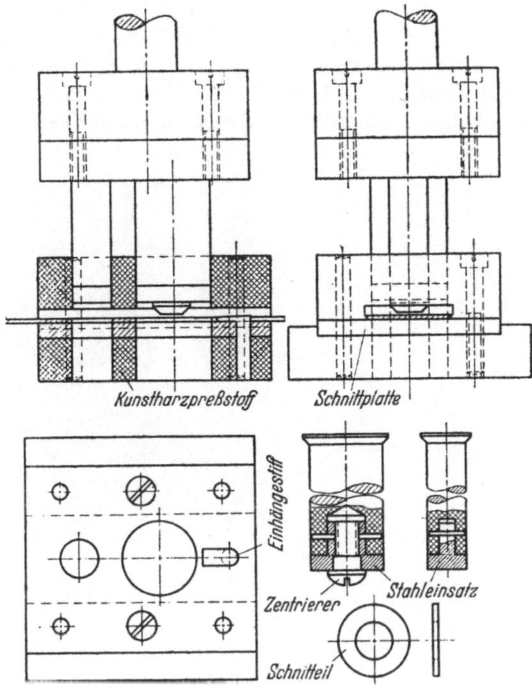


Abb. 82. Schnitt mit Vorlocher und Fangstift.

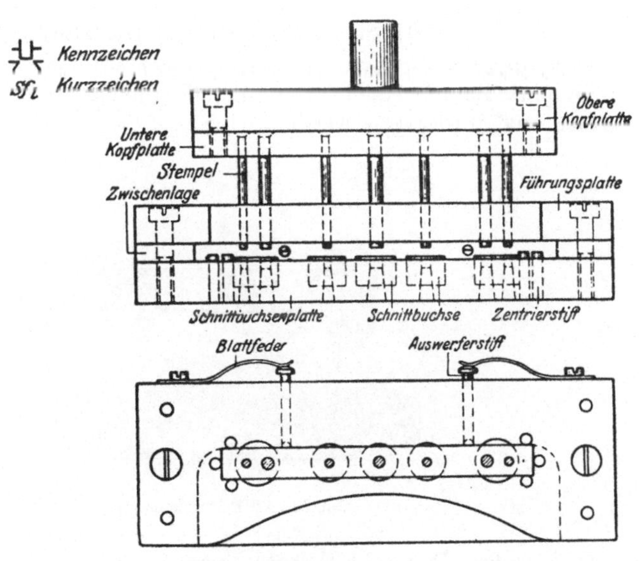


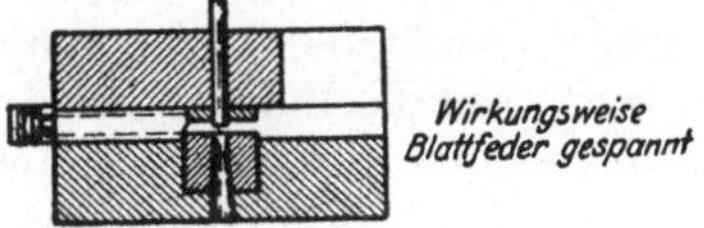


Abb. 83. Führungslocher mit eingesetzten Schnittbuchsen und Auswerfer.

wurde zuerst aus Stahlplatten gefertigt, jetzt aus Kunstharzpreßstoff (Novotext) und hat nun nach mehreren tausend Schnitten eine gute Standfestigkeit gezeigt. Zum Bohren der Platten nehme man Sonderbohrer, die dafür im Handel zu haben sind.

Abb. 84. Säulenführungsschnitt einfacher Bauart.

## h) Schnitte mit Säulenführung.

**Säulenführungsschnitt, einfache Bauart** (Abb. 84).

*Geeignet:* Zum Beispiel für Schnitteile, die nachträglich einer Flächenverformung unterzogen werden.

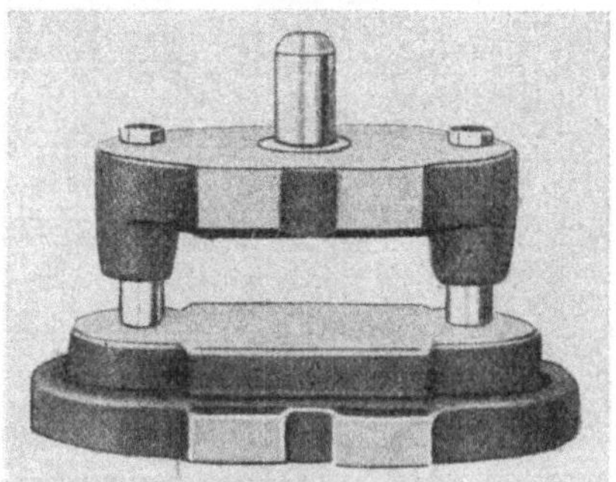

Abb. 85. AWF-Normengestell.

*Zu beachten:* Der Schnittkasten war ein Notbehelf, solange kein besseres Arbeitsmittel geschaffen werden konnte. Der Grund liegt darin, daß mit größer werdendem Schnittstempel das Werkzeug teurer und schlechter wird, weil die Führung im Schnittkasten viel teurer und dem Säulenführungsgestell nicht als gleichwertig anzusehen ist. Die Abb. 84

zeigt treffend den Wegfall der teuren Führungsplatte und die Beschränkung wertvollen Werkzeugstahles auf ein Mindestmaß.

**Zu verwendendes AWF-Normgestell** (DIN Vornorm 9814) (Abb. 85). Durch Verwendung eines Normgestelles wird das Überdimensionieren

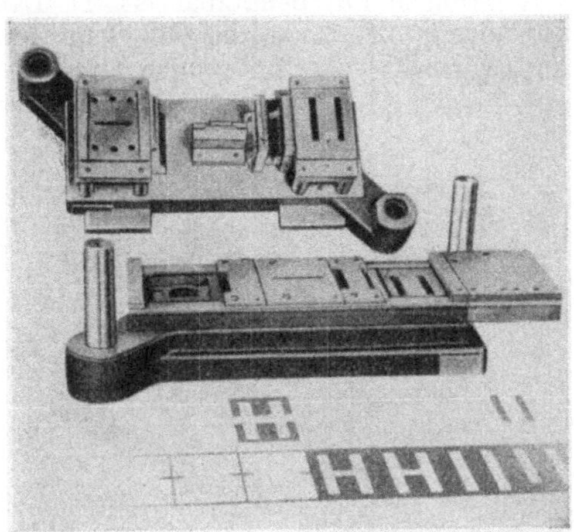

Abb. 86. Säulenführungsschnitt mit übereck angeordneten Säulen.

von Werkzeugen vermieden, die Standfestigkeit erhöht, und die Herstellungskosten der Teile werden verringert. In einem Säulenführungsgestell sind mehrere Werkzeuge ein- und ausbaufähig unterzubringen. Für die Ermittlung der Dicken von gehärteten Schnittplatten sowie der Längen von Schnittstempeln s. Beispiele im TN.

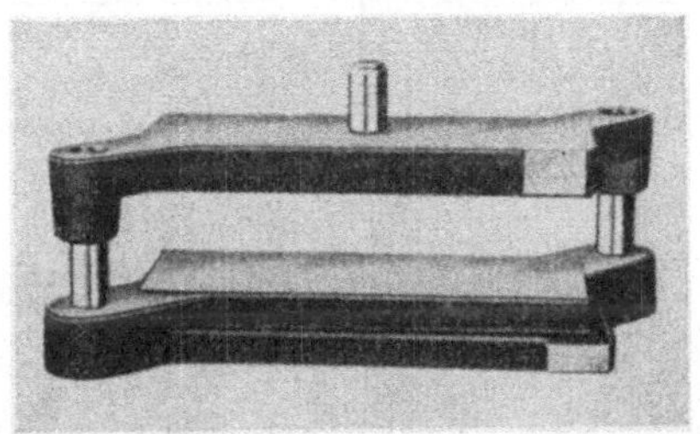

Abb. 87. AWF-Säulenführungsgestell, in Längs- und Querrichtung verwendbar. (Werkphoto: Zeiss-Ikon.)

**Säulenführungsschnitt mit übereck angeordneten Säulen, Folgeschnitt** (DIN Vornorm 9819) (Abb. 86).

*Geeignet:* Für Schnitteile mit Toleranzen bis etwa $\pm 0{,}1$ mm, die in mehreren Schnittstufen hergestellt werden müssen.

*Zu beachten:* Säulenführungsschnitte zeigen sich in ihrer Leistungsfähigkeit und Lebensdauer recht vorteilhaft. Sie sind nutzbringender und preiswerter als Schnittkastenwerkzeuge. Falls das Folgewerkzeug zwei Teile zugleich ausschneidet, werden nur an 2 Stellen Abstreifplatten in schwacher Ausführung benötigt.

**Vorzüge des AWF-Normgestells.** Abb. 87 zeigt eines der AWF-Normgestelle (DIN Vornorm 9812 bis 9829 und Entwürfe DIN 9850 bis 9867), das nach zwei Richtungen hin benutzbar ist. In Längsrichtung für Folgeschnitte mit einer größeren Anzahl von Schnittvorstufen, in der anderen Richtung (Kurzseite) nur für wenige Arbeitsgänge.

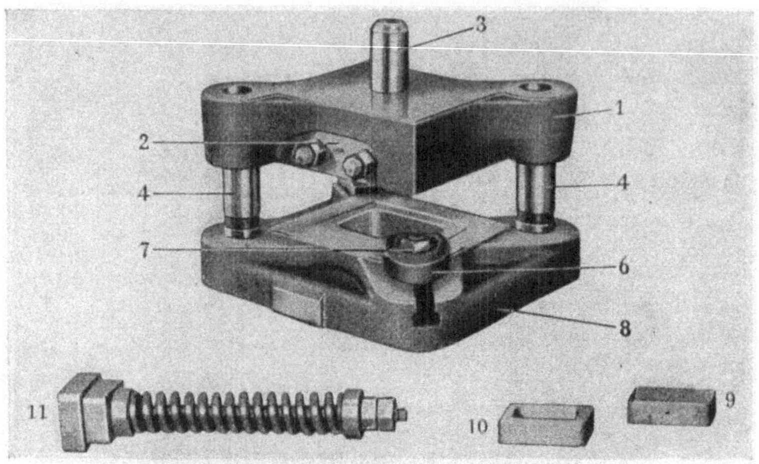


Abb. 88a. Säulenführungsgestell für Austauschwerkzeuge.

| Teil | Benennung des Teiles | Teil | Benennung des Teiles |
|---|---|---|---|
| *1* | Stempelkopf | *7* | Spannschraube |
| *2* | Spannbacken | *8* | Grundplatte |
| *3* | Einspannzapfen | *9* | Einsatzplatte |
| *4* | Führungssäule | *10* | Einsatzrahmen |
| *5* | Säulenbefestigungsring | *11* | Federdruckapparat |
| *6* | Spannknacke | | |

Abb. 88b. Einbauwerkzeuge. (Werkphoto: Zeiss-Ikon.)

**Säulenführungsgestell für austauschbare Werkzeuge** (Abb. 88).

*Geeignet:* Zur wirtschaftlichen Herstellung von Teilen bei kleinstem Bedarf und zum Schutz der Werkzeuge bei veralteten Pressen.

*Zu beachten:* Die Ausführung dieses Schnittgestells gestattet eine schnelle Auswechselung von Werkzeugen jeder Art, die aus einem

Bruchteil des sonst verarbeiteten teuren Werkzeugstahles hergestellt werden können. Durch den systematischen Aufbau der Werkzeugbestandteile werden die Herstellungskosten für die Einbauwerkzeuge äußerst niedrig.

Die hier veranschaulichten Schnittstempel und Schnittplatten sind schnell in das Gestell eingespannt. Falls die Werkzeuge mit Auswerfern arbeiten müssen, ist der hierfür bewährte Federauswerfer anzuwenden (s. Abb. 88.*11*).

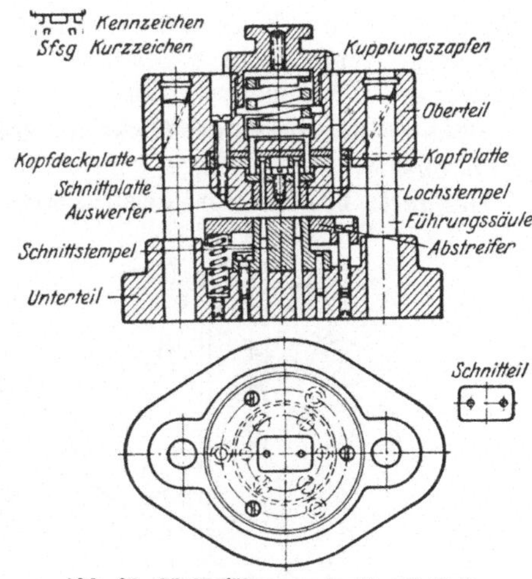


Abb. 80. Säulenführungsschnitt mit Federauswerfer (Gesamtschnitt).

**Säulenführungsschnitt (Gesamtschnitt) mit Federauswerfer** (Abb. 89).

*Geeignet:* Für Schnitteile, die in Mengen vorkommen und paketiert werden.

*Zu beachten:* Gesamtschnitte (Komplettschnitte) liefern Teile, die an Genauigkeit nicht mehr zu übertreffen sind. Sie sind sehr teuer und sollen nur in ganz besonderen Fällen verwendet werden. Besonders bei paketierten Teilen (Stator- oder Rotorblechen) sind sie die gegebenen Werkzeuge. Die Anwendung eines Federauswerfers hängt von der Ausstoß- und Abstreifkraft des Teiles bzw. des Strei-

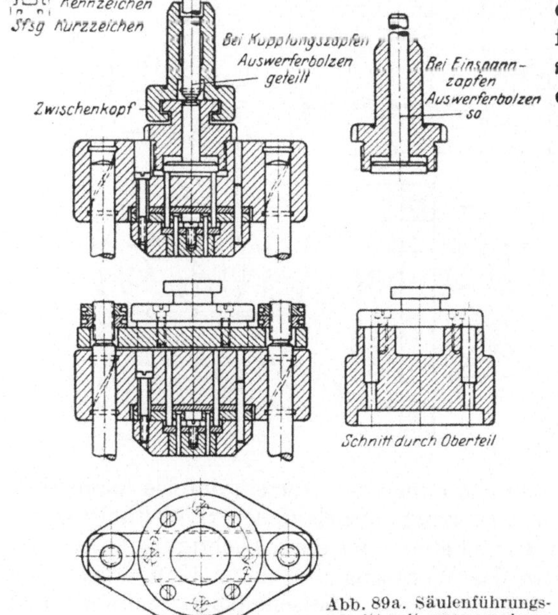


Abb. 89a. Säulenführungsschnitt mit zwangsweisem Auswerfer (Gesamtschnitt).

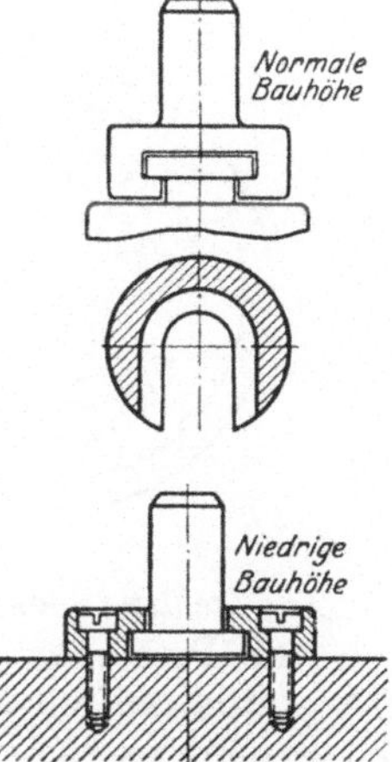


Abb. 89b. Ausführungen von Einspannzapfen.

fens ab. Sind die Federkräfte rechnungsmäßig für den zur Verfügung stehenden Raum nicht zu erreichen, muß unbedingt ein zwangsweiser Auswerfer vorgesehen werden.

**Säulenführungsschnitt (Gesamtschnitt) mit zwangsweisem Auswerfer** (Abb. 89a).

*Geeignet:* Für schwer ausstoßbare Teile.

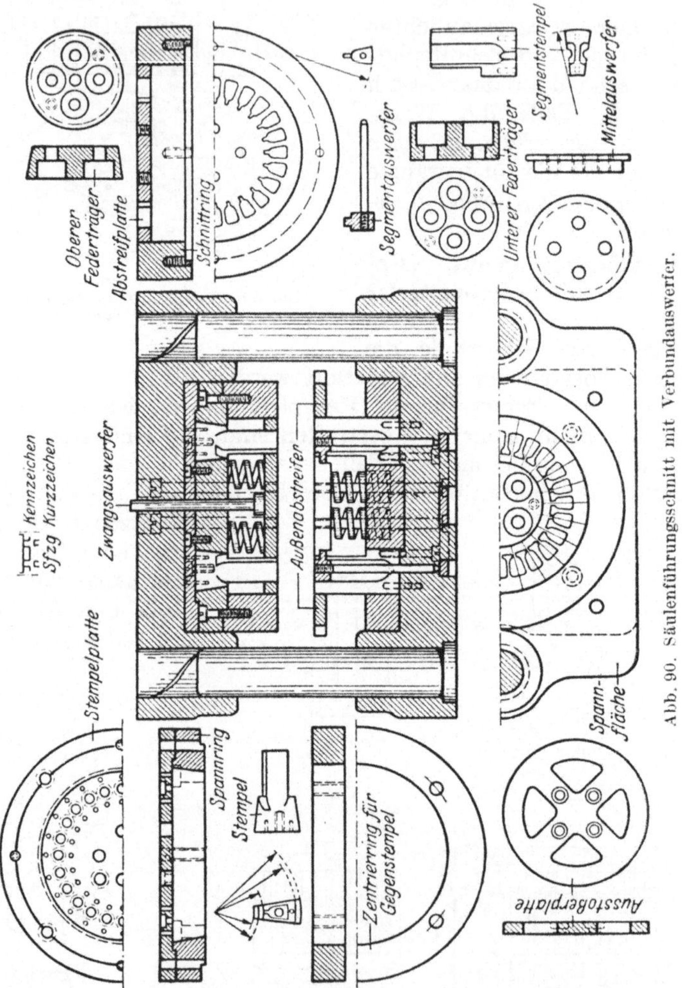


Abb. 90. Säulenführungsschnitt mit Verbundauswerfer.

*Zu beachten:* Gesamtschnitte haben den Vorteil, daß sie unabhängig von der Presse arbeiten und trotz ausgelaufener Stößelführung der Presse einwandfreie Schnitteile liefern. Bei Berücksichtigung des Linienschwerpunktes rüstet man das Werkzeug mit einem Kupplungszapfen aus und benutzt einen dazugehörigen Zwischenkopf (Schwerpunktermittlung im TN).

**Säulenführungsschnitt (Gesamtschnitt) mit Verbundauswerfer** (Abb. 90).

*Geeignet:* Für Stator- und Rotorbleche.

*Zu beachten:* Die Zusammensetzung der Schnittstempel spielt hier eine große Rolle, weil die Stempel bei ihren Beanspruchungen feststehen müssen. Die Schnitteinzelteile werden aus einem Werkzeugstahl hergestellt, der sich beim Härten nicht leicht verzieht. Bei einer besonders großen Ausstoßkraft werden Auswerfer und Abstreifer miteinander starr verbunden, durch Federkräfte betätigt und bei deren Versagen mit Hilfe der Presse zwangsweise weiterbewegt.

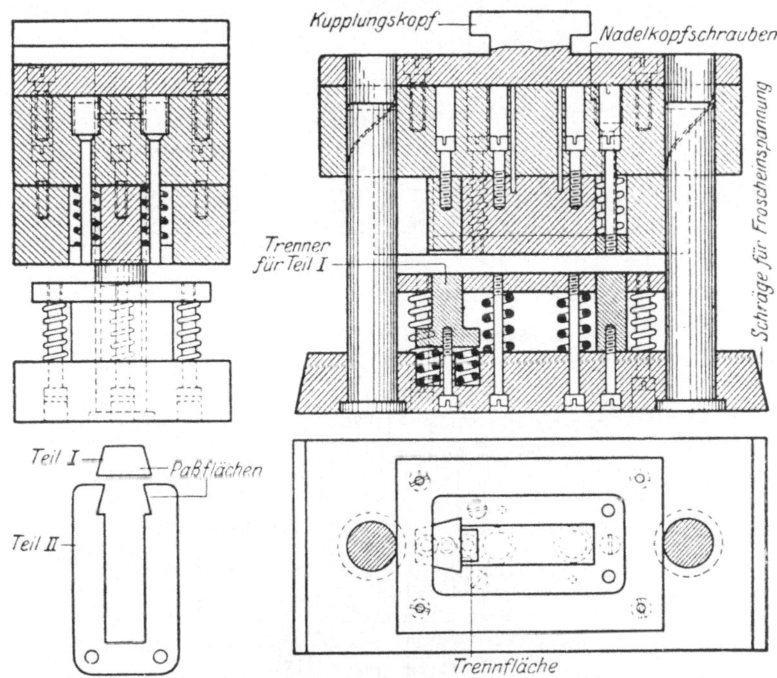


Abb. 91. Säulenführungsschnitt mit T-Kupplung.

**Säulenführungsschnitt mit T-Kupplung** (Abb. 91).

*Geeignet:* Zum Schneiden von zwei sich ergänzenden Teilen.

*Zu beachten:* Hier schneidet man zwei zueinander passende Teile gleichzeitig aus, obwohl das bei Gesamtschnitten weniger vorkommt. Dieser Fall zeigt, wie man dabei etwa 40 vH Werkzeugkosten und 50 vH in der Teilfertigung erspart. Ein Schrägschliff von Blechdickenhöhe muß an den Trennflächen des kleinen Teiles vorgesehen werden, damit die dort auftretende Schnittkraft wesentlich herabgemindert wird. Für die Wahl des Werkzeugstahles sind im TN Angaben zu finden, und es ist dabei zu berücksichtigen, daß die Schnittstempel, die durch ihr Eindringen in den Werkstoff einem höheren Verschleiß als die Schnittplatten unterworfen sind, verschleißfester gemacht werden müssen.

**Säulenführungsschnitt, Abschneideschnitt** (Abb. 92).

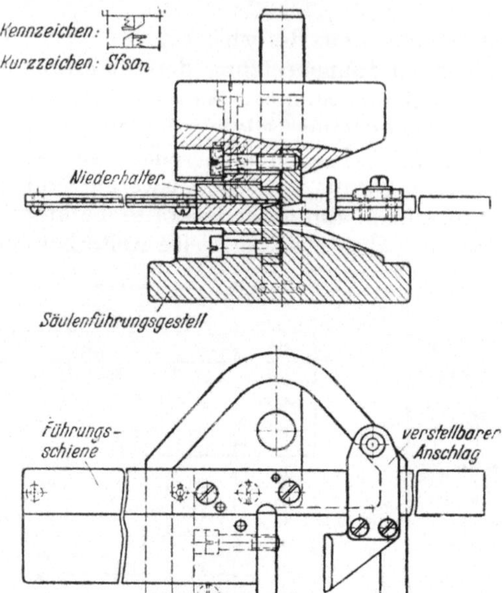


Abb. 92. Säulenführungsschnitt mit Abschneideschnitt.

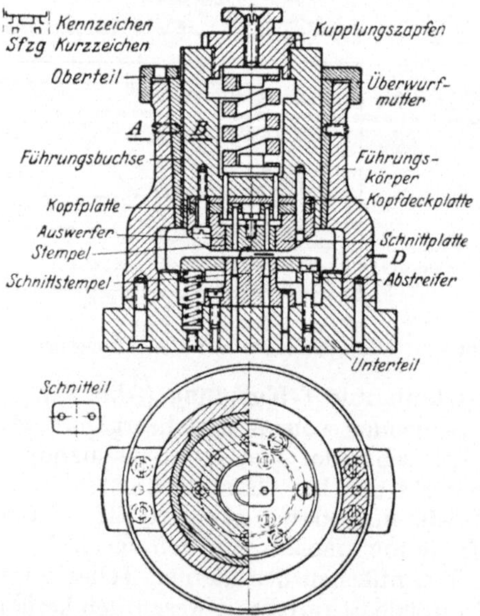


Abb. 93. Gesamtschnitt, Zylinderführungsschnitt.

*Geeignet:* Zum Schneiden von dicken Blechstücken, wofür Blechscheren sich weniger eignen, weil sie dabei beschädigt werden können.

*Zu beachten:* Besonders für eckige Teile zu verwenden, bei denen sich die Herstellung eines Schnittwerkzeuges nicht lohnt; auch zweckmäßig für vereinzeltes Zuschneiden von Blechstücken oder ähnlichen Zuschnitten. Vorteilhaft ist bei diesem Abschneider, daß man die Schnittmesser nach ihrer Stumpfung wieder scharfschleifen kann. Um die Schnittmesser auf der richtigen Höhe zu halten, muß ihnen ein so starkes Stück untergelegt werden, wie von ihnen abgeschliffen wird.

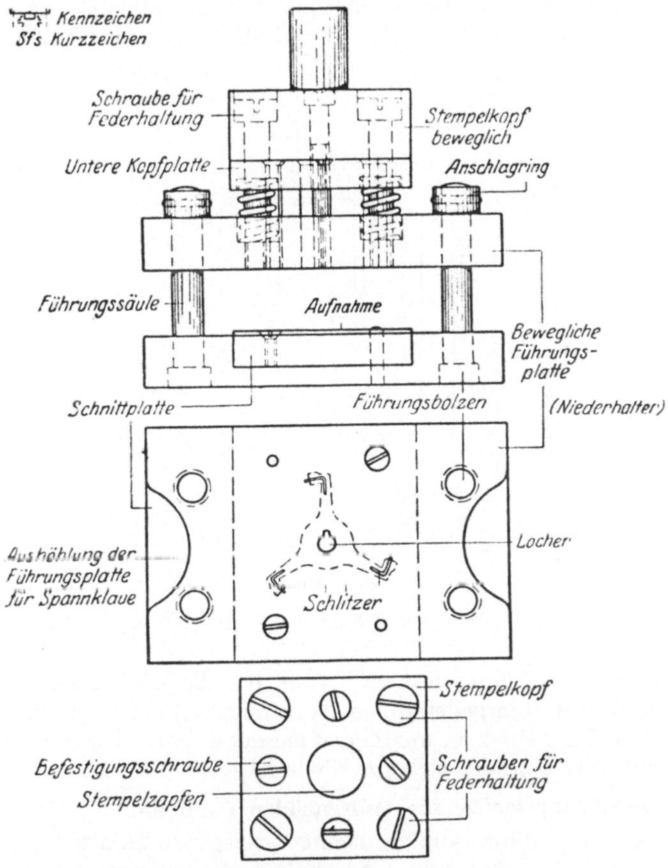


Abb. 94. Säulenführungslocher mit Niederhalter.

**Zylinderführungsschnitt, Gesamtschnitt** (Abb. 93).

*Geeignet:* Für Uhrenbestandteile.

*Zu beachten:* Seitdem man mit dem Säulenführungsschnitt an Genauigkeit nicht mehr zu übertreffende Teile herstellen kann, ist der Zylinderführungsschnitt als überholt anzusehen. Obwohl der hier gezeigte Werkzeugaufbau der gleiche ist wie beim Säulenführungsschnitt, so besitzt doch der Säulenführungsschnitt eine viel größere Standfestigkeit und Lebensdauer.

### i) Lochschnitte mit Säulenführung.

**Säulenführungslocher mit Niederhalter** (Abb. 94).

*Geeignet:* Für dünne Schnitteile, die nicht mit Folgeschnitten hergestellt werden können.

*Zu beachten:* Dünne Schnitteile lassen sich mit Folgeschnitten nicht besonders gut schneiden, weil sich jeder dünne Blechstreifen beim kleinsten Hindernis durchbiegt, und dies trifft besonders bei Schnitten mit Einhängestiften zu. Der Locher hat hier die Aufgabe, ehe die Stempel zu schneiden beginnen, das Teil durch den Niederhalter plan zu

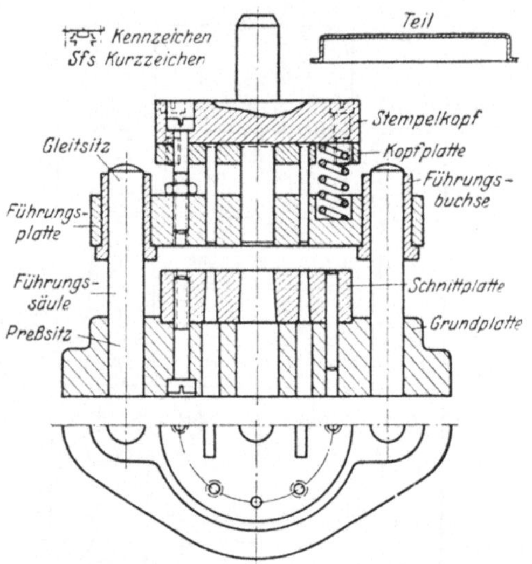


Abb. 95. Säulenführungslocher für Hülsenböden.

drücken und es so lange fest zu halten, bis alle Löcher ausgeschnitten sind. Die Schnittstempel sind aus Werkzeugstahlblech gefertigt und besitzen viereckige Docken, aus denen sie etwa 3 mm herausstehen. Die Dockenführung befindet sich im Niederhalter.

**Säulenführungslocher für Hülsenböden** (Abb. 95).

*Geeignet:* Für dünnwandige, leicht verbiegbare Hohlteilböden.

*Zu beachten:* Locher mit Niederhalter werden stets für Werkstoffdicken bis etwa 0,25 mm verwendet. Dabei ist zu beachten, daß der Lochstempel etwa 0,5 bis 1 mm in dem Niederhalter zurücksteht, um die zu lochende Fläche während des Schnittvorganges plan zu erhalten. Säulenführungsschnitten ist gegenüber Kastenwerkzeugen stets der Vorzug zu geben.

**Säulenführungslocher mit beweglicher Schnittplatte** (Abb. 96).

*Geeignet:* Für Doppelwinkel mit genau fluchtenden Löchern.

*Zu beachten:* In Doppelwinkelteile genau fluchtende Löcher zu schneiden ist nur möglich bei spannungslos gehaltenen Teilen und mit Stempeln, die von zwei Seiten schneiden. Gelocht wird in der Weise, daß der Doppelwinkel in das Werkzeugoberteil eingeführt wird; bevor das Oberteil bei seiner Abwärtsbewegung auf die unteren Aufschlagleisten aufsetzt, zwingt es die unteren Schnittstempel dazu, das Teil zu lochen. Nach diesem Aufsetzen treten die oberen Schnittstempel, deren Weg ebenfalls durch Aufschlagleisten begrenzt ist, in Tätigkeit und lochen die Gegenseite des Teiles. Der ausgeschnittene Abfall wandert zur Mitte der Schnittplatte und findet von dort aus nach zwei Seiten hin seinen Ausweg.

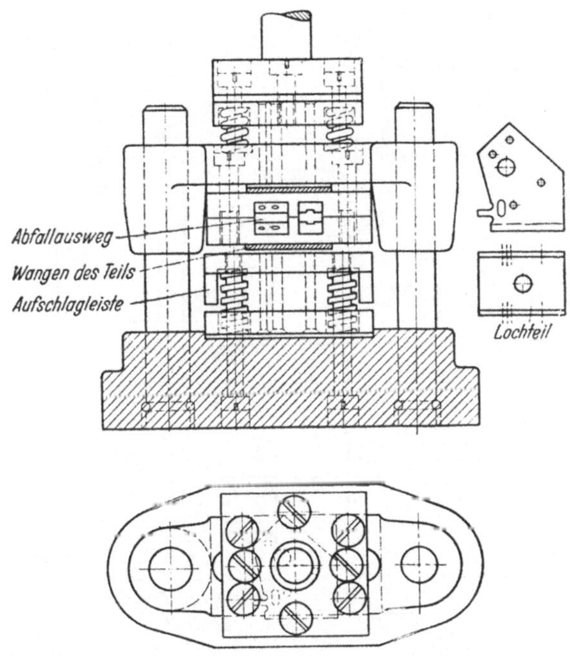


Abb. 96. Säulenführungslocher mit beweglicher Führungsplatte.

**Säulenführungslocher, Bocklocher** (Abb. 97).

*Geeignet:* Für den Nachweis, daß bei anomaler Werkzeugausführung viele einheitliche Werkzeugbestandteile nach AWF-Richtlinien zu verwenden sind.

*Zu beachten:* Es gibt Fälle, bei denen von normaler Form abweichende Werkzeugausführungen mit vereinheitlichten Einzelteilen nach den AWF-Richtlinien zusammengesetzt werden können. Man wird dadurch von viel Handwerks- und Zeichenarbeit entlastet. Wie groß die Anwendungsmöglichkeiten bei Stanzereiwerkzeugen nach AWF-Richtlinien sind und welche Vorteile sie bieten, zeigt Abb. 97. Um in Ermangelung eines Gußbockes schnellstens einen Ersatz zu schaffen, ist der eigentliche Bock des Werkzeuges aus Flachstücken (Kopf-, Führungsplatten) zusammengesetzt und geschweißt worden.

**Herstellungstoleranzen für Schnittplattendurchbruch und -stempel.** Wie auf S. 32 angegeben, ist das Stempelspiel in der Schnittplatte mit rd. 0,05- bis 0,1 mal Blechdicke zu bemessen. Hierbei ist aber die Eigenschaft der verschiedenen Werkstoffe und die Veränderlichkeit der Schnittorgane durch ihre Abnutzung unberücksichtigt gelassen.

Das Verhältnis von Stempelspiel zu Blechdicke ist je nach dem Werkstoff für Wandstärken bis etwa 3 mm:

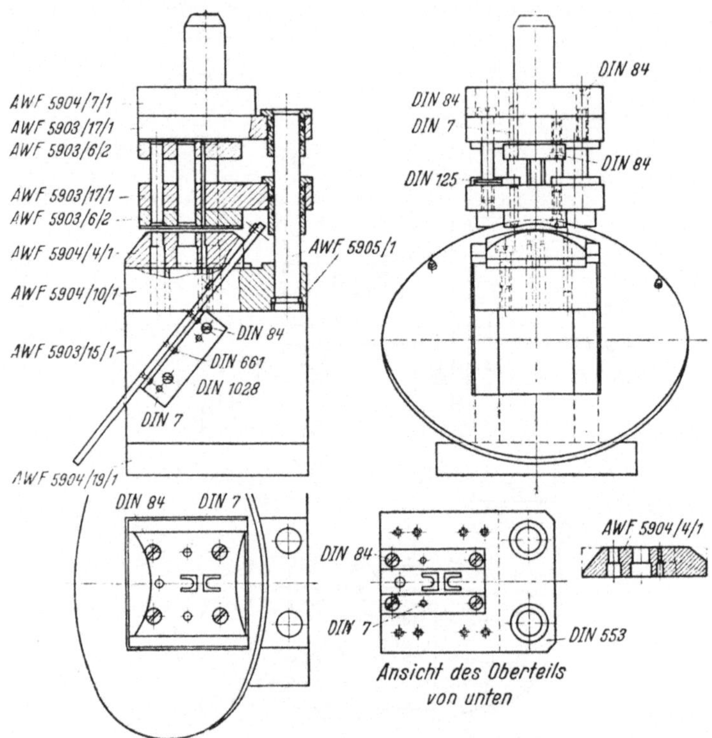


Abb. 97. Säulenführungslocher, Bocklocher.

0,03 bei weichem Aluminium, Al Mn, Zn Cu 1 und weichem und preßhartem Al Mg 3 Si;

0,04 bei austenitischem, rostfreiem Stahlblech (X 12 Cr Ni 18 8); halbhartem und hartem Aluminium, Al Mn; weichem Al Mg 3, Al Si, Al Cu, Ms 72;

0,05 bei St I 23 bis St X 23, Cu, Zn Al 1; preßhartem Al Si; weichem Ms 60, Al Cu Mg und Al Mg 5;

0,06 bei rostfreiem Stahlblech (X 10 Cr 13), weichem Al Mg 7, Al Mg Si, Al Mg 9, Al Cu Ni; halbhartem Al Mg 3, Al Mn, Al Mg 5; ausgehärtetem Al Cu; preßhartem Al Cu Mg;

0,07 bei Sn Bz 6, Neusilber, Monel; halbhartem Ms 60, Al Mg 7; hartem Al Mn, Al Si, Al Mg Si, Al Cu Mg;

0,08 bei Mg Al 6; halbhartem Al Mg 9; ungegl. Al Cu Ni; federhartem Al Mg Si.

Bei dickeren Blechen und höherer Werkstoffestigkeit ist das Verhältnis größer zu wählen.

Der Vergrößerung des Schnittplattendurchbruches beim Schneiden muß Rechnung getragen werden, wenn eine bestimmte Teilgenauigkeit gewährleistet sein soll. Die größte Abnutzung für den Schnittplattendurchbruch und -stempel muß der höchsten vorgesehenen Toleranz angepaßt werden und ist nur dadurch zu erreichen, daß bei Beginn des Schneidens der Schnittplattendurchbruch ein Minus-, der Stempel ein Plusmaß erhält. Diese Werte können aus der Zahlentafel für Herstellungstoleranzen (s. TN) entnommen werden, wo gleichzeitig ein Anwendungsbeispiel zu finden ist.

**Methoden zur Bestimmung des Linienschwerpunktes (für Schnittwerkzeuge).** Eckmomentfreie Belastungen bei Schnittwerkzeugen sind mit Berücksichtigung des Linienschwerpunktes zu erreichen. Dieser kann nach zwei Verfahren, rechnerisch oder zeichnerisch, ermittelt werden. Welches von ihnen das geeignetere Verfahren ist, kann nur von Fall zu Fall entschieden werden, weil beide ihre Vorzüge haben. Für die rechnerische Schwerpunktermittlung gilt allgemein folgende Formel:

$$S_x \text{ bzw. } S_y = \frac{L \cdot A + L_1 \cdot A_1 + L_2 \cdot A_2 + \cdots}{L + L_1 + L_2 + \cdots} \text{ usw.},$$

darin bedeuten $L, L_1, L_2, \ldots$ Längen der Linien und $A, A_1, A_2, \ldots$ die Schwerpunktabstände der jeweiligen Linien von der $Y$- bzw. $X$-Achse; $S_x$ bzw. $S_y$ sind die Abstände der resultierenden Schwerlinien von der $Y$- bzw. $X$-Achse. Bei Schnittlinienbildern, die eine Symmetrieachse besitzen, ist der Abstand des Schwerpunktes nur von einer Koordinatenachse aus zu bestimmen; auftretende Dezimalstellen runde man nur am Schlußwert ab, damit keine zu große Ungenauigkeit entsteht.

Die zeichnerische Methode verlangt eine genaue maßstäbliche Aufzeichnung des Schnittbildes; das gleiche gilt auch beim Aufzeichnen des Kräfteplanes. Dabei ist die Reihenfolge der auftretenden Kräfte unbedingt zu berücksichtigen (Beispiele im TN).

**Methode zur Ermittlung der Schnittplattendicke.** Ausschlaggebend für die Ermittlung der Dicke der Schnittplatte ist die Einspannungsart des Schnittwerkzeuges. Um mit äußerst geringen Stahlplattendicken bei gleicher Beanspruchung wie sonst auszukommen, wende man eine Einspannplatte (Frosch) und Einsatzstücke mit gestuften Durchbrüchen an. In der Regel ruht das eingespannte Werkzeug auf Parallelstücken und ist mit zwei übereck stehenden Spannklauen fest eingespannt, Hierdurch ist das Werkzeug im Belastungsfall wie ein Träger auf zwei Stützen zu betrachten. Bei einer Vierklauenspannung ist der Träger auf beiden Seiten eingespannt, mit zwei Klauen dagegen auf einer Seite fest und auf der anderen Seite nur unterstützt, ferner bei Bocklochern sowie bei ähnlichen Werkzeugen auf nur einer Seite als Träger fest eingespannt und auf der anderen freitragend.

Belastungsfall a: *Werkzeug mit Vier-Klauen-Einspannung.*

$$P \cdot l = 8 \cdot \sigma_{zul} \cdot W; \quad \sigma_{zul} = \frac{0{,}75 \cdot P \cdot l}{b \cdot h^2}$$

und $h = \sqrt{\frac{0{,}75 \cdot P \cdot l}{b \cdot \sigma_{zul}}}$ ; mit Rücksicht auf die Durchbiegung der Platte

$$f = \frac{P \cdot l^3}{E \cdot J \cdot 192}; \quad h = \sqrt[3]{\frac{12 \cdot P \cdot l^3}{f \cdot E \cdot b \cdot 192}}.$$

Belastungsfall b: *Werkzeug mit Zwei-Klauen-Spannung.* (Die Kraft soll auf $0{,}5 \cdot l$ angreifen.)

$$P \cdot 3 \cdot l = 16 \cdot \sigma_{zul} \cdot W; \quad \sigma_{zul} = \frac{1{,}125 \cdot P \cdot l}{b \cdot h^2},$$

daraus $h = \sqrt{\frac{1{,}125 \cdot P \cdot l}{b \cdot \sigma_{zul}}}$ ; mit Rücksicht auf die Durchbiegung der Platte

$$f = \frac{P \cdot 7 \cdot l^3}{E \cdot J \cdot 768}; \quad h = \sqrt[3]{\frac{0{,}10937 \cdot P \cdot l^3}{f \cdot E \cdot b}}.$$

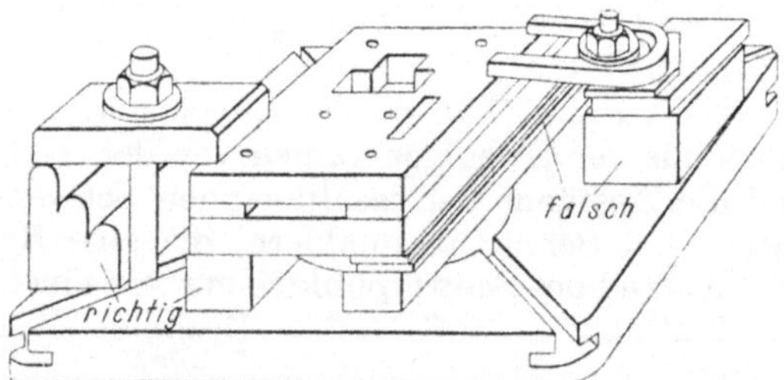


Abb. 98. Gegenüberstellung guter und schlechter Einspannungsart.

Belastungsfall c: *Werkzeug wirkt als einseitig freier Träger* (wie beim Bocklocher).

$$P \cdot l = W \cdot \sigma_{zul}; \quad \sigma_{zul} = \frac{6 \cdot P \cdot l}{b \cdot h^2}; \quad h = \sqrt{\frac{6 \cdot P \cdot l}{\sigma_{zul} \cdot b}};$$

mit Rücksicht auf die Durchbiegung der Platte

$$f = \frac{P \cdot 7 \cdot l^3}{E \cdot J \cdot 768}; \quad h = \sqrt[3]{\frac{0{,}10937 \cdot P \cdot l^3}{f \cdot E \cdot b}}.$$

Zu der ermittelten Höhe der Schnittplatte ist die Dicke hinzuzufügen, die zum Schärfen der Schnittplatte während der Lebensdauer des Werkzeuges nötig ist. Das sind etwa 0,15 mm je Abschliff ohne Schnittkantenbruch. Je nach Art des Scharfschliffes und dem verwendeten Werkzeugstahl sind zwischen zwei Scharfschliffen Schnittleistungen von 40000 bis 90000 Stück anzunehmen.

# C. Stanzwerkzeuge.

## Arbeitsverfahren.

Bei Stanzwerkzeugen kommt das Arbeitsverfahren „Stanzen" in Frage. Die Begriffe sind wie folgt festgelegt:

„Stanzen" ist Werkstoffumformen durch Ober- und Unterstempel.

a) „Biegen" mittels Biegestanze ist das Umformen eines Teiles zwischen Ober- und Unterstempel mit zum Werkstück winklig stehenden, im allgemeinen zueinander parallelen Flächen, wobei keine wesentliche Änderung in der Dicke eintritt.

b) „Rollen" mittels Rollstanze ist das Umformen eines Teiles mit angekipptem bzw. hochgezogenem Rand zwischen Stempel- und Gegenlage, wobei durch Druck auf den Rand dieser Rand an einer am Stempel angebrachten Hohlkehle entlang gleitet und dadurch eine Wulst bildet.

c) „Formstanzen" mittels Formstanze ist das Umformen eines Teiles zwischen Ober- und Unterstempel, an denen sich der Dicke des Werkstoffes entsprechende Vertiefungen und Erhöhungen gegenüberstehen, so daß sich die Werkstückdicke nicht wesentlich ändert.

d) „Stauchen" mittels Stauchstanze ist das Umformen eines Teiles zwecks Werkstoffanhäufung an bestimmten Stellen.

e) „Nieten" mittels Nietstanze ist das Verbinden von Teilen durch besondere oder vom Teil selbst gebildete Niete unter der Presse bzw. durch Hammerschläge.

f) „Flachstanzen" (Planieren) mittels Flachstanze (Planierstanze) ist das Richten eines Teiles durch die ebenen glatten oder gerauhten Flächen zweier Stempel.

g) „Prägen" mittels Prägestanze ist das Umformen eines Teiles zwischen Ober- und Unterstempel derart, daß Änderungen in der Fläche und Dicke des Werkstoffes eintreten, wobei vorhandene Vertiefungen durch Werkstoffwanderung voll ausgefüllt werden.

## Richtlinien für Stanzwerkzeuge und Teile.

Bei Herstellung von Stanzwerkzeugen ist an Stelle der Auswerffedern eine in der Maschine untergebrachte Zentralauswerffeder zu verwenden, weil die im Werkzeug befindlichen leicht ermüden und die Reparaturkosten vergrößern. Die Wirtschaftlichkeit der Werkzeuge ist bei Berücksichtigung folgender Richtlinien zu erreichen:

1. Bei winkligen Biegungen an Stanzteilen muß die Walzrichtung des Werkstoffes beachtet werden, weil die meisten Werkstoffe ein Biegen rechtwinklig zur Walzfaser aushalten, parallel zu ihr aber entweder einreißen oder ganz brechen.

2. Kommen mehrere Stanzungen, und zwar nach verschiedenen Richtungen hin, an einem Teile vor, so muß die Walzfaser des Werkstoffes

übereck zu den Biegungen verlaufen. Winkelbiegungen für harte oder spröde Werkstoffe sind zweckmäßig mit gerundeter Ecke von etwa $0{,}2 \cdot \delta$ bei kleiner Biegegeschwindigkeit vorzunehmen.

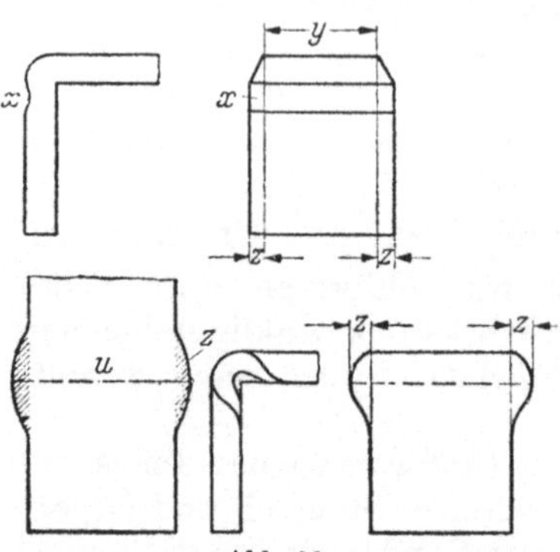

Abb. 99.
Verformung der Bleche beim Biegen. a) Eindruck $x$ durch Werkzeug, unerwünscht, Einschnürung $y$ macht Nacharbeit bei $x$ notwendig. b) Linsenartige Verbreiterung $u$ an der Biegestelle macht Nacharbeiten bei $z$ notwendig.

3. Stanzformen mit scharfen Ecken können nur bei weichen Werkstoffen hergestellt werden, bei harten dagegen, wie z. B. federhartem Bronzeblech oder Federbandstahl, tritt Winkelbruch ein.

4. Gebogene dicke Flachteile erhalten während des Biegevorganges an jedem Winkel eine Einschnürung (s. Abb. 99), die dort durch eine linsenartige Verstärkung behoben werden kann. Löcher, deren Abstand von der Winkelinnenseite bis zum Lochrand gemessen kleiner als die 2,5fache Blechdicke ist, ziehen sich beim Biegen oval.

5. Um stabile Stanzteile zu erhalten, ist nicht immer dicker Werkstoff erforderlich. Bei zweckmäßig in dünnem Werkstoff eingestanzten Rippen kann u. U. eine größere Steifigkeit für das Teil erreicht werden.

6. Flachteile, die ebene Flächen aufweisen müssen, sind zu planieren; der beste Erfolg ist mit einer Rauhflächenstanze (Fischhautfläche) zu erzielen.

## Teillage in Streifen bei Berücksichtigung der Walzfaser.

**Verbindungsstück** Abb. 100. Eine Teilform wird erreicht bei guter Stabilität des Teiles durch:

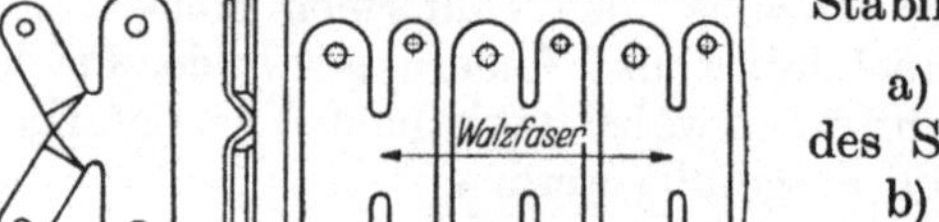

Abb. 100 nach AWF 5971.

a) schlitzartiges Freischneiden des Schnitteiles,

b) schiefwinkliges Stanzen der Schenkel.

Verlauf der Walzfaser: In Streifenlänge.

Werkzeuge: Schnitt mit Vorlocher, Winkelstanze.
Werkstoffverbrauch: 1103 mm² je Teil und 44 Teile/m.

**Winkelträger** Abb. 101. Große Stabilität des Teiles wird erreicht durch:

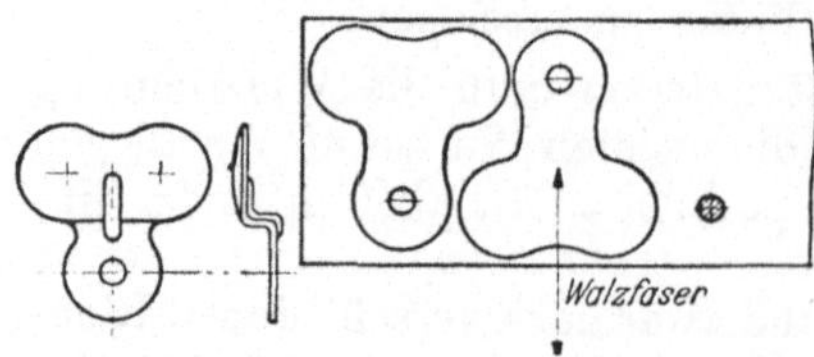

Abb. 101 nach AWF 5971.

a) Rippenstanzung des Z-Winkels,

b) Durchbeulung der Nierenfläche.

Verlauf der Walzfaser: Quer zur Streifenlänge.

Werkzeuge: Schnitt mit Vorlocher, Winkelstanze mit Rippenform.
Werkstoffverbrauch: 881 mm² je Teil und 42 Teile/m.

**Ständer** Abb. 102. Die Teilform wird erreicht durch:

a) Dreieckausschnitt und gesonderte Schenkeltrennung,
b) zweifaches Teilwinkeln und einmaliges Lochen (*f*),
c) Vernietung des Einsatzstückes mit den Teilschenkeln.

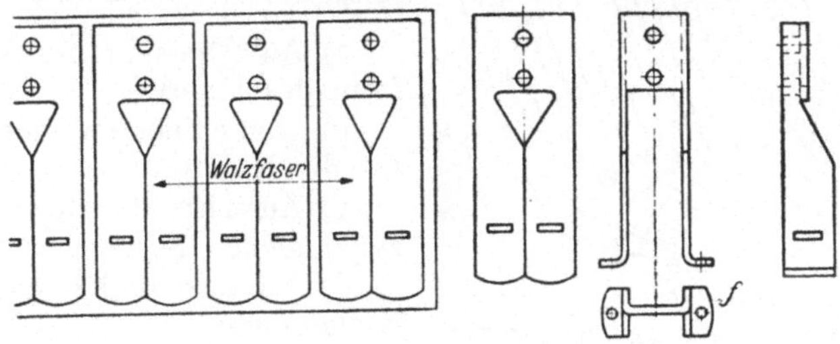


Abb. 102.

Verlauf der Walzfaser: Unberücksichtigt, Werkstoff weich.
Werkzeuge: Schnitt mit Vorlocher, Trennschnitt, Einfachwinkel-, Doppelwinkel- und Nietstanze.
Werkstoffverbrauch: 1945 mm² je Teil und 37 Teile/m.

**Lampenfassung** Abb. 103. Hergestellt mit eingesetzter Isolierplatte durch:

a) Ineinanderschneiden des Hauptteiles,
b) Hohlnut einstanzen,
c) Fußwinkel stanzen,
d) Hauptteil halbrund stanzen,
e) Isolierplatte einlegen und einrollen.

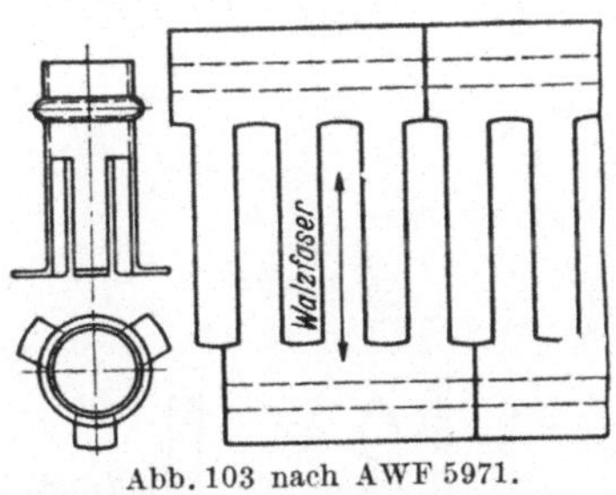


Abb. 103 nach AWF 5971.

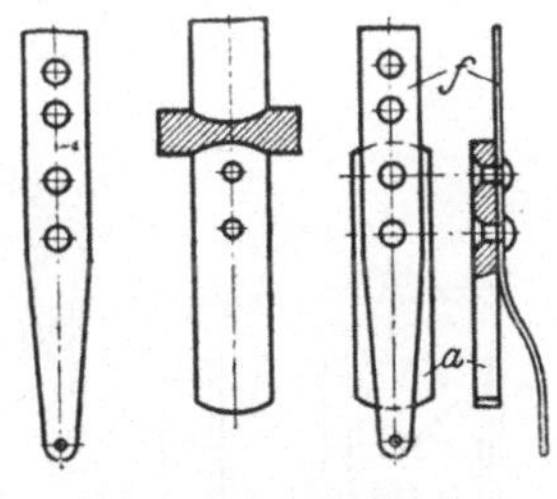


Abb. 104 nach AWF 5971.

Verlauf der Walzfaser: Unberücksichtigt, Werkstoff weich.
Werkzeuge: Führungsschnitt, Nut-, Winkel- und Einrollstanze.
Werkstoffverbrauch: 1950 mm² je Teil und 40 Teile/m.

**Spulenanker** Abb. 104. Herstellung erfolgt mit Trenniet durch:

a) Teilabschnitt von Stange,
b) Heraustrennen der Nietstifte (0,4 · $\delta$ tief),
c) Vernietung der Kontaktfeder.

Verlauf der Walzfaser: In Streifenlänge.

Werkzeuge: Abschneideschnitt mit Vorlocher für Anker, Abschneideschnitt mit Vorlocher für Kontaktfeder, Nietstanze.

Werkstoffverbrauch: 18 Teile/m.

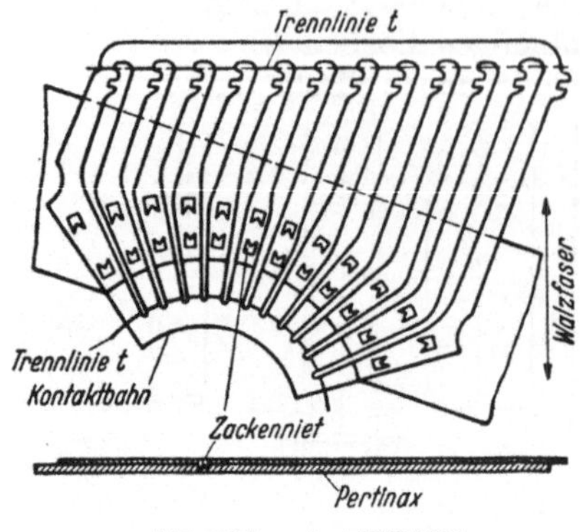


Abb. 105 nach AWF 5971.

**Kontaktbahn** Abb. 105. Hergestellt mit Zackenvernietung durch:

a) Ausschneiden nur der Außenform des Teiles,

b) Ausschneiden der Schlitze für die Kontakte,

c) Ausschneiden der Lötösen bis zur Knickstelle,

d) Trennen und Hochziehen der Zackenniete,

e) Vernieten der Kontaktbahn mit Isolierstück,

f) zweimaliges Trennen.

Verlauf der Walzfaser: In Streifenlänge.

Werkzeuge: Führungsschnitt für Außenform des Teiles, Führungsschnitt für Kontaktschlitze, Führungsschnitt für Lötösen, Führungsschnitt für Zackenniete, Nietstanze und zwei Trenner.

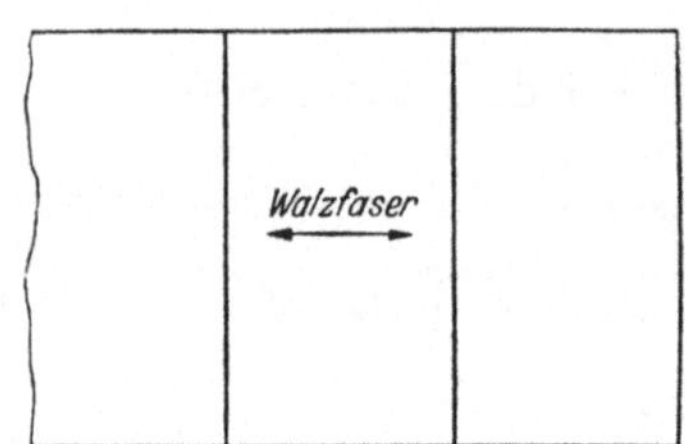


Abb. 106a.

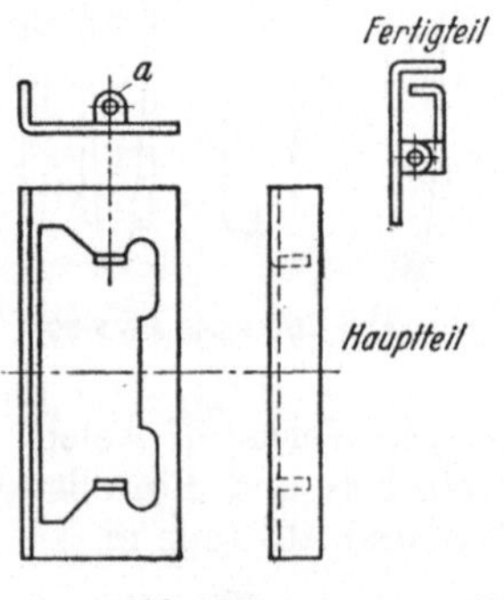


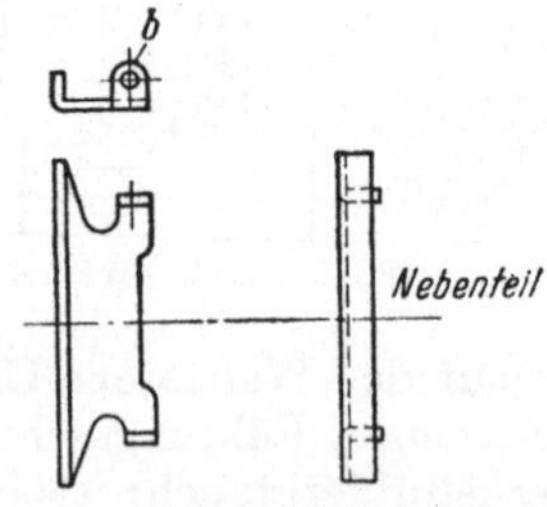


Abb. 106b. Nach AWF 5971. Abb. 106c

**Schalttaste** Abb. 106. Haupt- und Nebenteil aus einem Stück geschnitten und gestanzt bei einer Arbeitsfolge:

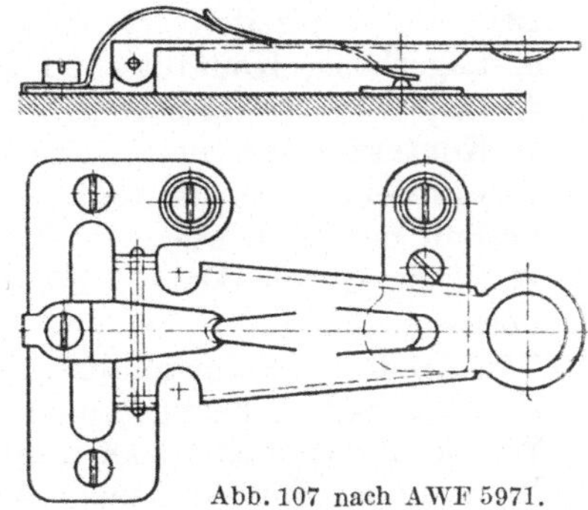
Abb. 107 nach AWF 5971.

a) Streifen in Rechteckteile schneiden,

b) Hauptteil winklig stanzen,

c) Nebenteil aus Hauptteil ausschneiden,

d) Nebenteil winklig stanzen,

e) beim Hauptteil die Scharnieraugen winklig stanzen,

f) Scharnierlöcher zusammen bohren.

Verlauf der Walzfaser: In Streifenlänge.

Werkzeuge: Für Hauptteil: Säulenführungsschnitt mit Abschneider, Einfachwinkel-, Doppelwinkelstanze für Scharnieraugen.

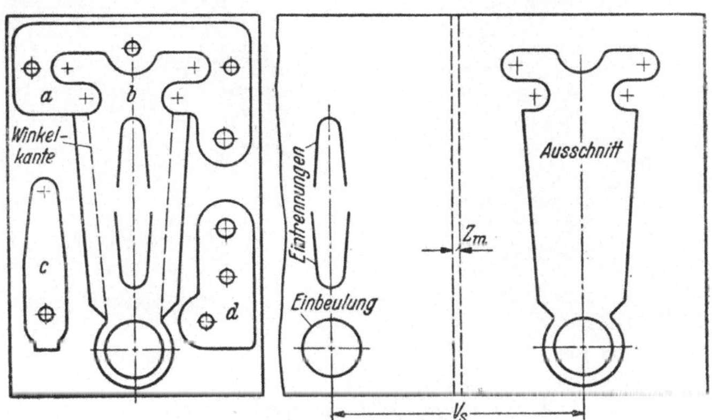

Abb. 107a nach AWF 5971.

Für Nebenteil: Fertigstanze und Bohrvorrichtung für beide Teile.

Werkstoffverbrauch: 1700 mm² je Teil abzüglich Nebenteil 515 mm², 33 Teile/m.

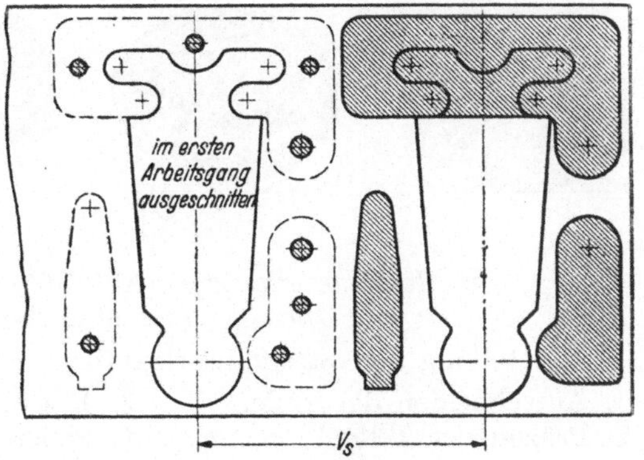

Abb. 107b nach AWF 5971.

**Tastenschalter** Abbildung 107. Gemeinsame Herstellung der Teile und Stanzvorgänge.

**Bei** erster Streifenverarbeitung:

a) Hebel ausschneiden mit Eintrennen der Mittelpartie und Beulenstanzung für die Taste,

b) Hebel fertig stanzen.

Bei zweiter Streifenverarbeitung:

c) Lagerbock, Kontakt- und Blattfeder ausschneiden,

d) Lagerbock fertig stanzen,

e) Kontakt planieren,

f) Blattfeder formstanzen.

Verlauf der Walzfaser: In Streifenlänge.

Werkzeuge: Für Hebel: Führungsschnitt mit Vorbeulstanze und Trenner.

Für Kontakt: Planierstanze.

Für Blattfeder: Fertigstanze.

Werkstoffverbrauch: 6000 mm² für vier Teile.

Ersparnisse: Für Werkzeuge 40 vH, für Werkstoff 45 vH, für Teilherstellung 75 vH.

Abb. 108a.

Abb. 108b.

*A. Geprägte Münzen* (Abb. 108).

Hergestellt aus Streifen mit festgelegter Metallegierung.

1. Ausschneiden der Platten.
2. Trommeln der Platten.
3. Nachprüfung des Plattengewichts.
4. Randgravierung einrollen.
5. Flächenprägung.

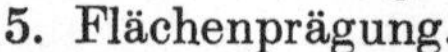

Abb. 109.

*B. Geprägte Plaketten* (Abb. 109), *Uhrkapseln* sowie *Uhrzeiger* und ähnliches mehr.

Herstellung aus Streifenwerkstoff.

1. Ausschneiden der Teile.
2. Prägen der Teile.
3. Beschneiden der Teile.
4. Polieren und spritzlackieren der Teile.

## Allgemeines über Stanzwerkzeuge.

Aus den Erläuterungen der Stanzarbeiten geht hervor, daß für Flächenverformungen nur das Stanzen in Betracht kommt. Die Biegestanze für Winkel wird in der Praxis verschieden ausgeführt je nach der Genauigkeit der Teile. Maßgebend für die Werkzeugausführung sind die Fertigungsstückzahl und die gestellten Bedingungen. Vor allen Dingen beachte man die Richtlinien für Stanzteile und berücksichtige die erforderlichen Lochungen, die etwa einen Abstand von 2,5facher Blechdicke zwischen Winkelinnenseite und Lochkante haben sollen, wenn nicht Ovalziehen der Löcher zugestanden werden kann.

## Konstruktives über Werkzeugausführungen.

In einigen Fällen lassen sich Winkelstanzen ohne Stempelführung oder, was vorteilhafter ist, in Säulenführungsstellen einbauen. Es ist dabei darauf zu achten, daß die Walzfaser für den Oberstempel in senkrechter und für den Unterstempel in waagerechter Richtung verläuft, damit beim Aufschlag beider Stempel kein Werkzeugbruch eintritt. Auswerfer bei Stanzwerkzeugen sind nur mit Hilfe des in der Maschine untergebrachten Zentralauswerfers zu betätigen, weil dadurch die Werkzeuge leistungsfähiger und preiswerter werden. Soweit es angängig ist, soll bei Stanzwerkzeugen für Schutz der Finger gesorgt werden. Abgerundete Stanzkanten am Unterwerkzeug sind nur für Blechdicken bis höchstens 1 mm anzuwenden, vorteilhafter aber wegzulassen und an ihrer Stelle Abschrägungen im Winkel von 45° vorzusehen, weil sie die Biegegeschwindigkeit vermindern und das Teil an der Knickstelle weniger leicht reißt. Bei dicken Teilschenkeln treten dann keine Beschädigungen mehr auf. Untersuchungen von Prof. KIENZLE[1] über das Biegen in V- und U-Gesenken ergaben allerdings für unter 45° abgeschrägte Gesenkkanten Biegekräfte, die ein Vielfaches der Kräfte ausmachten, die sich bei günstigster Abrundung der Gesenkkanten ergaben. Eine einwandfreie Stanzung wird gewährleistet, wenn sich der Einspannzapfen des Werkzeuges im Flächenschwerpunkt der Verformungsfläche befindet.

*Für die Werkzeugwahl zu beachten:*

Die Wahl der Werkzeuge hängt von den zugestandenen Teiltoleranzen und den herzustellenden Stückzahlen ab. Zu Winkelstanzen, die einen langen Arbeitsweg ausführen, gehören teilhaltende Federauswerfer, damit sich das Teil während des Stanzvorganges nicht verlagert. Möglichst sind alle Knickungen am Teil in einem Arbeitsgang herzustellen, und nur im ungünstigsten Falle ist das Biegen zu unterteilen. Bei kleinen Stückzahlen werden selbstverständlich die Teilschenkel einzeln gebogen.

# Werkzeugausführungen.

Bei folgenden Stanzwerkzeugen werden hauptsächlich die Grundzüge im Stanzenaufbau berücksichtigt, die Konstruktionsänderungen für Sonderfälle zulassen.

[1] Vgl. Mitt. Forschungsgesellschaft Blechverarbeitung 1952, Nr. 6.

**Einfache Ausführungen von Winkelbiegestanzen** (Abb. 110).

*Geeignet:* Für Winkelungen bei beliebig dicken Blechen.

*Zu beachten:* Die Werkzeugausführungen sind nicht allein von den Fertigungsstückzahlen abhängig, sondern auch von der Beschaffenheit des Werkstoffes.

Ausführung: A ist für kleinen Stanzweg,
B ist für größeren Stanzweg,
C ist für dicken Werkstoff vorzusehen.

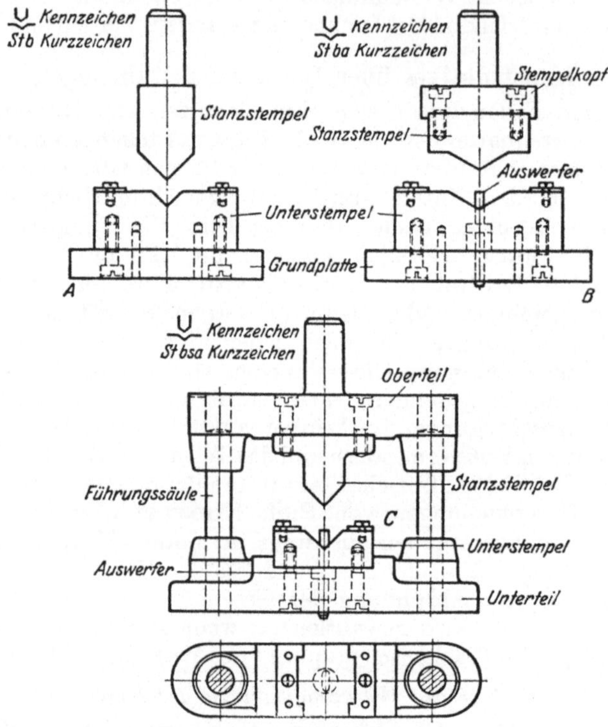


Abb. 110. Einfache Ausführungen von Winkelstanzen nach AWF 5301.

Auswerfer werden angewendet, um keine Teilverschiebung während des Stanzvorganges zuzulassen, sie können mit einer scharfen Körnerspitze, die sich unmerklich in das Biegeteil eindrückt, versehen werden.

**Winkelbiegestanze mit verstellbaren Stanzleisten** (Abb. 111).

*Geeignet:* Zur Winkelung dünner Blechteile.

*Zu beachten:* Winkel aus dünnem Blech bei kleiner Stückzahl werden vorteilhaft mit Werkzeug Abb. 111 hergestellt. Durch Drehen der Stanzleisten um 90° und Auswechseln des Stanzstempels wird eine Winkeländerung hervorgerufen. Zur Einstellung der Winkelschenkel dienen zwei verstellbare Anschläge mit Klemmgriffen.

**Ausbildung der Stanzkanten am Unterwerkzeug** (Abb. 112).

*Geeignet:* Um unbeschädigte Winkelecken und glatte Winkelrundungen zu erreichen.

*Zu beachten:* Die Versuche mit abgeschrägten Stanzkanten am Unterstempel sind mit gutem Erfolg abgeschlossen worden. Bei dicken Werkstoffteilen wurden dabei die Schenkel nicht beschädigt, und die Winkeloberflächen fielen im allgemeinen sehr glatt aus. Diese Verbesserung ist so zu erklären, daß der spezifische Druck und die Biegegeschwindigkeit bei Verwendung runder Stanzkanten zu groß gewesen sein muß. In Abb. 112 wird das deutlich gezeigt.

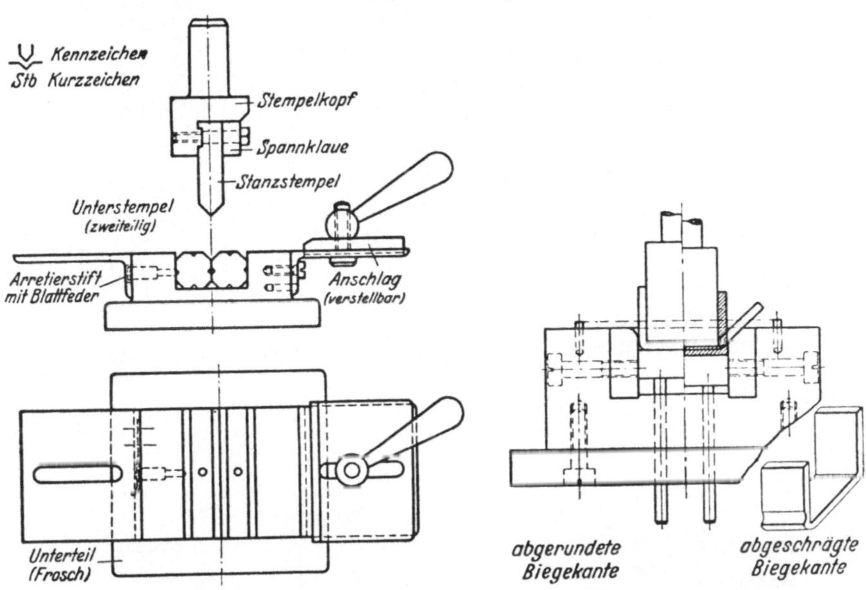


Abb. 111. Winkelbiegestanze mit verstellbaren Stanzleisten nach AWF 5303.

Abb. 112. Biegestanze. Darstellung verschiedener Biegekanten.

**Doppelwinkelstanze mit Zentralauswerfer** (Abb. 113).

*Geeignet:* Für Doppelwinkelteile in Mengenfertigung.

*Zu beachten:* Werkzeugkosten hängen besonders vom Verbrauch an Werkzeugstahl und seiner Verarbeitung ab. Eine wesentliche Verbilligung tritt ein, wenn an den Stanzecken des Unterwerkzeuges gehärtete Einsatzbacken verwendet werden. Die Ersparnis wird bei Verwendung eines Zentralauswerfers größer, weil die sonst im Werkzeug untergebrachten Federn sehr leicht ermüden und ergänzt werden müssen.

Abb. 113a zeigt einen Zentralauswerfer, der schnell in die Maschine ein- und auszubauen ist. Die Feder ist besonders kräftig und lang gehalten, damit für alle in Frage kommenden Stanzen eine genügende Ausstoßkraft vorhanden ist.

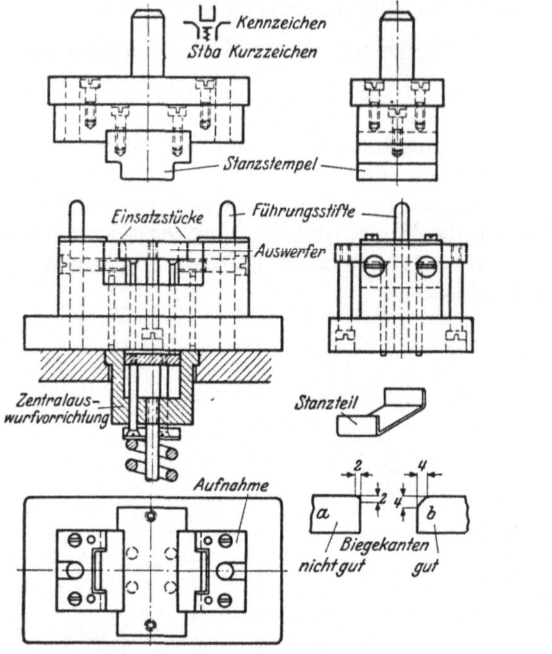


Abb. 113. Doppelwinkelstanze mit Auswerfer.

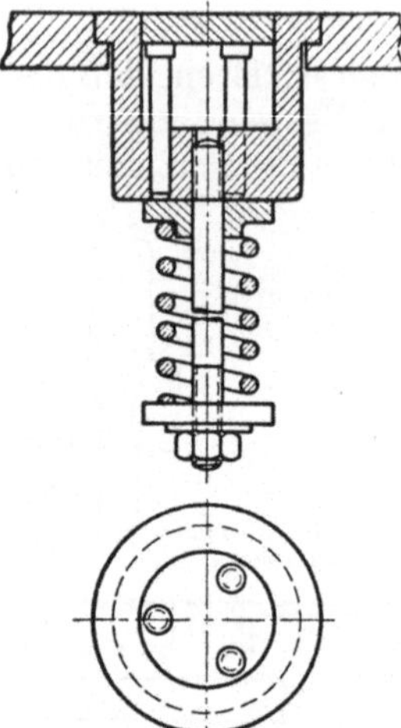

Abb. 113a. Zentralauswerfer nach AWF 5930.

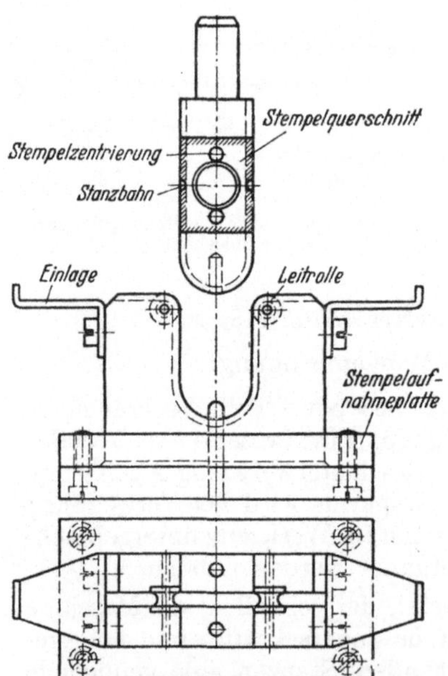


Abb. 114. Biegestanze für U-Form aus Draht.

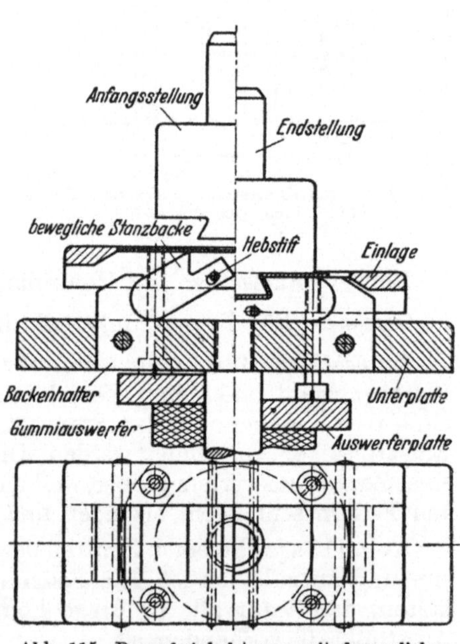


Abb. 115. Doppelwinkelstanze mit beweglichen Stanzbacken im Unterwerkzeug.

**Biegestanze für U-Form aus Draht** (Abb. 114).

*Geeignet:* Für Drahtteile, die keine angepreßten Flächen erhalten sollen.

*Zu beachten:* Beschädigungen an einem zu verformenden Draht werden durch Leitrollen am Unterwerkzeug vermieden. Zur Unterbringung dieser Rollen ist die Unterstanze dreiteilig ausgeführt, das Mittelstück frei gearbeitet, damit sich die Rollen ungehindert bewegen können; das Drahtteil läßt sich leicht aus der Unterstanze entfernen, wenn das Werkzeug an den Stellen, wo es keinen Aufschlag erhält, frei gearbeitet ist.

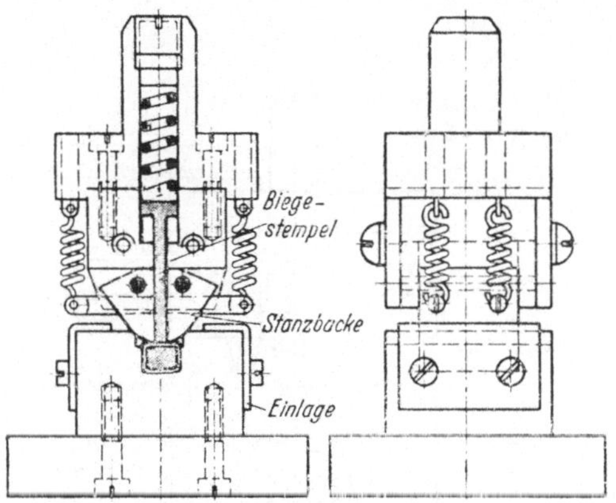


Abb. 116. Doppelwinkelstanze mit beweglichen Stanzbacken im Oberwerkzeug.

**Doppelwinkelstanze mit beweglichen Stanzbacken im Unterwerkzeug** (Abb. 115).

*Geeignet:* Zum Biegen von V- oder schwalbenförmigen Profilteilen aus dünnem Blech.

*Zu beachten:* Stanzteile, die mit V- oder schwalbenschwanzförmigen Biegungen in einem Arbeitsgang hergestellt werden sollen, können mit beweglichen Backen im Unterwerkzeug scharfkantig gestanzt werden. Hierfür sind kräftige Backengelenke vorzusehen, die abzufangen sind, da eine erhebliche Kraft auftritt. Ein Gummiauswerfer oder eine starke Ausstoßfeder ist für die Backenbewegung notwendig.

**Doppelwinkelstanze mit beweglichen Stanzbacken im Oberwerkzeug** (Abb. 116).

*Geeignet:* Zum Biegen scharfkantig gebogener Teile mit nach innen gerichteten Schenkeln.

*Zu beachten:* Bei Mengenarbeit ist die Stanze nach Abb. 116 besonders für dünne Blechteile zweckmäßig. Der mittlere, kräftig gefederte Oberstempel setzt sich auf das Einlegeteil und biegt es gleich danach U-förmig. Nun treten bei Berührung des Unterstempels beide aufgefederten Stanzbacken in Tätigkeit und legen die beiden kleinen Schenkel des Blechteiles nach innen um, die in der Schlußstellung von den Stanzbacken noch einen harten Aufschlag erhalten; der Stanzstempel ist deshalb zweiteilig ausgeführt.

**Biegestanze für Z-Winkel mit geteiltem Oberstempel** (Abb. 117).

*Geeignet:* Um Z-Winkel in einem Arbeitsgang zu fertigen.

*Zu beachten:* Der Oberstempel liegt ungünstig und muß in dieser Stanzstellung zweiteilig ausgeführt werden, weil ein aus einem Stück gefertigter sehr leicht bricht. Ober- und Unterstempel sind in bezug auf Stahlverbrauch besonders klein gewählt und haben dafür eine gute Einbettung im Stempelkopf erhalten; gegen Abdrängung des Oberstempels sind Führungsstifte vorgesehen. Zu größerer Werkzeugersparnis sind derartige Werkzeuge auswechselbar in einem Säulenführungsgestell unterzubringen.

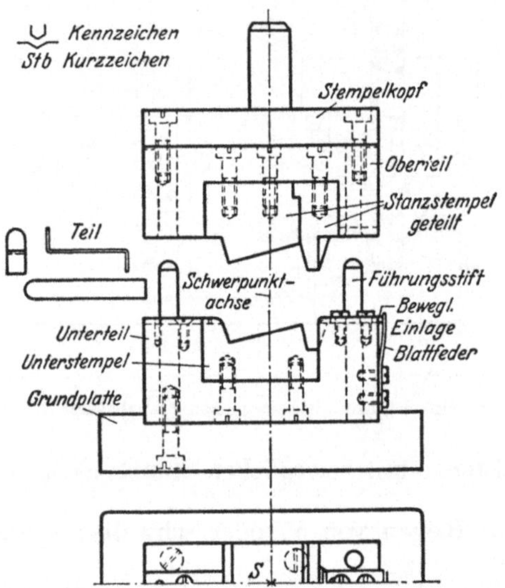


Abb. 117. Winkelstanze für Z-Winkel nach AWF 5302.

**Formstanzen für Befestigungsschellen** (Abb. 118).

*Geeignet:* Für Teile in verschiedener Werkstoffdicke.

*Zu beachten:* Bei allen Stanzformen ist beim Biegen mit Auffederung zu rechnen, die auf Ausgleich der Spannungen im Werkstoff beruht. Aus diesem Grunde ist bei der Vorstanze der Mittelbogen etwa $^1/_3$ so groß gehalten wie die beiden anderen Bögen. Mit der Fertigstanze wird durch die mittlere Umkehrbiegung im Werkstoff ein Spannungsausgleich geschaffen, der die in der Mitte außen (oben) liegende, in der Vorform gestreckte Faser staucht und ein Auffedern des Teiles verhindert.

**Formstanze mit Keiltrieben** (Abb. 119).

*Geeignet:* Für Kontaktböcke aus hartgewalztem, etwa 1,5 mm dickem Blech.

*Zu beachten:* Stanzen mit Keiltrieben werden für Mengenteile häufig verwendet. Man wendet sie besonders an, um in einem Stempelniedergang mehrere Biegegänge zu vereinen. Zuerst wird das aufgelegte Flachteil U-förmig gebogen. Nachdem der Stanzstempel sich auf den Auswerfer gesetzt hat, bewegt er bei seinem weiteren Abwärtsgang die

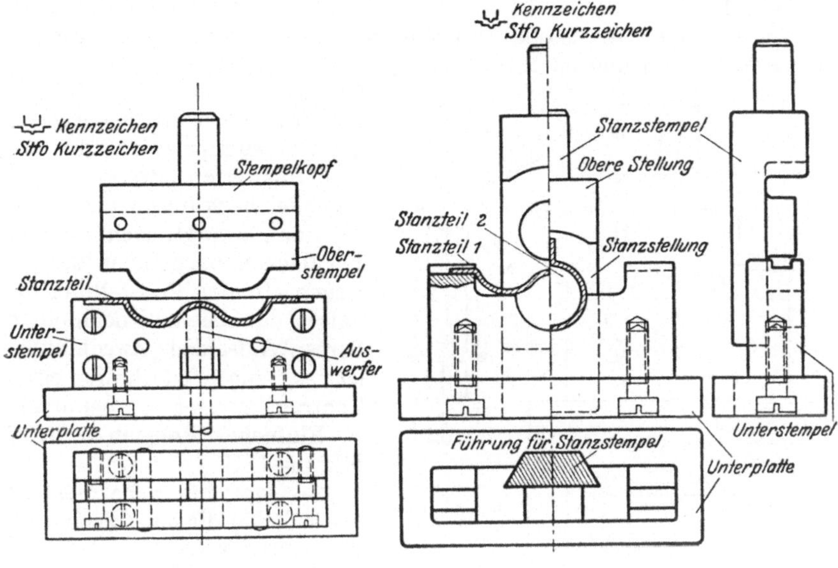


a) Vorstanze b) Fertigstanze

Abb. 118. Formstanzen für Befestigungsschellen nach AWF 5304.

beiden Triebkeile nach innen, die die Teilschenkel nochmals um 90° biegen. Die Stanzform ist in der Abbildung rechts oben zu sehen.

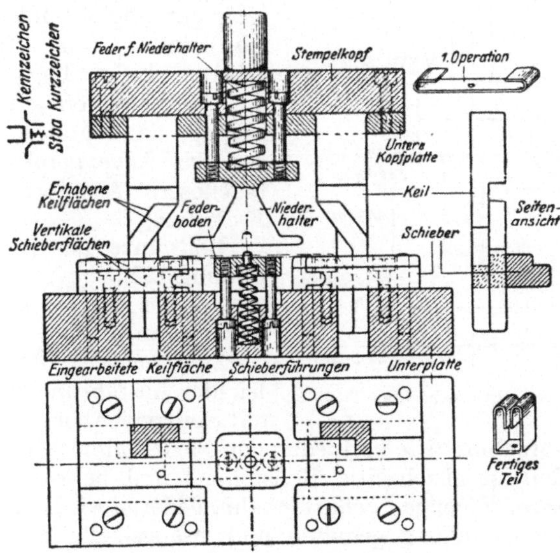


Abb. 119. Formstanze mit Keiltrieben.

**Formstanze mit Leitflächen im Unterwerkzeug** (Abb. 120).

*Geeignet:* Für Kontaktböcke oder ähnliche Teile aus etwa 1 mm dickem Blech.

*Zu beachten:* An Stelle von teuren Keiltriebstanzen ist folgende Werkzeugausführung nach Abb. 120 anzuwenden. Das zu biegende Teil hat die Vorform wie bei Abb. 119 und entsteht beim Niedergehen des Oberstempels, der die auf dem Auswerfer liegenden Teilschenkel nach unten biegt und sie dann zwingt, sich an den Leitflächen nach innen zu bewegen. In der Endstellung erhalten die Schenkel noch einen harten Aufschlag. Zweckmäßig ist es, die Federkraft eines Zentralauswerfers zu benutzen.

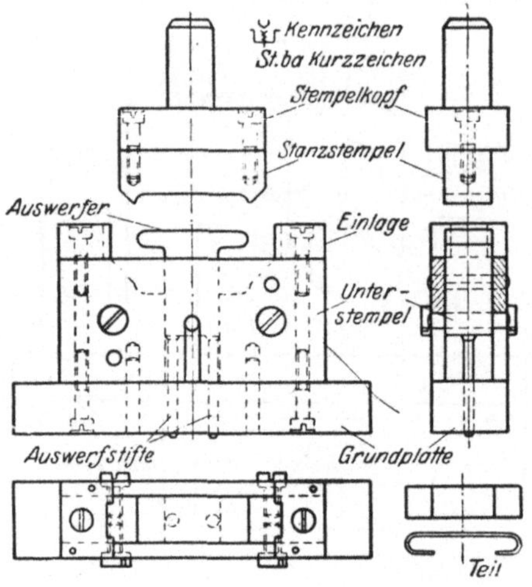


Abb. 120. Formstanze mit Leitflächen im Unterwerkzeug nach AWF 5321.

**Einfache Rollstanze** (Abbildung 121).

*Geeignet:* Für Scharnierteile aus beliebig dickem Blech oder Bandwerkstoff.

*Zu beachten:* Zum Rollen von Scharnierteilen sind folgende Gesichtspunkte zu berücksichtigen, um einwandfrei gerundete Augen zu erhalten. Das Teil soll gut angekippt sein und die Gratseite nach innen (Lochseite) liegen. Die Abwicklungslänge des Auges muß beim Werkzeug gut abgestimmt sein, damit man mit einem Endaufschlag arbeiten kann. Legt man Wert auf eine besonders genaue Augenrollung, dann gibt ein Stift, um den das Auge gerollt wird, eine tadellosere Ausführung als eine Freirollung.

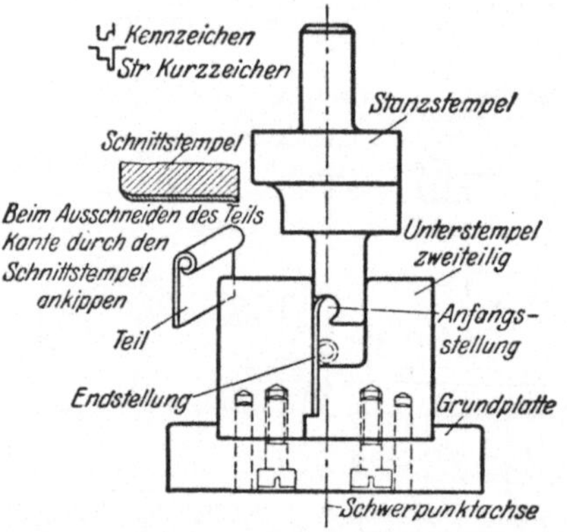


Abb. 121. Einfache Rollstanze nach AWF 5401.

**Rollstanze mit Keiltrieb** (Abbildung 122).

*Geeignet:* Für Scharnierteile aus etwa 1 mm dickem Werkstoff.

*Zu beachten:* Rollstanzen in leichter Ausführung werden meist mit Keiltrieben hergestellt. Das Teil wird durch Aufnahmestifte und federnden Niederhalter festgehalten. Der getriebene Keil ist gleichzeitig Rollstempel und bewegt sich in einer schwalbenschwanzförmigen Schlittenbahn. Federnd wird der Rollstempel in seiner Anfangsstellung gehalten und zwangsläufig durch Keiltrieb vorwärtsbewegt, um das Auge zu rollen.

**Flachstanze mit Rauhfläche** (Abb. 123).
*Geeignet:* Für Teile, die eine ebene Fläche erhalten sollen.

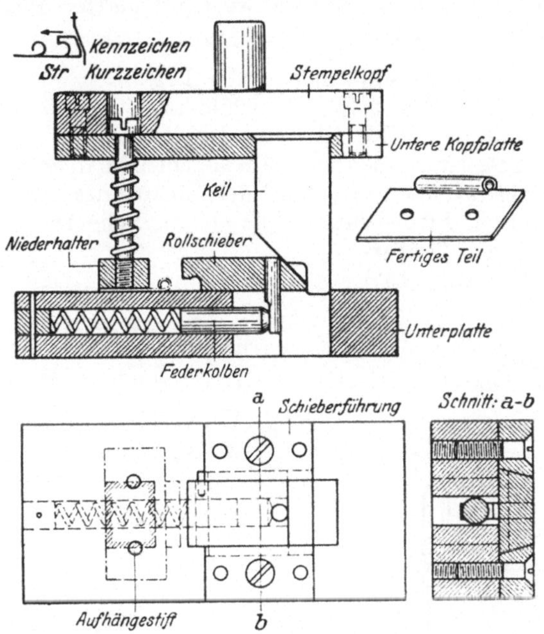

Abb. 122. Rollstanze mit Keiltrieb.

*Zu beachten:* Planierstanzen mit gerauhten Stanzflächen kommen besonders für halbharte oder hartgewalzte Blechteile in Betracht. Die

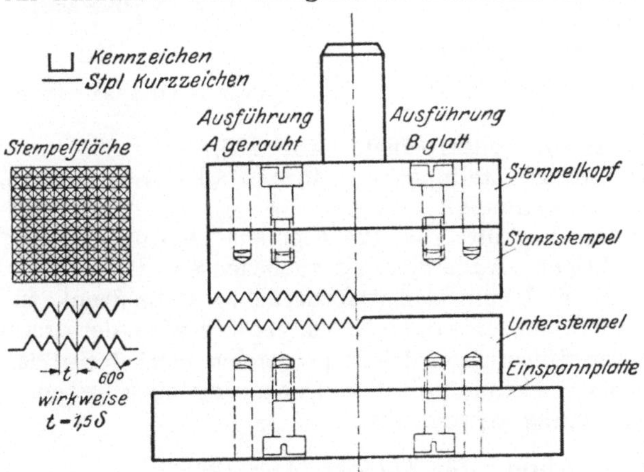

Abb. 123. Flachstanze mit Rauhfläche.

Erhöhungen der Rauhfläche des Oberstempels greifen in die Vertiefungen des Unterstempels ein, damit sich die im Blech vorhandenen

Spannungen beim Stanzen ausgleichen können. Fischhautmuster bewährt sich mit einem Nutenabstand von $t = 1{,}5$mal Blechdicke am besten. Nur bei weichen Blechteilen wird mit glatten Planierstanzen ein gutes Ergebnis erreicht.

**Prägestanze (Schlüsselschildchen)** (Abb. 124).

*Geeignet:* Zur Herstellung von Zierschildern, Stempelungen oder erhabenen Ornamenten auf Flächen und Hohlteilen.

*Zu beachten:* Prägestanzen arbeiten im allgemeinen in Säulenführungsgestellen befriedigend; bei ihnen muß der Einspannzapfen im Schwerpunkt der gepreßten Fläche liegen. Die erforderliche Druckkraft kann nach dem Prinzip der Trägerdurchbiegung (s. Abb. 133) ermittelt werden.

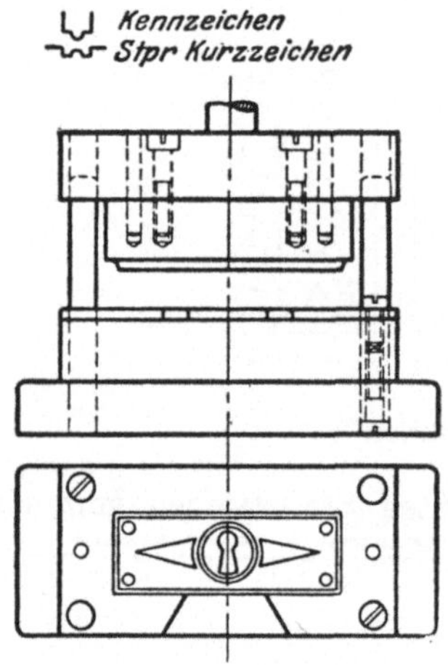

Abb. 124. Prägestanze (Schlüsselschild).

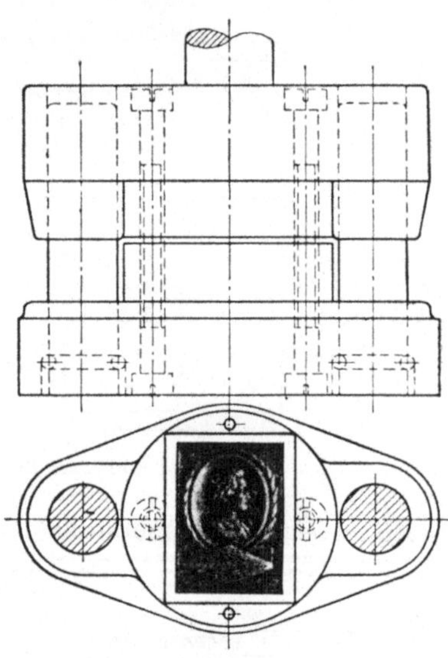
Abb. 125. Prägestanze für Sondergebiete.

**Prägestanze für Sondergebiete** (Abb. 125).

*Geeignet:* Zur Herstellung von Münzen aller Art, Ziergeräten, z. B. Bestecken und Schmuck.

*Zu beachten:* Die für Abb. 124 gegebene Ausführung ist auch hier zu berücksichtigen. Außerdem ist zu beachten, daß Kniehebelpressen zu verwenden sind, um den erforderlichen Prägedruck zu erreichen. Obwohl in der Regel mit einem Druck gepreßt wird, der dreimal so groß ist wie die Zerreißfestigkeit des zu prägenden Werkstoffes, ist es zweckmäßig, an der Maschine mit Drucksicherung zu arbeiten, um sie vor Überbeanspruchung zu schützen.

**Schränkvorrichtung für Lötösen** (Abb. 126).

*Geeignet:* Zum Verwinden von Flachteilen um 90°, insbesondere zum Schränken von Lötösen.

*Zu beachten:* Geschränkte Teile werden bei kleiner Stückzahl von Hand verwunden, bei großen Mengen werden sie maschinell hergestellt.

Für Fußtrittpressen eingerichtete Werkzeuge zeigen hohe Leistungen, was aber nicht besagt, daß sie auch an anderen Maschinen leistungsfähig sind. Das Schränken geht zunächst so vor sich, daß der Lötschwanz hochkant in den Bock 9 eingelegt wird. Der Schränker steht in seiner Anfangsstellung etwa 2,5 mm von dem Bock 9 entfernt und macht

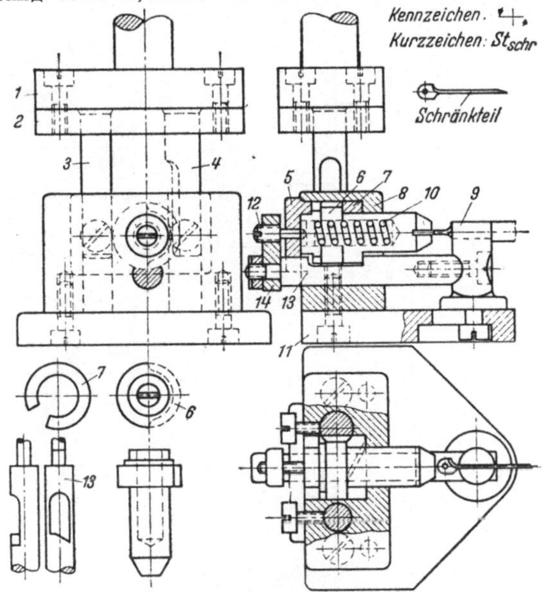


Abb. 126. Schränkvorrichtung für Lötösen.

| Teil | Benennung | Werkstoff | Bemerkungen |
|---|---|---|---|
| 1 | Stempelkopf . . . . . . | Stahl St 42.11 | |
| 2 | Stempelaufnahmeplatte . | Stahl St 42.11 | |
| 3 | Führungsbolzen . . . . | Werkzeugstahl | gehärtet |
| 4 | Zahnstange *m* 1,5. . . . | Stahl St 42.11 | |
| 5 | Verschlußplatte. . . . . | Stahl St 42.11 | |
| 6 | Schränkstempel . . . . | Stahl St 42.11 | |
| 7 | Kurvenring. . . . . . . | Werkzeugstahl | gehärtet |
| 8 | Lagerbock . . . . . . . | Stahl St 42.11 | |
| 9 | Aufnahmebock . . . . . | Stahl St 42.11 | |
| 10 | Feder . . . . . . . . . | Stahldraht | |
| 11 | Unterplatte . . . . . . | Stahl St 42.11 | |
| 12 | Druckschraube . . . . . | Stahl St 42.11 | |
| 13 | Schaltbolzen . . . . . . | Werkzeugstahl | Nase gehärtet |
| 14 | Traverse . . . . . . . . | Stahl St 42.11 | |

beim Niedergang des Stößels eine 90°-Drehung, wobei er gleichzeitig zurückgeht und die Lötöse freigibt. Nach Herausnahme der Lötöse aus dem Bock 9 wird der Fußtritthebel von der Presse in seine alte Lage zurückgeschwenkt.

**Selbsttätige Z-Winkelstanze mit Magazin** (Abb. 127).

*Geeignet:* Für Fertigungsteile, die selbsttätig an zwei Pressen hergestellt werden.

*Zu beachten:* Das Schnittwerkzeug mit Leitkanal (s. Abb. 66) fängt die Schnitteile geordnet auf, und diese können von einer anderen Presse selbsttätig fertiggestellt werden. Ein Verbundwerkzeug würde hierfür nicht wirtschaftlich sein, weil bei Werkzeugstumpfung eine längere Instandsetzungsarbeit notwendig wäre.

*Arbeitsweise:* Das gefüllte Magazin wird vom Folgeschnitt Abb. 66 abgenommen und die darin befindlichen Teile mit einem Sicherungs-

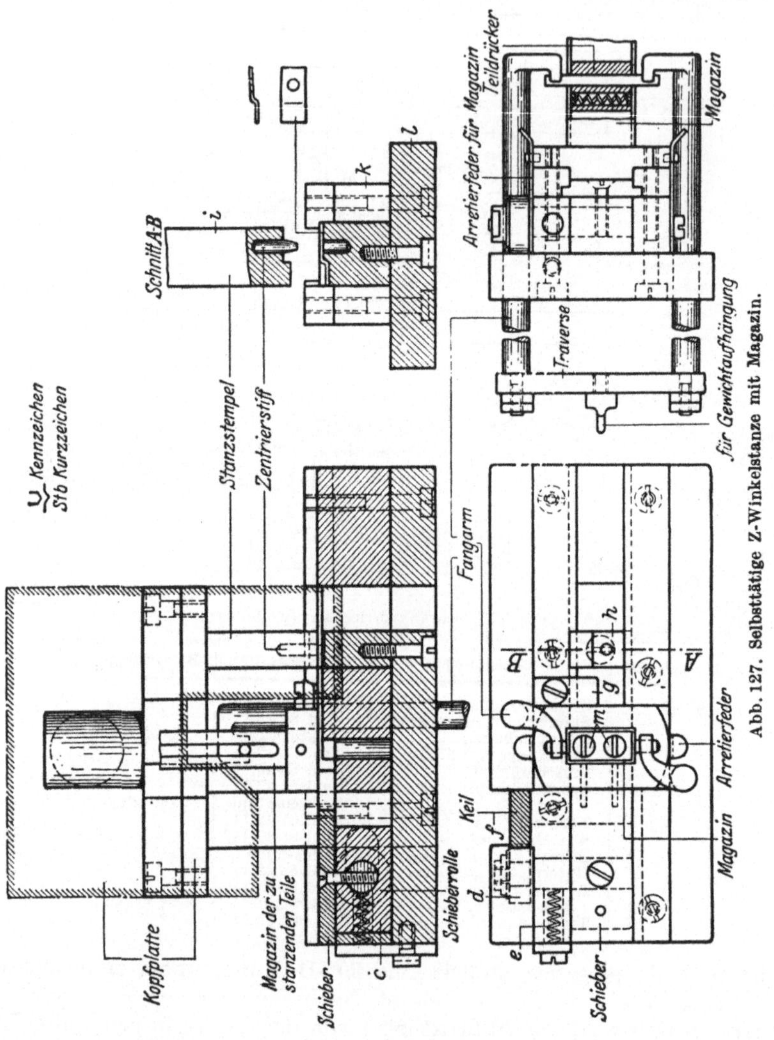


Abb. 127. Selbsttätige Z-Winkelstanze mit Magazin.

stift gegen Herausfallen gesichert. Hierauf wird das Magazin auf das Stanzwerkzeug Abb. 127 gesetzt und dann der Sicherungsstift herausgezogen. Beim Niedergehen des Stößels drückt der Keil *f* auf die Rolle *d* und bewegt damit den Schieber nach links. Hierbei werden seitlich die abgeflachten Auflagestifte *m* frei, auf die sich ein geschnittenes Teil aus dem Magazin legt. Bewegt sich nun der Keil *f* aufwärts, so tritt der

Schieber nach rechts und nimmt das auf beiden Auflagestiften liegende Schnitteil mit. Dieses Spiel wiederholt sich mit dem Auf- und Niedergang des Triebkeiles, und so wird ein Teil nach dem anderen der Stanze zugeschoben. Alle Teile kommen unter die Niederhaltungsfeder zum Unterstanzstempel, wo das Teil verformt wird. Die fertigen Teile fallen in dem hinter dem Unterstanzstempel befindlichen Durchbruch aus dem Werkzeug heraus. Abb. 66 und 127 sind als Zwillingswerkzeuge vorteilhaft zu verwenden (s. Abb. 36/37, S. 51, 3. Bd.).

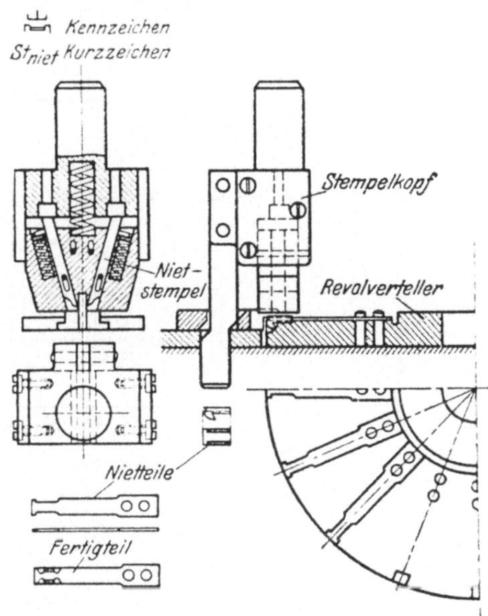

Abb. 128. Nietstanze mit Keiltrieb und Revolverteller.

**Nietstanze mit Keiltrieb und Revolverteller** (Abb. 128).

*Geeignet:* Zur Befestigung zweier Teile, an denen die Nietbildung selbsttätig vorgenommen wird.

*Zu beachten:* Beide Teile werden so befestigt, daß man sie zunächst von Hand ineinanderdrückt und im zusammengesetzten Zustand auf die Aufnahmestifte des Revolvertellers legt; bei taktmäßiger Schaltung des Revolvertellers werden die Teile der Nietstanze zugeführt. Das Werkzeug nietet durch Festdrücken beider Teile mittels gefederten Niederhalters und zweier darauf nacheilender Nietbildner, die den Werkstoff nietähnlich verdrängen und einen festen Zusammenhalt beider Teile gewährleisten.

## Verbundwerkzeuge.

**Schnittstanze mit Aufschlagleisten** (Abb. 129).

*Geeignet:* Für Herstellung von U-Winkeln.

*Zu beachten:* Man bezeichnet Werkzeuge so wie die Arbeitsverfahren im Werkzeug hintereinander folgen, in diesem Falle Schnitt mit Stanze „Schnittstanze".

Der Werkstoffstreifen wird im ersten Vorschub mit zwei Seitenschneidern, die sich genau gegenüberstehen, auf eine bestimmte Breite geschnitten, beim zweiten Vorschub eingeschert und im Winkel gestanzt. Für den letzten Arbeitsgang bleibt nur das Abschneiden des Winkels. Damit das Werkzeug nicht beschädigt wird, sind für die Begrenzung des Stößelhubes Aufschlagleisten vorgesehen.

**Schnitt-Biegestanze** (Abb. 130).

*Geeignet:* Zur Herstellung von kleinen Biegeteilen für unterbrechungsfreie Fertigung.

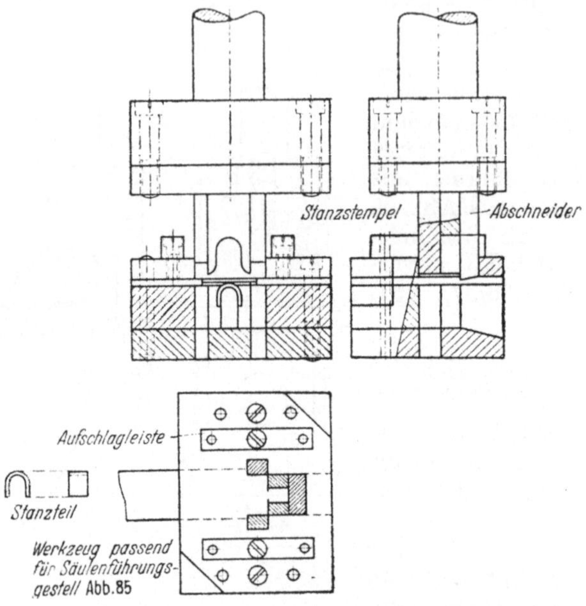


Abb. 129. Schnittstanze mit Aufschlagleisten.

*Zu beachten:* Je kleiner die Teile mit Biegungen werden, desto umständlicher wird ihre Handhabung in der Fertigung, weil das Greifen

Abb. 130. Schnittstanze.

der Teile mit Pinzette bei ineinander verwickelten Teilen großen Zeitaufwand verursacht. Um diesen Übelstand zu beheben, läßt man den Mehrverbrauch an Werkstoff unbeachtet und fertigt die Teile in Verbundwerkzeugen, bei denen größerer Werkstoffverbrauch durch ver-

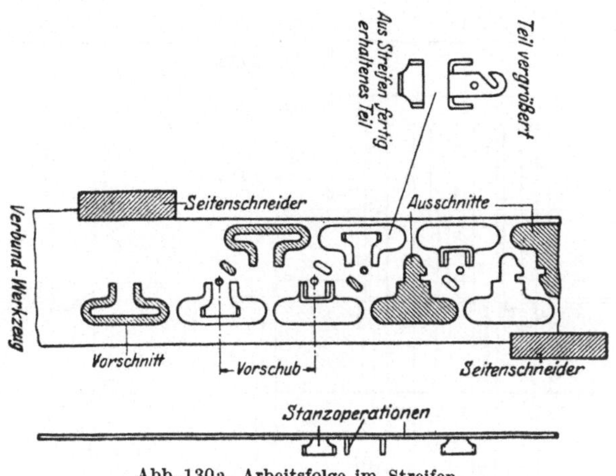


Abb. 130a. Arbeitsfolge im Streifen.

kürzte Fertigungszeit wertmäßig ausgeglichen wird. Die Arbeitsgänge, die für das Teil im Werkzeug vorgesehen werden mußten, sind: Freischneiden der Form für Winkel, Lochen, dann Biegen der Winkel und zuletzt Ausschneiden des zu fertigenden Teiles. Schnittstreifen und Teil s. Abb. 130a.

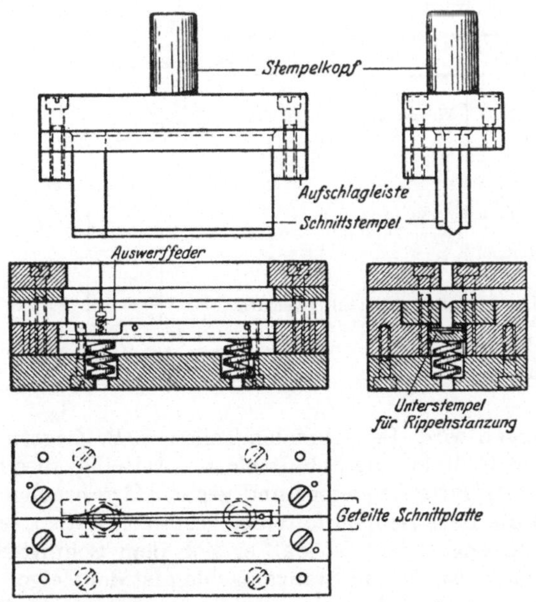


Abb. 131. Schnittstanze mit Federauswerfer und Aufschlagleisten.

**Schnittstanze mit Federauswerfer und Aufschlagleisten** (Abb. 131).

*Geeignet:* Für Zeigerausführungen.

*Zu beachten:* Schnittstanzen werden in der Regel so ausgebildet, daß die Teile einen bestimmten Stanzdruck erhalten, der durch Aufschlag-

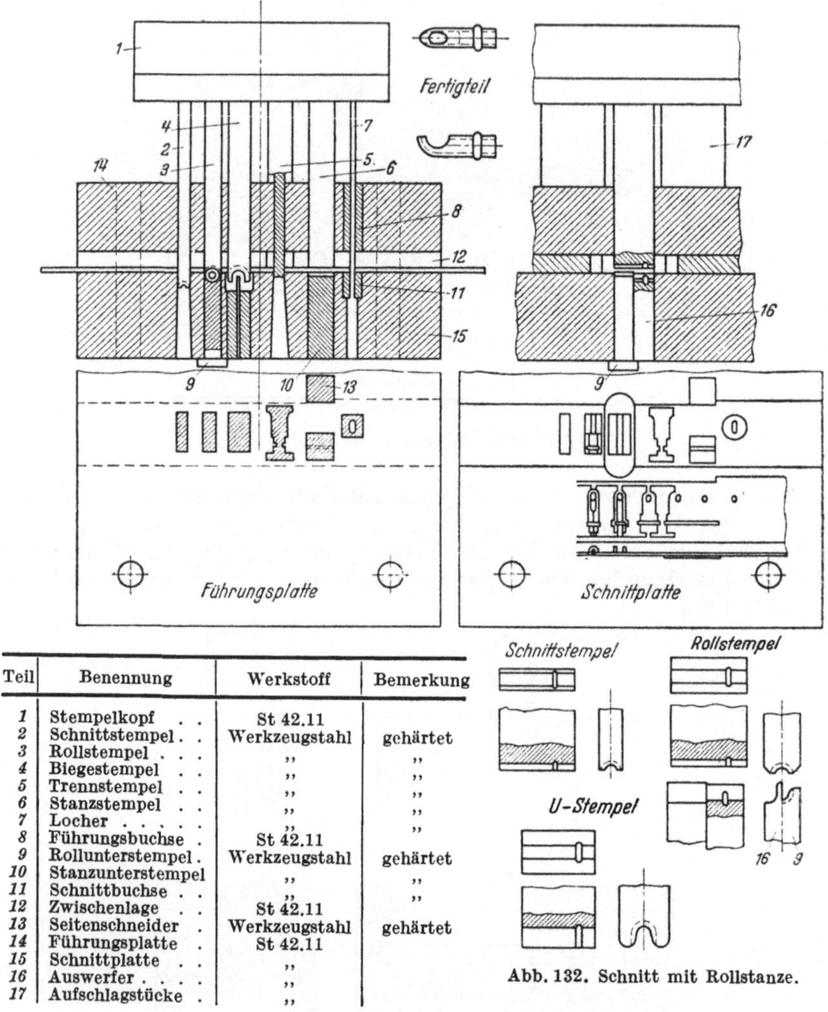


| Teil | Benennung | Werkstoff | Bemerkung |
|---|---|---|---|
| 1 | Stempelkopf | St 42.11 | |
| 2 | Schnittstempel | Werkzeugstahl | gehärtet |
| 3 | Rollstempel | „ | „ |
| 4 | Biegestempel | „ | „ |
| 5 | Trennstempel | „ | „ |
| 6 | Stanzstempel | „ | „ |
| 7 | Locher | „ | „ |
| 8 | Führungsbuchse | St 42.11 | |
| 9 | Rollunterstempel | Werkzeugstahl | gehärtet |
| 10 | Stanzunterstempel | „ | „ |
| 11 | Schnittbuchse | „ | „ |
| 12 | Zwischenlage | St 42.11 | |
| 13 | Seitenschneider | Werkzeugstahl | gehärtet |
| 14 | Führungsplatte | St 42.11 | |
| 15 | Schnittplatte | „ | |
| 16 | Auswerfer | „ | |
| 17 | Aufschlagstücke | „ | |

Abb. 132. Schnitt mit Rollstanze.

leisten abgefangen wird. Bei schmalen Teilen, z. B. Zeigern, macht man aus praktischen Gründen die Schnittplatte zweiteilig, dies ist zum Ausfeilen der Schnittplatte bequemer und gegen Härtebruchgefahr vorteilhafter. Damit die Zeigerrippen faltenlos gestanzt werden, ist der Unterstempel federnd angeordnet, so daß er sich dem Schnitt-Stanzstempel anschmiegen muß. Nach dem Stanzaufschlag ist der Zeiger vollkommen gratfrei geschnitten und faltenlos gestanzt.

**Schnitt-Rollstanze** (Abb. 132).

*Geeignet:* Zur Herstellung von gerollten Lötösen.

*Zu beachten:* Für eine wirtschaftliche Herstellung derartiger Teile kommt nur ein Verbundwerkzeug in Frage. Das für Abb. 130 Gesagte trifft hier offenbar zu. Das Werkzeug arbeitet mit einem Seitenschneider,

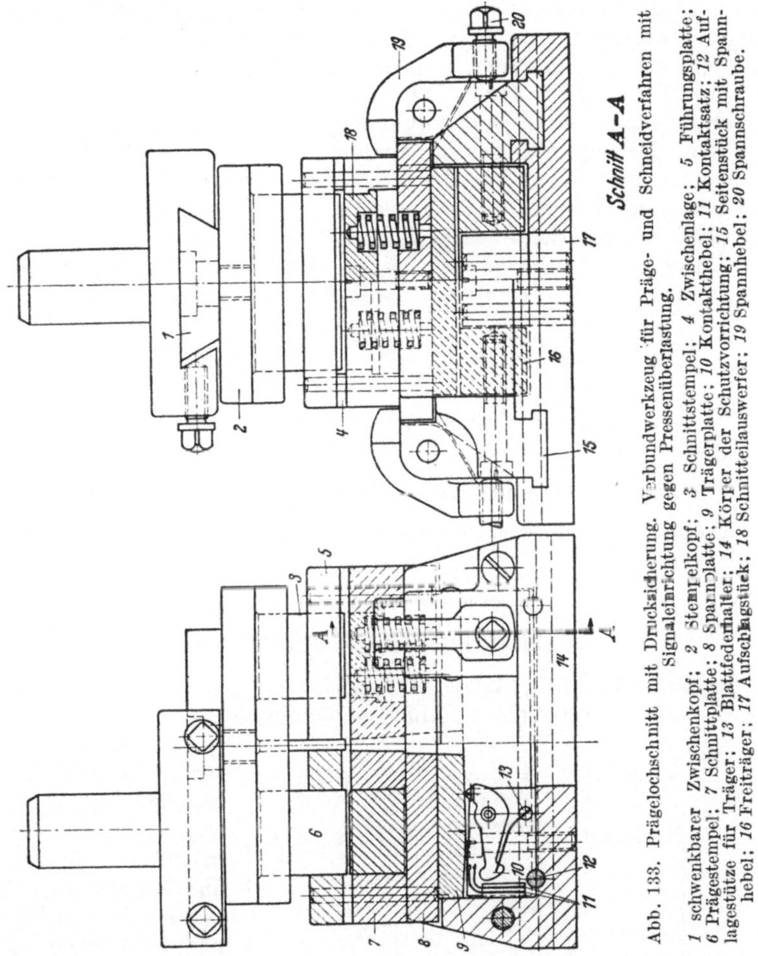


Abb. 133. Prägelochschnitt mit Drucksicherung. Verbundwerkzeug für Präge- und Schneidverfahren mit Signaleinrichtung gegen Pressenüberlastung.

1 schwenkbarer Zwischenkopf; 2 Stempelkopf; 3 Schnittstempel; 4 Zwischenlage; 5 Führungsplatte; 6 Prägestempel; 7 Schnittplatte; 8 Spannplatte; 9 Trägerplatte; 10 Kontakthebel; 11 Kontaktsatz; 12 Auflagestütze für Träger; 13 Blattfederhalter; 14 Körper der Schutzvorrichtung; 15 Seitenstück mit Spannhebel; 16 Freiträger; 17 Aufschlagstück; 18 Schnitteilauswerfer; 19 Spannhebel; 20 Spannschraube.

weil Bandwerkstoff vorgesehen ist, locht zuerst, stanzt die Rippe, rollt die Lötöse fertig und schneidet dann das Teil aus dem Streifen heraus. Das fertige Teil ist in Abb. 132 vergrößert dargestellt.

**Prägelochschnitt mit Drucksicherung** (Abb. 133).

*Geeignet:* Für Zierbleche, die in größerer Anzahl herzustellen sind.

*Zu beachten:* Mit diesem Verbundwerkzeug wird zuerst geprägt, hiernach gelocht und dann das Teil aus dem Streifen geschnitten. Das

Werkzeug ruht auf einer Drucksicherung, die in einem Frosch eingebaut ist und die Presse vor Überlast schützt. Bei Höchstdruck ertönt ein Warnsignal als Zeichen zur Behebung des Übelstandes; das Warnsignal ist ein Hupenton, der hervorgerufen wird, wenn durch zwei sich durchbiegende Freiträger ein Federkontaktsatz einen Stromkreis schließt. Auf diesen zwei Freiträgern liegt eine ungleichseitig schräg gehobelte Platte *8*, durch deren höchste Stelle die resultierende Arbeitskraft des Werkzeuges geht. Auf dieser Platte *8* ruht das Werkzeug, das zunächst angenähert schwerpunktrichtig mittels verschiebbaren Zwischenkopfes *1* und durch vier Spannhebel *19* eingespannt wird. Der Stempelkopf *2* ist schwenkbar, so daß jeder Punkt innerhalb der ganzen Werkzeugfläche mit dem Mittelpunkt des Einspannzapfens in Übereinstimmung gebracht werden kann. Auf der Presse wird das Werkzeug durch zwei Libellen (auf Längs- und Querseite gelegt) und Herunterschrauben des Stößels ausgerichtet. Die Ausprägung des Teiles kann auf Grund der Durchbiegung der beiden Träger genau bestimmt werden. Für die Ermittlung des Schwerpunktes kann folgende Formel benutzt werden:

$$S_p = \frac{P \cdot l + P_1 \cdot l_1 + P_2 \cdot l_2}{P + P_1 + P_2}.$$

$P$, $P_1$ usw. sind die Druckkräfte, $l$, $l_1$ usw. ihre Abstände von der $Y$-Achse.

Für die Durchbiegung der beiden Träger gilt $f = \frac{P \cdot a^2 \cdot b^2}{3 \cdot E \cdot J \cdot l}$ wenn $a$ und $b = l - a$ die Abstände des Angriffspunktes der Kraft $P$ von den Auflagern sind.[1]

## Werkzeuge aus Kunstharzstoff.

**Einfache U-Winkelstanze** (Abb. 134).

*Geeignet:* Für beliebige Teile aus Leichtmetall.

*Zu beachten:* Die in Abb. 110 (s. S. 70) veranschaulichten Winkelstanzen *a*, *b*, *c* können in gleicher Ausführung aus Kunstharzpreßstoff hergestellt werden, insbesondere wenn es sich darum handelt, Leichtmetallteile zu winkeln. Sie stehen in der Leistung hinter den aus Stahl hergestellten keineswegs zurück.

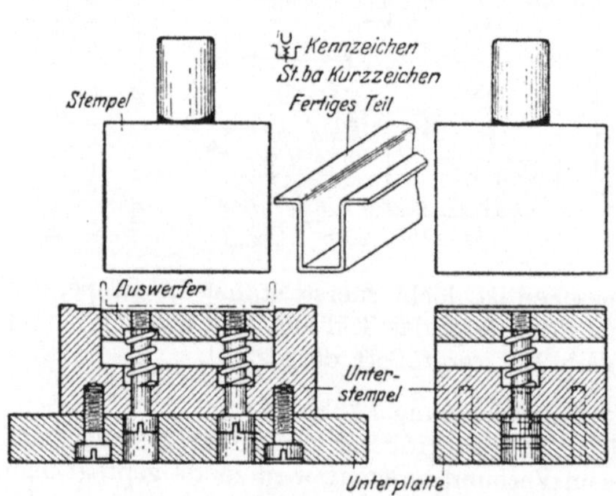


Abb. 134. Einfache U-Winkelstanze.

[1] Siehe Hütte, 27. Aufl., S. 666 Fall 3.

**Doppelwinkelstanze für Überbrückungsteile** (Abb. 134a).

*Geeignet:* Für Aluminiumteile.

*Zu beachten:* Im allgemeinen sind Werkzeuge aus Kunstharzpreßstoff

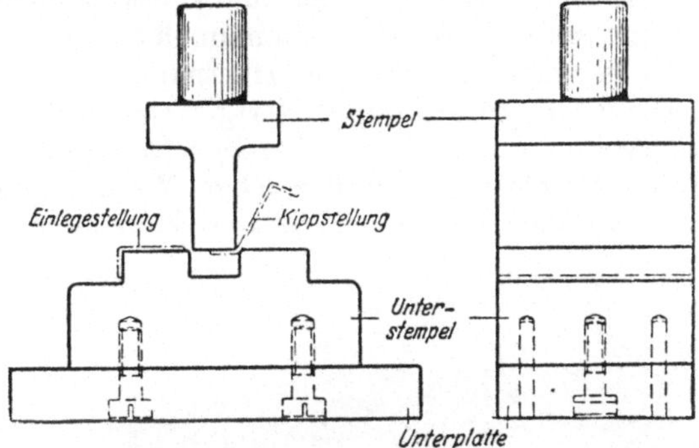


Abb. 134a. Doppelwinkelstanze für Überbrückungsteile.

in ihrer Herstellung etwa 30 bis 40 vH billiger als aus Stahl, ohne daß sie Stahlwerkzeugen in irgendeiner Weise nachstehen. Besonders bei kleinen Stückzahlen sind Stanzen aus Kunstharzpreßstoff empfehlens-

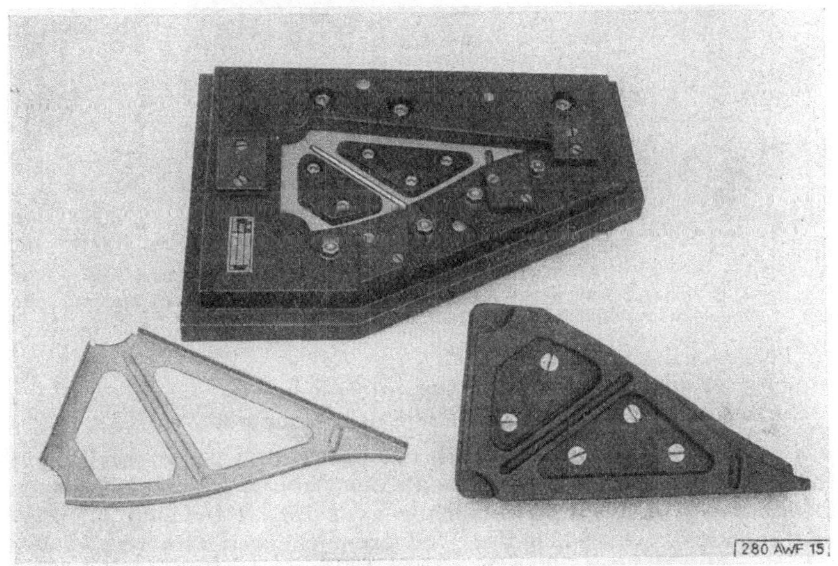


Abb. 135. Formstanze mit Stanzrippe.
Sockel aus Hartpapier, Stempel und Matrize aus Hartgewebe nach AWF 280.

wert. Das Wertvollste ist dabei, daß beim Biegen die Teile nicht beschädigt, sondern im Gegenteil die Winkel auffallend glatter werden und sich mit zunehmender Stückzahl verbessern. Die Stanzen nach Abb. 134 und 134a, die früher aus Stahl hergestellt wurden, hat man für Leichtmetalle aus Kunstharzpreßstoff gefertigt.

**Formstanze mit Stanzrippe** (Abb. 135).

*Geeignet:* Für Verbindungsteile aus Leichtmetall.

*Zu beachten:* Zweckmäßig ist es, Ober- und Unterstempel aus mehreren Teilen zusammenzusetzen, die am besten in der Tischlerei hergestellt werden. Die Unterplatte besteht aus Hartpapier, Ober- und Unterstempel aus Kunstharzpreßstoff mit Hartgewebe furniert. Vorteilhaft ist es, die Werkzeugbestandteile miteinander zu verschrauben und zu verstiften. Große Beachtung kommt solchen Werkzeugen zu, weil sie trotz längerem Gebrauch formbeständig und korrosionsfrei bleiben.

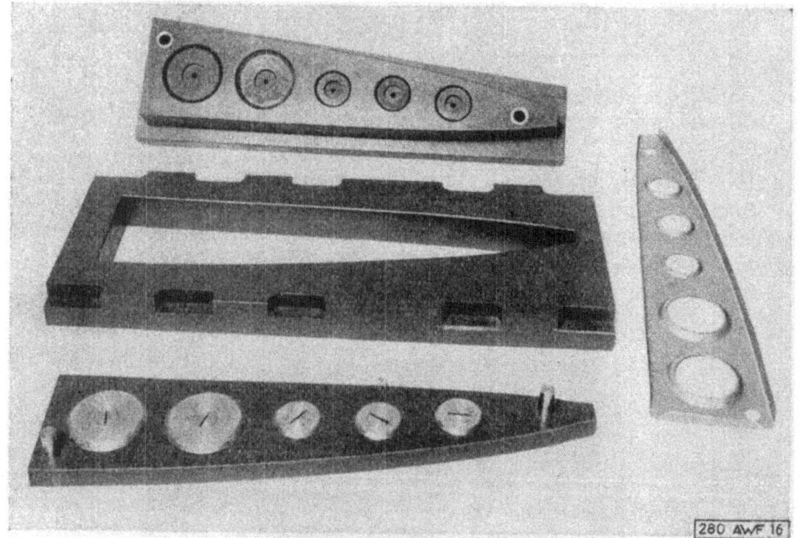


Abb. 136. Formstanze mit Lochdurchzug. Oberstempel, Unterstempel und Auswerfer für die Universal-Formstanze. Rechts ein fertiges Formstück nach AWF 280.

**Formstanze mit Lochdurchzug** (Abb. 136).

*Geeignet:* Für Versteifungsbleche aus Aluminium.

*Zu beachten:* Diese Stanzen werden aus Platten von Kunstharzpreßstoff zusammengesetzt, verstiftet und verschraubt. Das Durchziehen der Lochränder bedeutet ein Ausstrecken des Werkstoffes und ist von der Dehnbarkeit des Werkstoffes abhängig. Bei 20 vH Dehnung kann der Lochrand z. B. von 100 mm $\varnothing$ auf 120 mm erweitert werden. Dabei verringert sich der Lochmantel bei seinem Auslauf, z. B. von 1 mm Werkstoffdicke auf

$$\delta_1 = \frac{d \cdot \delta}{D} = \frac{100 \cdot 1}{120} = 0{,}83 \text{ mm}$$

und hat die Halshöhe

$$h = \frac{D^2 - d^2}{4 \cdot D} = \frac{120^2 - 100^2}{4 \cdot 120} \approx 9{,}2 \text{ mm}.$$

Dieser Rand kann nach guter Anwärmung von 9,2 mm auf die doppelte Höhe verlängert werden, wenn die Blechdicke von 0,83 auf rd. 0,41 mm ausgezogen werden darf.

## Werkzeug aus Festholz mit Gummikissen.

Bei schwierigen Formen können flache Teile in Kunstharz- oder Festholzwerkzeugen mit oder ohne Deckstücke mit Hilfe eines elastischen Kissens meist in einem Arbeitsgang gebogen werden. Das Deckstück dient in der Regel zum Festhalten des Biegeteiles, kann aber auch, wie folgende Darstellungen zeigen, als Mitformgeber dienen. Bei treppenförmig ausgebildetem Biegewerkzeug sei die Schräglage etwa 7°, damit der Werkstoff seitlich nachwandern kann; für größere Stückleistung ist das Werkzeug nach zwei Seiten hin treppenförmig herzustellen. Man beachte für das Biegen flacher Teile mit Gummikissen die im Nachschlageteil gegebenen Richtlinien.

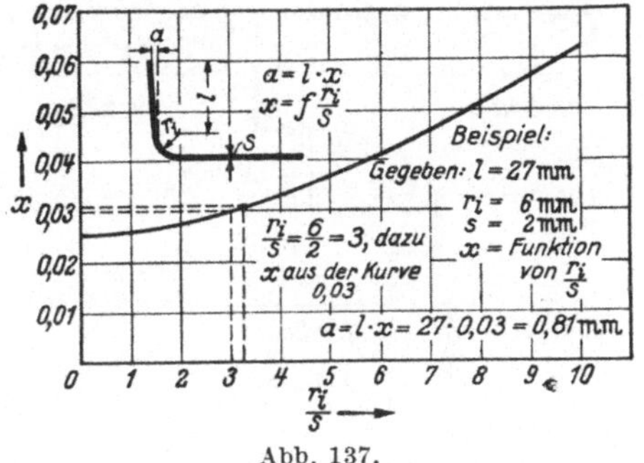

Abb. 137.

Möglichst genaue Winkel bei auf Länge zugeschnittenen Stücken werden mit Hilfe elastischer Kissen gebogen meist über Formklötze aus

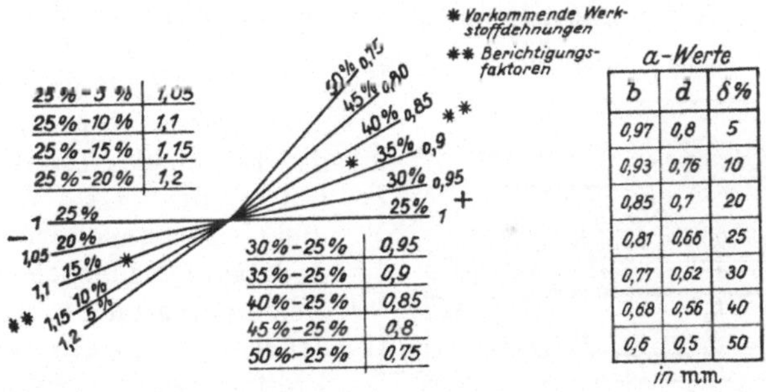

Abb. 137 a.

Festholz oder Metall. Dabei bleiben mehr oder weniger große Rückfederungen am Biegeschenkel. Für die Herstellung eines möglichst genauen Biegeteiles sind Winkel vorzusehen, die je nach der Werkstoffdehnung von dem Fertigteil abweichen. Im allgemeinen kann man sagen, daß die Rückfederung des Biegewinkels um so größer ist, je kleinere Bruchdehnung der Werkstoff hat. Ist beispielsweise $l$ die Länge des Biegeschenkels, $r_i$ der Innenradius des Winkels und $S$ die Werkstoffdicke, dann ist die Rückfederung des gebogenen Schenkels für 25 vH Werkstoffdehnung aus Abb. 137 festzustellen. Bei einer anderen Werkstoffdehnung als 25 vH ist die Rückfederung mit einem Berichtigungsbeiwert aus Abb. 137a zu multiplizieren. Nach Abb. 137a ist bei 25 vH Werkstoffdehnung die Rückfederung des gebogenen Schenkels 0,81 mm, diese ändert sich

bei 30 vH auf 0,95 · 0,81 = 0,77 mm,
bei 40 vH auf 0,85 · 0,81 ≈ 0,65 mm,
bei 50 vH auf 0,75 · 0,81 = 0,6 mm.

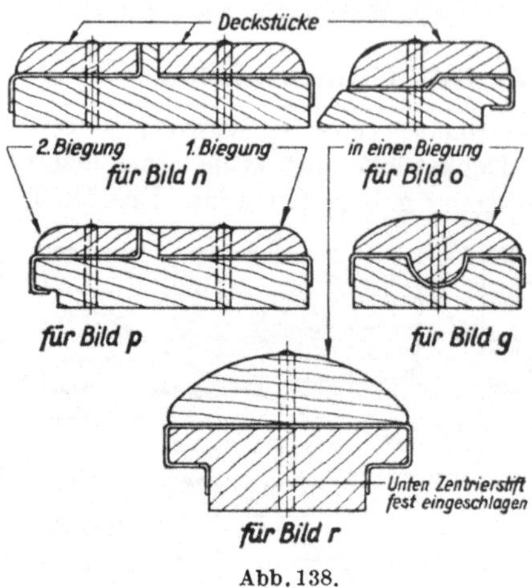


Abb. 138.

In Abb. 138 n werden zwei Biegeteile zugleich mit Deckstücken gebogen; rechts im Bild die Vorform, links die Fertigform. Der gleiche Formvorgang spielt sich auch in Abb. 138p ab. Die Teile nach Abb. 138o, g und r sind mit Deckstücken in einem Arbeitsgang fertigzustellen, ohne daß man sie vorformen muß. Auf einer um etwa 7° geneigten Biegeebene sind fast alle vorkommenden Biegeformen in einem Arbeitsgang fertigzustellen.

Einen Überblick über das Formbiegen flacher Teile mit Gummikissen gewinnt man aus den Darstellungen Abb. 139 bis 146, wobei besonders auf Schonung des Gummikissens und Erreichung kleinsten Arbeitsausschusses großer Wert gelegt ist.

Abb. 139 zeigt einen Biegevorgang, bei dem das Teil auf der Holzform durch Aufnahmestifte oder Körnerspitzen gegen Verlagerung gesichert werden kann, während für das Gummikissen eine Gegenausfüllform vorgesehen ist, die das Biegen des Teiles vorteilhaft beeinflußt. Da Gummikissen nicht zusammendrückbar sind und beim Enddruck wie Wasser gleichmäßig nach allen Seiten drücken, muß ein sehr stabiler Preßrahmen vorgesehen werden.

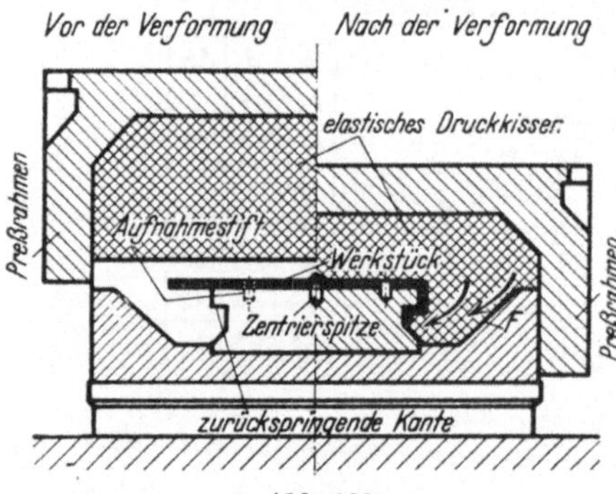


Abb. 139.

Abb. 140 stellt eine günstige Formgebung dar, die den Werkstoff nicht ausstreckt; dagegen sind bei der umgekehrten Form nach Abb. 141 Deckstücke erforderlich, um den Werkstoff vor Ausstreckung zu schützen.

Ohne Deckstücke wird bei der Ausformung des Flachteiles (s. Abb. 142) mit dem Niedergang des Pressenschlittens die Fläche immer fester gehalten, so daß das Blech länger und dünner gezogen wird. Aus diesem Grunde ist das Höchstmaß der Wölbungstiefe durch die völlig ausgenutzte Werkstoffdehnung gegeben.

Abb. 143 macht das Formverfahren verständlicher, weil die markanten Verformungseigenschaften in den Darstellungen besonders deutlich zum Ausdruck gebracht sind.

Einem glücklichen Gedanken entstammt die wälzende Verformung (Verfahren KACZMAREK), die in Abb. 144 gezeigt wird. Man verfolge in den Darstellungen das neuartige Formverfahren Abb. 144a (horizontale Verformung), das in Abb. 144b bei einer 7° schrägen Formebene keine Bedenken eines Mißerfolges auslöst. Dieses Verfahren leistet bei einer dachförmigen Ausbildung des Formklotzes das Zweifache und schont das Gummikissen.

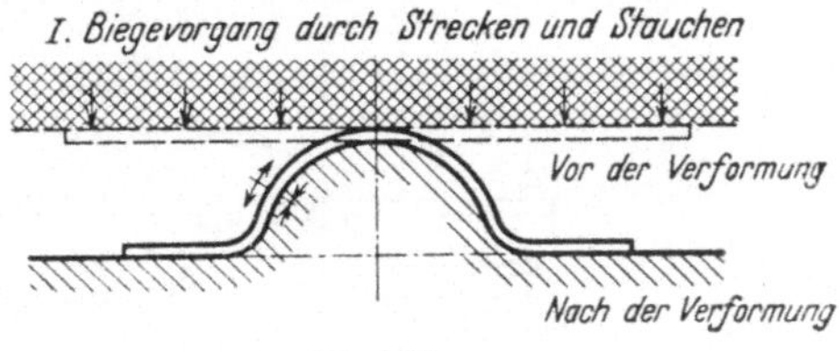

Abb. 140.

Abb. 145 und Abb. 146 zeigen, wie Formklötze ausgebildet werden müssen, um das Gummikissen dadurch zu schonen, daß am Formklotz an allen vier Seiten sich abfallende Schrägen von etwa 45° befinden.

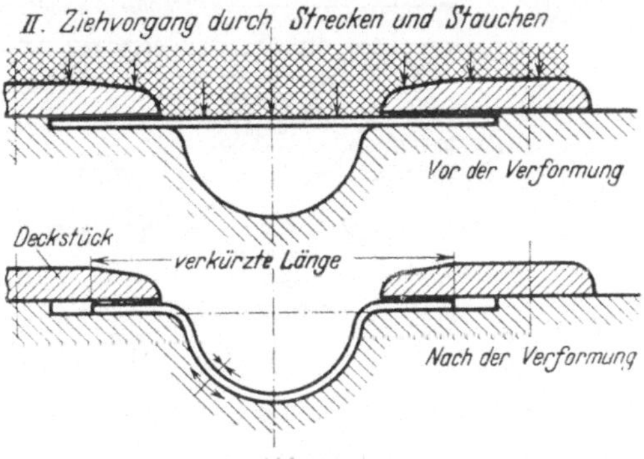

Abb. 141.

## Längenermittlung von gebogenen Stanzteilen.

Um Biegeteile mit Stanzwerkzeugen herzustellen, ist die Ermittlung ihrer gestreckten Längen notwendig. Bisher geschah dies durch Ausprobieren, bis das Maß des gestreckten Stanzteiles gefunden wurde, das fällt nach den neuen Erkenntnissen weg. An Hand der Zahlentafel 4, S. 164, kann man für scharfkantige oder rundgebogene Winkel den Biegeschwund oder die Schenkelverlängerung auf 0,1 mm Genauigkeit feststellen oder auch mit Hilfe angegebener Gleichungen errechnen. Für die Längenbestimmung des Biegeteiles ist nicht etwa der von den Schenkeln eingeschlossene Winkel, sondern der Außenwinkel (Umlenkwinkel) einzusetzen. Bei der Entnahme des Ablesewertes aus der Zahlentafel muß das Vorzeichen, ob Plus- oder Minuswert, beachtet werden. Ist die Bruchdehnung des Werkstoffes nicht 25 vH,

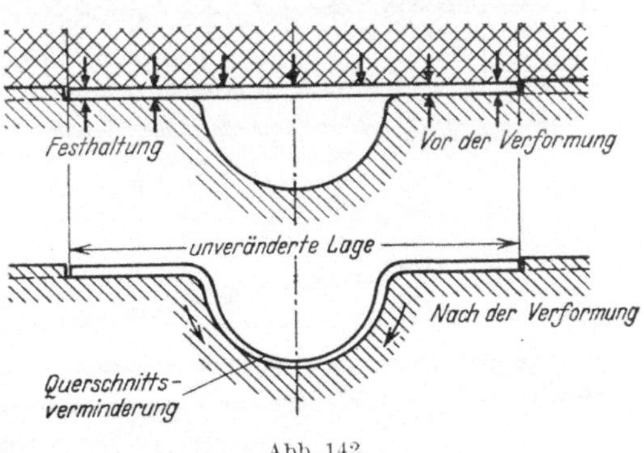


Abb. 142.

sondern größer oder kleiner, so ist eine Korrektur des Ablesewertes vorzunehmen. D. h., bei größerer Werkstoffdehnung ist die gestreckte Länge kleiner. Ist z. B. die Werkstoffdehnung 30 vH, dann wird um

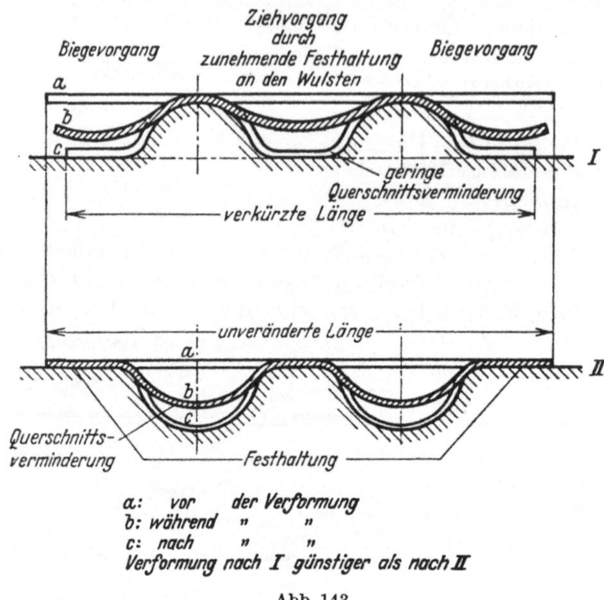


Abb. 143.

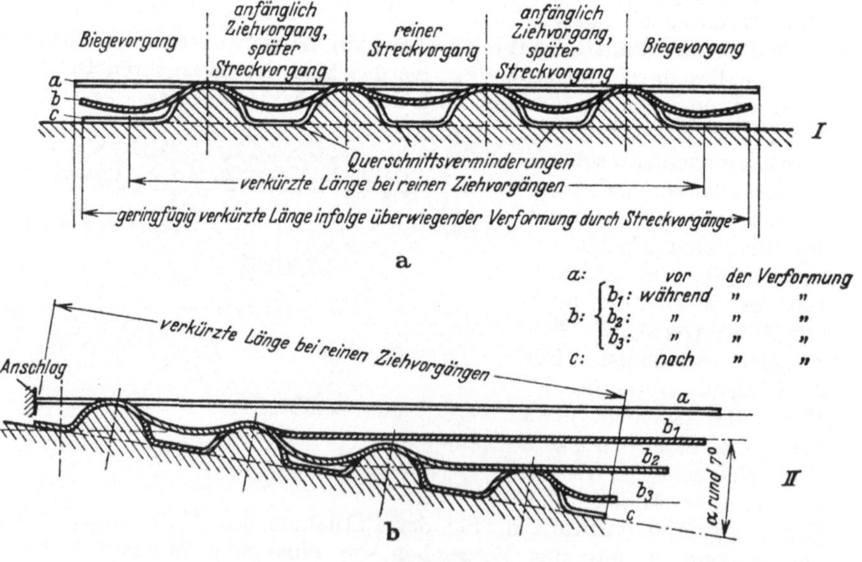


Abb. 144.

30 — 25 = 5 vH der Zuschlag zur gestreckten Länge kleiner bzw. bei dünnen Blechen und großen Innenradien der Abschlag größer als der abgelesene Zahlenwert.

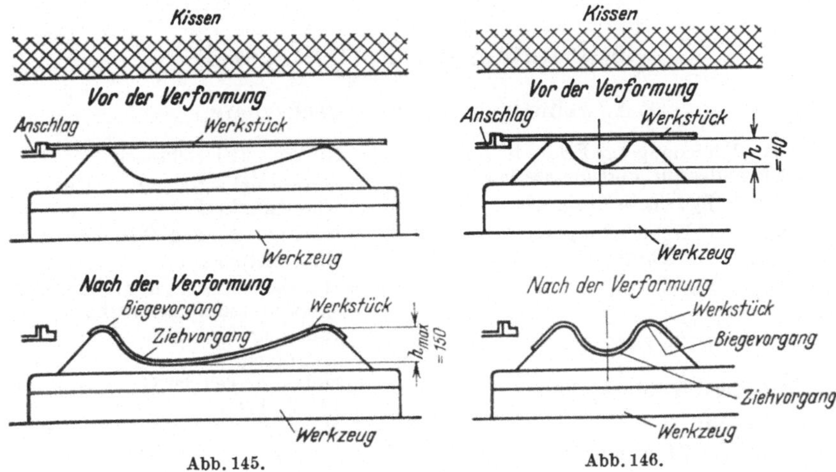


Abb. 145. Abb. 146.

## Bestimmung der Fertigungszeit (Grundgleichungen).

Als Grundbedingung diene die Gleichung $T_z = t_r + z \cdot t_{st}$, d. h. die Gesamtzeit $T_z$ ist gleich der Einrichtezeit $t_r$ plus der Anzahl der Fertigungsstücke mal der Einzelstückzeit $t_{st}$. Diese Gleichung läßt aber noch eine weitere Gliederung zu, indem man sie wie folgt unterteilt:

$$T_z = t_{rg} + t_{rv} + z \cdot (t_g + t_{gv}) \text{ oder } T_z = t_{rg} + t_{rv} + z \cdot (t_h + t_n + t_{gv}).$$

Darin bedeuten $T_z$ = Gesamtzeit, $t_{rg}$ = Einrichtegrundzeit, $t_{rv}$ = Einrichteverlustzeit, $z$ = Anzahl der Fertigungsstücke, $t_g$ = Fertigungsgrundzeit, $t_{gv}$ = Fertigungsverlustzeit, die je nach Aufbau des Betriebes von etwa 12 vH bis 20 vH schwanken kann. An Stelle von $t_g + t_{gv}$ kann auch $t_h + t_n + t_{gv}$ gesetzt werden, um Haupt-, Neben- und Verlustzeiten besser zu erfassen; $t_h$ = Hauptfertigungszeit, $t_n$ = Fertigungsnebenzeit (d. h. zur Hauptfertigung zu leistende Arbeiten der bedienenden Hand, z. B. Teile zum Nieten vorbereiten und dergleichen) und $t_{gv}$ = Fertigungsverlustzeit. Alle Zeitanteile sind in Minuten festzulegen. Da zahlreiche Arbeiten, die die bedienende Hand auszuführen hat, immer mit gleichem, ihnen eigentümlichem Zeitaufwand wiederkehren, ist ihre Zeit abzustoppen, zu registrieren und für Akkordbemessung in die vorangegangenen Gleichungen einzusetzen; hierdurch werden gefühlsmäßige Zeitschätzungen unterbunden und der Wirklichkeit entsprechende Zeitangaben für Akkorde erreicht (s. S. 94 . . .96 A bis D).

# D. Aufgaben und Lösungen.

## Bestimmung der Fertigungszeit.

### A. Schneiden mit der Blechschere.

Grundgleichung zur Ermittlung des Zeitaufwandes für Fertigungsstücke:

$$T_z = t_r + z \cdot t_{st}.$$

Bei weiterer Unterteilung der vorangegangenen Gleichung:

$$T_z = t_{rg} + t_{rv} + z \cdot (t_g + t_{gv})$$

oder

$$T_z = t_{rg} + t_{rv} + z \cdot (t_h + t_n + t_{gv}).$$

$t_r$ = Rüstzeit (Einrichtezeit)
$z$ = Anzahl der Fertigungsstücke
$t_{st}$ = Einzelstückzeit
$T$ = Gesamtzeit ohne Rüstzeit
$T_z$ = Gesamtstückzeit
$t_{rv}$ = Rüstverlustzeit, d. h. Maschine säubern, stumpfes Werkzeug umtauschen u. a. m.
$t_h$ = Hauptzeit, d. h. regelmäßig auftretender Teil der Grundzeit „Arbeitshubzeit"
$t_n$ = Nebenzeit, d. h. Zeitaufwand der bedienenden Hand für mehrmaliges Einrücken der Pressen bei sperrigen Teilen, Füllen von Magazinen oder Zuführungskanälen, Handarbeiten, z. B. beim Nieten u. a. m.
$t_g$ = Grundzeit, d. h. Zeitverbrauch für störungsfreien Arbeitsfluß der voneinander abhängigen Arbeitszeiten $t_h + t_n$
$t_{gv}$ = Verlustzeit, d. h. Arbeitsempfang, benötigtes Werkzeug zur Arbeit selbst bereitlegen, Streifen stapeln, Werkzeug während der Arbeit schmieren u. a. m.

*Zu beachten:* Alle Zeitanteile sind in Minuten auf ein Fertigungsstück zu beziehen, von dem aus die Zeit für alle Stücke zu bestimmen ist.

**Beispiel für Blechschere.**

**Gegeben:**

Hubzahl $n = 34$ je min

100 Streifen schneiden
$800 \cdot 30 \cdot 1{,}5$ mm
50 Streifen je Tafel
100 Streifen bedingen 3 m oder 2 Tafeln $800 \cdot 1600$ mm.

$t_{rg} = 12$ min (Zeit abgestoppt)
$t_{rv} = 0{,}12 \cdot t_{rg} = 0{,}12 \cdot 12 = 1{,}44$ min.

**Lösung:** Fortlaufendes Schneiden der Streifen zugrunde gelegt.

$t_h$ = Hubzeit $= 1/34$ min $= 0{,}0294$ min
$t_n$ = Blechtafel auf den Tisch legen

$$\frac{2\,T_{at}}{y} = \frac{2 \cdot 0{,}05}{100} = 0{,}001 \text{ min je Teil}$$

$t_{n1} = 0{,}0332$ min Einschalten der Maschine
$T_z$ = Gesamtzeit in min

| | | |
|---|---|---|
| $t_h = 0{,}0294 \cdot 50 \cdot 2$ | $= 2{,}9400$ min | Tafel in Streifen schneiden |
| $t_{n1} = 0{,}0332 \cdot 2$ | $= 0{,}0664$ min | Maschine einrücken |
| $t_{n2} = 0{,}05 \cdot 2$ | $= 0{,}1000$ min | Tafel auf den Tisch legen |
| $t_g$ | $= 3{,}1064$ min | |
| $t_{gv}$ | $= 0{,}3727$ min | 12 vH Verlustzeit |
| $t_{st}$ | $= 3{,}4791$ min | |
| $t_{rg}$ | $= 12{,}0000$ min | |
| $t_{rv}$ | $= 1{,}4400$ min | 12 vH Verlustzeit |
| $T_z$ | $= 16{,}9191$ min | |

oder

$$\begin{aligned} T_z &= t_{rg} + t_{rv} + z \cdot (t_h + \textstyle\sum t_n + t_{gv}) \\ &= 12 + 1{,}44 + 2(0{,}0294 \cdot 50 + 0{,}0333 + 0{,}05) \cdot 1{,}12 \\ &= 16{,}9191 \text{ min.} \end{aligned}$$

## B. Schneiden aus Bandwerkstoffen.

Gleichung zur Ermittlung des Zeitaufwandes an Exzenterpressen hergestellter Teile

$$T = y \cdot Z_{vs} \cdot \left[\frac{1}{u} + \left(\frac{t_E + t_A + t_{Hd} + t_M}{x}\right) \cdot 0{,}0167\right] \cdot 1{,}12 \text{ ohne Einrichtezeit.}$$

*Beispiel für Exzenterpresse.*
Verarbeitung von Bandwerkstoff.

**Gegeben:**

Hubzahl der Presse $n = 120$ je min
Bandlänge 20 m
Blechdicke 1,2 mm
Anzahl der Teile 1000 Stück
$t_E = 15$ s
$t_A = 12$ s
$t_{Hd} = 2$ s
$t_M = \frac{1}{u} = \frac{1 \cdot 60}{120} = 0{,}5$ s
$t_h$ = Arbeitshubzeit $= \frac{1}{u} = \frac{1}{120}$ $= 0{,}0083$ min
$y$ = 1 Streifen (Band)
$Z_{vs}$ = 1000 Vorschübe

Es bedeuten:

$t_h$ = Hauptzeit =
$\frac{1}{u}$ = Zeit für eine Umdrehung der Exzenterwelle in min.
$t_n$ = Nebenzeit =
$\left(\frac{t_E + t_A + t_{Hd} + t_M}{x}\right) \cdot 0{,}0167$ in min.
Werte über dem Bruchstrich in Sekunden einsetzen.
$t_E$ = Streifen vom Stapel nehmen und in Werkzeug einführen
$t_A$ = Auslauf des Streifens aus dem Werkzeug und weglegen
$t_{Hd}$ = Einschalten der Presse (Handzeit)
$t_M$ = Zeitverbrauch für Intätigkeitsetzen der Exzenterwelle (Maschinenleerlauf)
$t_g$ = Grundzeit $= t_h + t_n =$
$\frac{1}{u} + \left(\frac{t_E + t_A + t_{Hd} + t_M}{x}\right) \cdot 0{,}0167$
$x$ = Anzahl der Teile im Streifen
$y$ = Anzahl der Streifen
$Z_{vs}$ = Anzahl der Vorschübe im Streifen

**Lösung:**

$$T = 1 \cdot 1000 \cdot \left(0{,}0083 + \frac{15 + 12 + 2 + 0{,}5}{1000} \cdot 0{,}0167\right) \cdot 1{,}12 = 9{,}85 \text{ min}$$
ohne Einrichtezeit.

$t_h = \frac{1}{120} = 0{,}00833$ min
$t_n = \underline{0{,}00049 \text{ min}}$
$t_g = 0{,}00882$ min
$t_{st} = t_g + t_{gv} = 0{,}00882 + 0{,}008882$
$0{,}12 = 0{,}0098784$ min

*Zu beachten:* Die Einzelzeiten $t_E$, $t_A$, $t_{Hd}$, $t_M$ sind in Sekunden einzusetzen und werden durch den Wert 0,0167 in Minuten umgewandelt.

Die Grundzeit mit dem Wert 1,12 multipliziert ergibt die Einzelstückzeit;

Ist $t_{rg} = 15$ min, $t_{rv} = 0{,}12 \cdot t_{rg}$ $= 15 \cdot 0{,}12 = 1{,}8$ min,
dann ist die Gesamtzeit
$T_z = 15 + 1{,}8 + 1 \cdot 1000 \cdot (0{,}00882 + 0{,}0010584) = 26{,}67$ min
oder
$T_z = 15 + 1{,}8 + 9{,}85 \approx 26{,}67$ min.

letztere vermehrt mit Streifenanzahl „$y$" mal Vorschubanzahl „$Z_{vs}$" ergibt die Gesamtzeit; hinzu kommt die Rüstgrundzeit ($t_{rg}$) und die Rüstverlustzeit ($t_{rv}$).

## C. Schneiden aus Streifen.

**Beispiel für Exzenterpresse.** Verarbeitung von Streifen.

**Gegeben:**

Hübe der Presse $n = 110$ je min
Bronzestreifen $80 \cdot 32 \cdot 2$ mm
Anzahl der Streifen: 173 Stück
Anzahl der Teile im Streifen:
$x = 21$ Stück
$t_E = 9$ s
$t_A = 7$ s
$t_{Hd} = 2$ s

$t_M = \frac{1}{u} = \frac{1 \cdot 60}{110} = 0{,}546$ s

$t_h = \frac{1}{u} = \frac{1}{110} = 0{,}0091$ min

$t_h = \qquad = 0{,}0091$ min

$\Sigma t_n = \frac{18{,}546 \cdot 0{,}0167}{21} = 0{,}0148$ min

$t_g = \qquad = 0{,}0239$ min

$t_{st} = t_g + t_{gv}$
$= 0{,}0239 \cdot 1{,}12 = 0{,}026768$ min

Für 1000 Teile:
$1000 \cdot 0{,}026768 = 26{,}77$ min

und für $173 \cdot 21 = 3633$ Teile:

$\frac{3633 \cdot 26{,}77}{1000} = 97{,}25$ min.

Ausnutzung:

$60 - 60 \cdot 0{,}12 = 52{,}8$ min/h

$\frac{1000 \cdot 52{,}8}{26{,}77} \approx 2000$ Teile/h.

Ist $t_{rg} = 15$ min; $t_{rv} = 15 \cdot 0{,}12 = 1{,}8$ min, dann folgt:

$T_z = 15 + 1{,}8 + 3633 \cdot 0{,}026768$
$= 114{,}0$ min.

**Lösung:**

$$T = y \cdot Z_{vs} \cdot \left(\frac{1}{u} + \frac{t_E + t_A + t_{Hd} + t_M}{x} \cdot 0{,}0167\right) \cdot 1{,}12$$

$$T = 173 \cdot 21 \cdot \left[0{,}0091 + \left(\frac{9 + 7 + 2 + 0{,}546}{21}\right) \cdot 0{,}0167\right] \cdot 1{,}12$$

$T = 97$ min ohne Einrichtezeit.

## D. Lochen von Teilen.

**Beispiel für Exzenterpresse.**

Lochen von Teilen mit Auswerfer.

**Gegeben:**

Hübe der Presse $n = 90$ je min
3200 Teile zu lochen

$t_{st}$ = Stückzeit
$= \left[\frac{1}{u} + (t_E + t_{Hd} + t_M) \cdot 0{,}0167\right] \cdot 1{,}12$

$t_E = 2$ s (Einlegen des Teiles in das Werkzeug)

$t_{Hd} = 1$ s (Handeinrückung der Presse)

$t_M = \frac{1 \cdot 60}{90} = 0{,}667$ s (Zeit des Einschaltens der Presse)

$t_{rg} = 10$ min

$t_{rv} = 10 \cdot 0{,}12 = 1{,}2$ min

$t_h = \frac{1}{u} = \frac{1}{90} = 0{,}011$ min

$t_n = (2 + 1 + 0{,}667) \cdot 0{,}0167$
$= 0{,}061$ min

$t_g = t_h + t_n$
$= 0{,}011 + 0{,}061 = 0{,}072$ min

$t_{st} = 0{,}072 \cdot 1{,}12 = 0{,}0807$ min

$T_z = t_{rg} + t_{rv} + z \cdot t_{st}$
$= 10 + 1{,}2 + 3200 \cdot 0{,}0807$
$= 270$ min.

Ausnutzung

$60 - 60 \cdot 0{,}12 = 52{,}8$ min/h

$\frac{52{,}8}{0{,}0807} \approx 650$ Teile/h.

*Zu beachten*: Die Verlustzeit ist in den Beispielen mit 12 vH eingesetzt, sie schwankt je nach Art des Betriebes bis 20 vH.

## E. Für Aussägen auf Maschine.

Der Zeitaufwand für das Aussägen von Durchbrüchen in Stahlplatten ergibt sich aus:

$$T_s = L \cdot \delta \cdot 0{,}8 + x_s \cdot t_{gv} \text{ in min.}$$

Darin bedeuten:

$L$ = gesamte Aussägelänge in cm
$\delta$ = Plattendicke in cm
$x$ = Anzahl der Aussägeecken bzw. Übergänge, bei der die Säge Zeitverluste erleidet
$t_{gv}$ = Verlustzeit, für Ecken und Übergänge im Durchschnitt zu bewerten und in die Gleichung einzusetzen.

Je nach Schwierigkeitsgrad kann gesetzt werden:

*Für gerade Seiten:* 0,8 min/cm²

*Für Ecken,* hervorstehend oder zurückliegend: 1 bis 2 min

*Für Übergänge:* je 1,5 bis 2 min

*Einrichtezeit:*
für Metallbandsäge etwa 5,5 min
für Feil- und Sägemaschine etwa 1 min

Die Aussägezeit nach Abb. 146a und obiger Gleichung ist:

$T_s = L \cdot \delta \cdot 0{,}8 + x_s \cdot t_{gv}$
$= 26 \cdot 2{,}4 \cdot 0{,}8 + 6 \cdot 1 = 56$ min.

## F. Für Ausfeilen auf Maschine.

Der Zeitaufwand für das Ausfeilen der Durchbrüche ergibt sich aus:

$T_f = L \cdot \delta \cdot 1{,}5 + y \cdot t_{gv}$ in min.

Darin bedeuten:

$L$ = gesamte Ausfeillänge in cm

$\delta$ = Plattendicke in cm

$y$ = Anzahl der Auswechselungen der Formfeilen gemäß dem Durchbruch in der Platte

$t_{gv}$ = Verlustzeit wie beim Aussägen

Umfang: 26,0 cm

Plattendicke: 2,4 cm.

*Zu beachten:* Für jedes Ausfeilen einer vor- oder zurückspringenden Ecke sind zum Feilenwechsel rd. 5 min einzusetzen. Bei hartem Stahl und komplizierten Durchbrüchen sind für das Aussägen und Ausfeilen bis zu 20 vH Zuschlag zu geben.

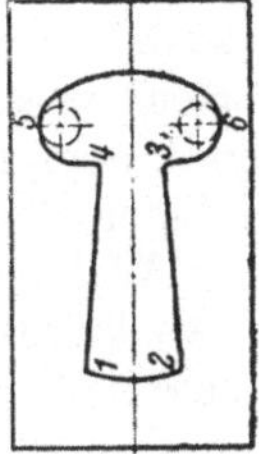

Abb. 146a.

Die Ausfeilzeit nach Abb. 146a bei gut ausgesägtem Durchbruch ist

$$T_f = L \cdot \delta \cdot 1{,}5 + y \cdot t_{gv}$$
$$= 26 \cdot 2{,}4 \cdot 1{,}5 + 2 \cdot 5 \approx 104 \text{ min}$$

### Aufgabe 1.

Der Freischnitt (Abb. 51) hat einen Schnittdurchmesser von 125 mm und soll mit 6 Abstreiferfedern 0,3 mm Messingblech schneiden. Die Federauflage ist 35 mm, die Federhöhe bei gespannter Feder 50 mm.

Wie groß ist der Drahtdurchmesser und die Anzahl der Federwindungen zu wählen?

**Lösung:** Schnittkraft $P = 125 \cdot \pi \cdot 0{,}3 \cdot 30 = 3534$ kg.

Abstreiferkraft $P_a = 0{,}05 \cdot P = 0{,}05 \cdot 3534 \approx 176{,}7$ kg

und für jede Feder $P_{a1} = \frac{176{,}7}{6} = 29{,}4$ kg.

Der Federdurchmesser ist

$$d = 0{,}5 \cdot \sqrt[3]{P_{a1} \cdot r} = 0{,}5 \sqrt[3]{29{,}4 \cdot 12} = 3{,}5 \text{ mm},$$

$r = 12$ mm ist angenommen.

Die Zusammendrückung der Feder ergibt sich aus

$$f = \frac{n \cdot r^3 \cdot P_{a1}}{d^4 \cdot c} = \frac{3{,}5 \cdot 12^3 \cdot 29{,}4}{3{,}5^4 \cdot 125} \approx 10 \text{ mm},$$

$c$ = Konstante mit 125 bis 130 kg/mm² einzusetzen,

$n$ = Anzahl der wirksamen Federwindungen = Gesamtwindungszahl minus 1,5.

In Frage kommt eine Federhöhe von $50 + 10 = 60$ mm, und die Zwischenräume der Federgänge sind

$$\frac{60 - 5 \cdot 3{,}5}{5 - 1} \approx 11 \text{ mm}.$$

*Zu beachten:* Die Windungszahl einer Feder bei gegebener Federhöhe im gespannten Zustand ist von ihrem Kraftweg abhängig, der hier bei 0,3 mm Blechdicke sehr klein ist, so daß die Kraft auf dem Weg auch bei kleiner Windungszahl nicht stark schwankt. Der kurze Kraftweg erlaubt, den Schnittstempel in seiner Höhe durch Scharfschliffe ergiebig auszunutzen. Die erforderliche Anzahl der federnden Windungen ergibt sich, wenn man die Zusammendrückung vorschreibt, aus:

$$n = \frac{f \cdot d^4 \cdot c}{r^3 \cdot P_{a1}} = \frac{10 \cdot 3{,}5^4 \cdot 125}{12^3 \cdot 29{,}4} = 3{,}5.$$

## Aufgabe 2.

Für das Teil nach Abb. 30 ist ein leistungsfähiges Werkzeug herzustellen, mit dem 800000 bis 1000000 Teile aus 1,5 mm dickem Metallblech geschnitten werden sollen. Das Werkzeug ist auf Parallelstücken mit übereck stehenden Klauen fest gespannt und soll nach Erledigung obiger Stückzahlen verbraucht sein.

Welche Abmessungen kommen in Frage und wie ist das Werkzeug zweckmäßig auszuführen, als Schnittkasten- oder als Säulenführungsschnitt?

Für die Herstellung des Werkzeuges sind auch die Fertigungszeiten anzugeben.

*Bestimmung der Stempelkopfgröße.*

Seitlich vom Abschnittstempel ist eine Breite von 17 mm und für Vorlocher im Stempelkopf von rd. 12 mm angenommen; Vorschub des Streifens $V_s = 18{,}25$ mm.

Stempelkopflänge: $2 \cdot 18{,}25 + 17 + 2 \cdot 12 \approx 77$ mm,

Stempelkopfbreite: $42{,}4 + 2 \cdot 12 = 66{,}4$ mm.

Nach DIN Entwurf 9866 Blatt 2 wird gewählt:

77 · 80 · 18 mm und 77 · 80 · 12 mm, St 37.12 oder ein Stempelkopf A 80 · 80 DIN 9828, St 42.11.

*Fertigung des Stempelkopfes.*

Beide Stempelkopfplatten sind mit einem Fräsersatz, bestehend aus einem Walzenfräser 100 mm ⌀ und zwei Scheibenfräsern 160 mm ⌀ allseitig in zwei Arbeitsgängen zu bearbeiten.

Schnittgeschwindigkeit $v = 32$ m/min. Vorschub $V_s = 45$ mm/min. (Arbeiter bedient zwei Fräsbänke.)

Fräsen *beider* Kopfplatten (Hauptzeit $t_h$)

$$t_h = \frac{80 + 160 + 6}{45} \cdot \frac{4}{2} \approx 10{,}9 \text{ min},$$

hierzu die Nebenzeiten $t_n$

| | |
|---|---|
| Öffnen des Parallelschraubstockes . . . . . . . . . . . . . . . . . | 5 s |
| Teil einspannen und festklopfen . . . . . . . . . . . . . . . . . | 8 s |
| Teil nachspannen und nachklopfen . . . . . . . . . . . . . . . . | 4 s |
| Teil zum Fräsen einstellen . . . . . . . . . . . . . . . . . . . | 3 s |
| | 20 s |

$$t_n = \frac{4 \cdot 20}{60 - 60 \cdot 0{,}12} \approx 1{,}52 \text{ min}.$$

Einrichtezeit $t_r$ für

| | |
|---|---|
| Fräsersatz zusammensetzen . . . . . . . . . . . . . . . . . . | 1,5 min |
| Fräsersatz in den Spindelstock einsetzen . . . . . . . . . . . . | 0,75 min |
| Frädorn mit Fräserrüssel stützen . . . . . . . . . . . . . . . | 1,0 min |
| Parallelschraubstock aufspannen . . . . . . . . . . . . . . . . | 1,2 min |
| Frässchlitten arbeitsgerecht einstellen . . . . . . . . . . . . . | 2,5 min |
| | $t_r = 6{,}95$ min |

Bohren beider Kopfplatten

4 Löcher 6,7 mm ⌀, 12 + 2 = 14 mm tief,

4 „ 8,4 „ ⌀, 18 + 2 = 20 „ „ .

Schnittgeschwindigkeit $v = 20$ m/min. Vorschub $V_s = 0{,}035$ mm/Umdr.

$n = \frac{v}{d \cdot \pi} = \frac{20000}{6{,}7 \cdot \pi} = 950$ Umdr./min. $n_1 = \frac{20000}{8{,}4 \cdot \pi} = 758$ Umdr./min.

erforderlich für 6,7 mm Loch $\frac{14}{0{,}035} = 400$ Umdr.

erforderlich für 8,4 mm Loch $\frac{20}{0{,}035} = 572$ Umdr.

Bohrzeit $t_{h1} = \frac{400 \cdot 4}{950} = 1{,}7$ min und $t_{h2} = \frac{572 \cdot 4}{758} = 3{,}0$ min

und für Flachsenker erforderlich

$$n = \frac{20000}{13 \cdot \pi} = 490 \text{ Umdr./min,} \quad t_{h3} = \frac{\frac{8 \cdot 4}{0{,}035}}{490} = 1{,}87 \text{ min}$$

und für 12mal Lochgrat senken . . . . . . . . . . . $t_{h4} = 0{,}4$ min

Einrichtezeit $t_r$

Bohrer 6,7 mm, 8,4 mm, 13 mm Flachsenker und Spitzsenker einspannen $t_r = 4$ min.

Gewinde M 8 in Stempelplatte schneiden (Handarbeit) $t_n = 18$ min

Einspannzapfengewinde M 20×1,5 in Kopfplatte auf Revolverbank vorbohren, nachdrehen und Gewinde schneiden:

Vorbohren erfordert $\frac{20}{0{,}08} = 250$ Umdr.; $n = \frac{20000}{18{,}2 \cdot \pi} = 350$ Umdr./min,

$$t_{h5} = \frac{250}{350} = 0{,}72 \text{ min.}$$

Loch nachdrehen 18,2 mm ⌀, Vorschub 0,08 mm/Umdr.

$$t_{h6} = 0{,}72 \text{ min (wie Vorbohren).}$$

Gewinde M 20×1,5 auf der Revolverbank schneiden (Schnittgeschwindigkeit etwa 4,5 m/min, d. h. $\frac{1}{4{,}5}$ der Schnittgeschwindigkeit beim Drehen)

$$t_{h7} = 4{,}5 \cdot 0{,}72 = 3{,}24 \text{ min.}$$

Einrichtezeit der Revolverbank $t_r = 10$ min.

Einspannzapfen 25 mm ⌀ auf Revolverbank drehen.

Werkstoff: St 37 K oder St 50.11.

Schnittgeschwindigkeit $v = 42$ m/min, Vorschub $V_s = 0{,}1$ mm/Umdr.

Gewindelänge von M20×1,5 etwa 18 mm, erforderl. $\frac{18+2}{0{,}1} = 200$ Umdr.

$n = \frac{42000}{25 \cdot \pi} = 535$ Umdr./min, $t_{h8} = \frac{200}{535} = 0{,}38$ und 0,2 für Rücklauf $= 0{,}58$ min.

Gewinde M 20×1,5 um das 4,5fache langsamer als $t_{h8}$ schneiden

$$t_{h9} = 4{,}5\,(0{,}38 + 0{,}2) = 2{,}6 \text{ min.}$$

Im Einspannzapfen 6 mm Loch bohren, 63 mm tief:

erforderlich $\frac{45 + 18 + 2}{0{,}035} \approx 1860$ Umdr.

$n = \frac{20000}{6 \cdot \pi} = 1060$ Umdr./min; $t_{h10} = \frac{1860}{1060} = 1{,}76$ min.

Loch 6 mm auf 8,3 mm größer bohren für 40 mm Tiefe

erforderlich $\frac{40}{0,05} = 800$ Umdr.; $t_{h11} = \frac{800}{535} = 1,5$ min.

Einspannzapfen vorstechen, 4 mm tief, $V_s = 0,1$ mm/Umdr.

erforderlich $\frac{4}{0,1} = 40$ Umdr.; $t_{h12} = \frac{40}{535} = 0,08$ min.

Facette andrehen, Weg 3 mm, $V_s = 0,08$ mm/Umdr.

erforderlich $\frac{3}{0,08} = 38$ Umdr.; $t_{h13} = \frac{38}{535} = 0,07$ min.

Einspannzapfen abstechen, Weg $\frac{25-6}{2} = 9,5$ mm,

erforderlich $\frac{9,5}{0,08} = 119$ Umdr.; $t_{h14} = \frac{119}{535} = 0,22$ min.

Schaltzeiten

6mal mit dem Revolverkopf zu je 2 s und 6 Rückläufe zu je 1,5 s

$$t_n = \frac{21}{60} = 0,35 \text{ min}.$$

Einrichtezeit der Revolverbank (1 Zentrierer, 2 Bohrer, 4 Drehstähle):

$$t_r = 15 \text{ min}.$$

Stempelkopf gebrauchsfertig machen

| | |
|---|---|
| Einspannzapfen in Kopfplatte einschrauben | 28 s |
| Einspannzapfen verstiften | 2 s |
| Gewindezapfen auf Plattenfläche abdrehen | 36 s |
| Stempelkopf zusammenschrauben | 60 s |
| | 126 s |

$$t_n = \frac{126}{60} = 2,1 \text{ min}.$$

Herstellungszeit für 10 Stempelköpfe

$$T_z = t_{rg} + t_{rv} + z \cdot (t_g + t_{gv})$$
$$= 35,95 + 35,95 \cdot 0,12 + 10 \cdot (51,14 + 51,14 \cdot 0,12) = 613 \text{ min},$$

bei $t_h = 29,36$ min, $t_n = 21,78$ min, $t_r = 35,95$ min.

(Herstellung von Schrauben und Stiften ist hierbei nicht berücksichtigt.)

*Fertigung des Schnittkastens.*

Bestimmung der Schnittkastengröße.

Die Stellstifte im Schnittkasten sind ganz nahe an den Stempelkopf zu setzen, um zu kleinen Schnittkastenabmessungen zu kommen.

Länge des Schnittkastens auf einer Seite 20 mm, auf der anderen rd. 12 mm über den Stempelkopf hervorstehend

$$80 + 20 + 12 = 112 \text{ mm}.$$

Breite des Schnittkastens bei 8 mm Stellstiften und 12 mm Kantenabstand

$$77 + 2 \cdot 4 + 2 \cdot 12 = 109 \text{ mm}.$$

Nach DIN 9829 (oder Entwurf DIN 9867 Blatt 1) sind zu wählen

Führungsplatte $100 \cdot 125 \cdot 18$ mm,

Schnittplatte $100 \cdot 125 \cdot 22$ mm.

*Zu beachten:* Die Bestimmung der Dicke für die Schnittplatte ist im TN durchgeführt. Beide Schnittkastenplatten sind mit einem Fräsersatz, bestehend aus einem Walzenfräser 100 mm ⌀ und zwei Scheibenfräsern 160 mm ⌀ allseitig zu bearbeiten.
Werkstoff:

Für Führungsplatte nach DIN 9829 vorgeschrieben St 60.11.
Für Führungsplatte nach DIN 9867 vorgeschrieben St 37.12.
Für Führungsplatte gewählt St 37.12 einsatzgehärtet.
Für Schnittplatte Werkzeugstahl C 110 W 1.
Für Schnittstempel Werkzeugstahl 90 Mn V 8.

Fräsen beider Schnittkastenplatten (Hauptzeit $t_h$):

$$t_h = \frac{100 + 125 + 2 \cdot 160 + 2 \cdot 5}{45} = 12{,}3 \text{ min}.$$

(Arbeiter bedient zwei Maschinen.)

Nebenzeit zum Einspannen des Teiles (wie beim Stempelkopf)

$$t_n = 1{,}52 \text{ min}.$$

Einrichtezeit (wie beim Stempelkopf) $t_r = 7$ min.

Bohren beider Schnittkastenplatten:

4 Löcher 7,8 mm, 40 mm tief, $V_s = 0{,}035$ mm/Umdr.

erforderlich $\frac{40 + 2}{0{,}035} = 1200$ Umdr.; $n = \frac{20000}{7{,}8 \cdot \pi} \approx 800$ Umdr./min,

$$t_{h1} = \frac{1200}{800} \cdot 4 = 6 \text{ min}.$$

Bohren der Zwischenlagen:

4 Löcher 7,8 mm, tief $6 + 2 = 8$ mm, $V_s = 0{,}035$ mm/Umdr.

erforderlich $\frac{8}{0{,}035} = 229$ Umdr.; $t_{h2} = \frac{229 \cdot 4}{800} = 1{,}15$ min.

24mal Lochgrat senken $t_n = 2$ min.

Einrichtezeit $t = 4$ min.

Handarbeit:

| | |
|---|---|
| Schnittkasten zusammensetzen und mit Parallelzwingen spannen . . | 3,0 min |
| 4 Löcher paßgerecht reiben . . . . . . . . . . . . . . . . . . . . | 20,0 min |
| 4 Zylinderstifte einschlagen . . . . . . . . . . . . . . . . . . . . | 0,5 min |
| | $t_n = 23{,}5$ min |

Herstellung von 10 Schnittkästen

$$\begin{aligned} T_z &= t_{rg} + t_{rv} + z \cdot (t_g + t_{gv}) \\ &= 11 + 11 \cdot 0{,}12 + 10 \cdot (46{,}47 + 46{,}47 \cdot 0{,}12) \\ &= 537{,}4 \text{ min}. \end{aligned}$$

(Herstellung der Zylinderstifte 8m6×40 DIN 7 hier nicht berücksichtigt.

*Fertigstellung des Werkzeuges:*

| | |
|---|---|
| Schnittmodell aus Blech anfertigen . . . . . . . . . . . . . . . . | 180 min |
| Schnittbild auf Führungsplatte anreißen . . . . . . . . . . . . . | 120 min |
| Kopf- und Führungsplatte zusammenspannen . . . . . . . . . . . | 4 min |
| | $t_n = 304$ min |

Für große Schnittstempel in Führungs- und Stempelaufnahmeplatte je zwei 13,7-mm-Löcher bohren

erforderlich $\frac{18+2+12+2}{0,035} \cdot 2 = 1943$ Umdr.; $n = \frac{20000}{13,7 \cdot \pi} = 465$ Umdr./min,

$$t_h = \frac{1943}{465} \approx 4,2 \text{ min.}$$

Einrichtezeit $t_r = 4$ min.

Aussägen der beiden zusammengespannten Platten

$$t_{h1} = L \cdot \delta \cdot 0,8 + x_s \cdot t_{gv}$$
$$= 9,2 \cdot 3 \cdot 0,8 + 1 \cdot 2 = 24,1 \text{ min.}$$

Einrichtezeit für

| | |
|---|---|
| Bandsäge in Platten einfädeln | 0,17 min |
| Lötstelle der Bandsäge zuschärfen und löten | 2,00 min |
| Säge arbeitsgerecht machen | 3,00 min |
| Bandsäge wieder öffnen | 0,084 min |
| | $t_r = 5,25$ min |

Ausfeilen der beiden zusammengespannten Platten

$$t_{h2} = L \cdot \delta \cdot 1,5 + y \cdot t_{gv}$$
$$9,2 \cdot 3 \cdot 1,5 + 1 \cdot 5 = 46,4 \text{ min.}$$

Einrichtezeit für zweimaligen Feilenwechsel zu je 1 min: $t_r = 2$ min

Maschine arbeitsgerecht machen $t_r = 5$ min.

Fertigung des großen Schnittstempels:

| | |
|---|---|
| Stempelform aufreißen | 2,5 min |
| Stempelform vorfräsen | 7,0 min |
| | $t_{h3} = 9,5$ min |

Einrichtezeit für Fräsmaschine $t_r = 6$ min.

Stempelform mit Stempelhobler ausarbeiten

$$t_{h4} = \frac{u \cdot 0,033}{0,08} = \frac{136 \cdot 0,033}{0,08} = 56,1 \text{ min,}$$

$u$ = Umrißlinie des Schnittstempels in mm,
0,033 = Zeit für Doppelhub des Hobelstahles in min,
0,08 = Vorschub des Hobelstahles.

| | |
|---|---|
| Einrichtezeit für den Stempelhobler | $t_r = 6$ min |
| Härten des Formstempels | $t_n = 15$ min |
| Schleifen des Formstempels | $t_{h5} = 56,1$ min |

Herstellung der Vorlocher:

2 Stück 6 mm ⌀ und 1 Stück 12 mm ⌀ (Silberstahl)

Stücke von Stange abstechen und 6mal zentrieren $t_{h6} = 2,5$ min.

Stempel drehen (6 mm Vorlocher)

erforderlich $\frac{75}{0,08} = 938$ Umdr.; $n = \frac{40000}{8 \cdot \pi} \approx 1600$ Umdr./min,

$$t_{h7} = \frac{938}{1600} \cdot 2 \approx 1,2 \text{ min,}$$

und für 12 mm Vorlocher

$$n = \frac{40000}{14 \cdot \pi} = 910 \text{ Umdr./min;} \quad t_{h8} = \frac{938}{910} = 1,03 \text{ min.}$$

| | |
|---|---|
| Einrichtezeit für die Bank | $t_r = 7$ min |
| Härten der Stempel | $t_n = 7$ min |
| Schleifen der Stempel | $t_{h9} = 10$ min |

Herstellung der Vor-Vorlocher:

2 Stück 2,5 mm, 4 Stück 2 mm, 1 Stück 1,5 mm ⌀ (Silberstahl).

| | |
|---|---|
| Stücke von Stange abstechen | $t_{h10} = 5$ min |
| Einrichtezeit der Bank | $t_r = 7$ min |
| Für 7 Stempel Köpfe anstauchen | $t_n = 10$ min |
| Härten der Stempel | $t_n = 20$ min |

Durchbruchform für den Ausschnittstempel von Führungsplatte auf die Schnittplatte übertragen (anreißen) $t_n = 4$ min.

In Schnittplatte 2 Löcher 13,7 mm ⌀ für den Ausschnitt bohren: erforderlich $\frac{22+4}{0{,}035} \approx 750$ Umdr.;

Schnittgeschwindigkeit $v = 10$ m/min

$$n = \frac{10000}{13{,}7 \cdot \pi} = 233 \text{ Umdr./min}; \quad t_{h11} = \frac{750}{233} \cdot 2 = 6{,}44 \text{ min}.$$

Ausschnitt in Schnittplatte mit Bandsäge aussägen:

$$\begin{aligned} t_{h12} &= L \cdot \delta \cdot 0{,}8 + x_s \cdot t_{gv} \\ &= 9{,}2 \cdot 2{,}2 \cdot 0{,}8 + 1 \cdot 2 = 18{,}2 \text{ min}. \end{aligned}$$

Einrichtezeit $t_r = 5$ min.

Ausschnitt mit der Feilmaschine ausfeilen:

$$\begin{aligned} t_{h13} &= L \cdot \delta \cdot 1{,}5 + y \cdot t_{gv} \\ &= 9{,}2 \cdot 2{,}2 \cdot 1{,}5 + 1 \cdot 5 = 35{,}4 \text{ min}. \end{aligned}$$

Einrichtezeit $t_r = 5$ min.

Schnittstempel in Schnittkasten einbringen:

| | |
|---|---|
| 10 Schnittstempel (Vor-Vorlocher und Vorlocher) je 50 min | 500 min |
| Ausschnittstempel 5 h | 300 min |
| Schnittplatte härten | 30 min |
| Führungsplatte im Einsatz härten | 30 min |
| Werkzeug zusammensetzen | 60 min |
| Schnittmuster herstellen | 45 min |
| | $t_{h14} = 965$ min |

$$\begin{aligned} T_z &= t_{rg} + t_{rv} + t_h + t_n + t_{gv} \\ &= 52{,}25 + 6{,}27 + 1241{,}2 + 360 + 192{,}1 \approx 1851{,}8 \text{ min} \end{aligned}$$

(bei 12 vH Verlustzeiten).

*Beurteilung des Schnittwerkzeuges.*

Der Ausschnittstempel hat einen Umfang, der einem Durchmesser von $\frac{96}{\pi} = 30{,}5$ mm entspricht. Eine solide Führung besitzt eine Länge von etwa dem 2,5fachen des Durchmessers und müßte in diesem Fall $2{,}5 \cdot 30{,}5 = 76$ mm gegenüber der Führungsplattendicke 18 mm betragen. Säulenführungsschnitten ist daher der Vorzug zu geben,

1. weil eine lange Säulenführung vorhanden ist, die alle Bedingungen erfüllt,

2. weil statt der teuren 18 mm dicken Führungsplatte nur eine etwa 12 mm dicke Abstreifplatte erforderlich ist, die an den Stempeldurchbrüchen nicht genau ausgearbeitet zu sein braucht,

3. weil Werkzeuge, mit Bohrvorrichtung gebohrt, in Säulenführungsgestellen austauschbar und daher billiger und besser als Schnittkastenwerkzeuge sind.

## Aufgabe 3.

Es sollen 1000000 Schnitteile nach Abb. 30 mit einer Toleranz von $\pm$ 0,07 mm hergestellt werden. Was für ein Werkzeug ist zweckmäßig, wenn nach verschiedenen Unterbrechungen jedesmal 250000 Teile aus 1,5 mm dickem Stahlblech X12 CrNi 18 8 (früher V2A) geschnitten werden sollen?

Ferner: Wie groß ist das Gesamtgewicht für die vorgesehene Stückzahl und wie groß die Gewichtsanteile, wenn die Wirkweise des Schnittwerkzeuges vom vorhergehenden Beispiel zugrunde gelegt wird?

Die auf Grund dieser Werkzeugausführung zu erwartenden Ersparnisse sind hier anzugeben.

**Lösung:** Nach den Richtlinien für Schnittwerkzeuge auf S. 32 ist gewählt: Schnitt mit Vor-Vorlocher und Einhängestift.

Nichtrostendes Bandmaterial 42,4 · 1,5 mm gewählt; einzelne Streifen mit der Blechschere zu schneiden und sie dann im Werkzeug zu verarbeiten, stellt sich teurer als Bandmaterial.

Für Bandmaterial ist in diesem Fall 1 vH Arbeitsausschuß zugrunde gelegt.

*Streifenbreite:* $B_r = T_b + 2 R_b = 39 + 2 \cdot 1{,}7 = 42{,}4$ mm.

*Vorschub:* $V_s = T_l + Z_m = 17 + 1{,}25 = 18{,}25$ mm.

*Bandlänge:* $\dfrac{(1000000 + 10000) \cdot 18{,}25}{1000} = 18432{,}5$ m.

*Gesamtgewicht:*

$$L \cdot B_r \cdot \delta \cdot \gamma = G_g = 184325 \cdot 0{,}424 \cdot 0{,}015 \cdot 8 = 9378{,}5 \text{ kg}.$$

Gewichtsanteile durch Flächeninhalte ermittelt:

| *Großes Teil* | *Mittleres Teil* | *Kleines Teil* |
|---|---|---|
| 3,576 cm² | 0,9864 cm² | 2 · 0,233 cm² |

Gewicht des mittleren und der kleinen Teile in vH des großen Teiles:

$$3{,}576 : 100 = 0{,}9864 : X; \qquad X = 27{,}6 \text{ vH}$$

und

$$3{,}576 : 100 = 0{,}466 : X_1; \qquad X_1 = 13{,}0 \text{ vH}.$$

*Gesamt-Nutzgewicht:*

$$G_n = (3{,}576 + 0{,}9864 + 0{,}466) \cdot 0{,}15 \cdot 8 \cdot 1000000/1000 = 6034 \text{ kg}.$$

*Gesamt-Abfallgewicht:* $G_a = 9378{,}5 - 6034 = 3344$ kg.

Abfallgewicht anteilmäßig bezogen auf Nutzteile:

für kleines Teil: 3344 · 0,13 = 435 kg,
für mittleres Teil: 3344 · 0,276 = 923 kg,
für großes Teil: 3344—1358 = 1986 kg.

Gesamt-Einzelgewicht einschließlich Abfallgewicht:

für kleines Teil: 0,466 · 0,15 · 8 · 1000 + 435 = 994 kg,
für mittleres Teil: 0,986 · 0,15 · 8 · 1000 + 923 = 2107 kg,
für großes Teil: 3,576 · 0,15 · 8 · 1000 + 1986 = 6277 kg.

*Zu erwartende Ersparnisse:*

1. Nutzbar gemachter Abfallwerkstoff von etwa 40,6 vH,
2. Senkung der Fertigungskosten auf etwa 33 vH,
3. Einschränkung einer Anzahl von Scheiben-Schnittwerkzeugen, die sonst angefertigt werden müßten,
4. insbesondere Einsparung von etwa 40 vH des teuren Werkzeugstahles für Schnittplatten, wenn Schräg-Scharfschliffe Anwendung finden.

## Aufgabe 4.

Wie groß ist das Gesamtgewicht für 78000 Teile aus Messingblech, 2 mm, nach Abb. 29, und was für ein Werkzeug ist bei einer Schnittteiltoleranz von ± 0,1 mm zu wählen?

Wie groß sind ferner die Maße des Werkzeuges nach dem Stempelkopf/Schnittkastennetz, und wie ist die Ausführung, wenn für die Bedienung des Werkzeuges mit einer unkundigen Arbeitskraft gerechnet werden muß?

Die Auftragserteilung ist nur einmalig, und es soll die Fertigungszeit der Teile mit Verwendung einer neuzeitlichen Presse angegeben werden.

**Lösung:** Nach den Richtlinien auf S. 32 hat man ein Werkzeug „Schnitt mit Vorlocher und zwei Seitenschneidern" zu wählen.

*Zu beachten:* Das gewählte Werkzeug ist für eine unkundige Arbeitskraft vorteilhaft, da hierzu keine größere Handgeschicklichkeit gehört, als den Werkzeugstreifen in das Werkzeug einzuführen und herauszuziehen.

*Größe des Stempelkopfes* (nach Schnittkastennetz entsprechend DIN-Norm):
Stempelkopfplatte 63 · 100 · 18 mm.
Stempelaufnahmeplatte 63 · 100 · 10 mm.

*Größe des Schnittkastens:*

Führungsplatte 100 · 125 · 18 mm
Schnittplatte 100 · 125 · 22 mm nach DIN 9829,
Zwischenlagen 125 · 35 · 6 mm.

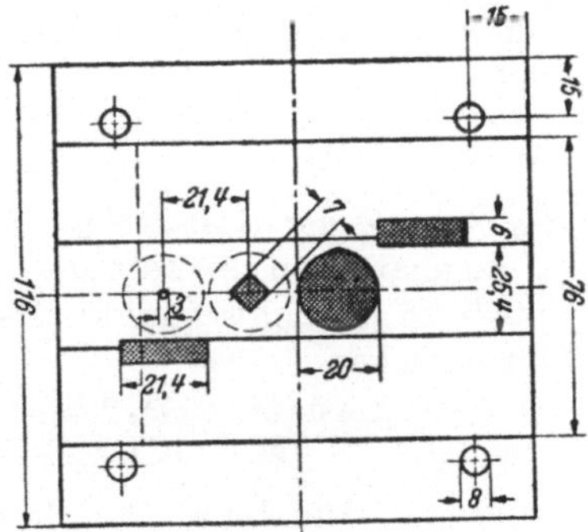


Abb. 147. Schnitt mit Vorlocher und zwei Seilenschneidern.

*Streifenbreite:*

$$B_r = T_b + 2 \cdot (R_b + S_s) = 20 + 2 \cdot (1{,}3 + 1{,}4) = 25{,}4 \text{ mm},$$

Vorschub des Streifens: $V_s = T_l + Z_m = 20 + 1{,}4 = 21{,}4$ mm,
Tafelgröße für 2 mm hartblankes Messingblech: 800 · 1600 mm,
Messerlänge der Blechschere 1010 mm,
daraufhin Länge des Blechstreifens $L = 800$ mm,

Anzahl der Teile im Streifen: $x = \frac{L}{T_l + Z_m} = \frac{800}{20 + 1{,}4} = 37$ Teile,

Anzahl der Streifen je Tafel: $y = \frac{T_a}{B_r} = \frac{1600}{25{,}4} = 63$,

und bei 78000 Teilen + 3 vH Arbeitsausschuß

$$y_1 = \frac{78000 \cdot 1{,}03}{63 \cdot 37} = 34{,}5 \text{ Tafeln}$$

und $y_2 = \frac{1{,}03 \cdot \sum T}{x} = \frac{80340}{37} = 2171$ Blechstreifen.

*Gesamtgewicht:*

$$G_g = L \cdot B_r \cdot \delta \cdot y_2 \cdot \gamma = 80 \cdot 2{,}54 \cdot 0{,}2 \cdot 2171 \cdot 8{,}5/1000 = 750 \text{ kg}.$$

*Nutzteilgewichte* ($G_n$)*:*

a) Großes Teil: Flächeninhalt $\pi \cdot 10^2 - 7^2 = 265{,}16 \text{ mm}^2$,
b) kleines Teil: Flächeninhalt $7^2 - 1{,}5^2 \cdot \pi = 41{,}93 \text{ mm}^2$.

Gewicht für a) $78000 \cdot 2{,}65 \cdot 0{,}2 \cdot 8{,}5/1000 = 352$ kg,
b) $78000 \cdot 0{,}42 \cdot 0{,}2 \cdot 8{,}5/1000 = 56$ kg

insgesamt 408 kg

*Gesamtabfall* ($G_a$)*:*

$$G_g - G_n = 750 - 408 = 342 \text{ kg}.$$

Abfallgewicht anteilmäßig bezogen auf kleines Teil:

$$265{,}16 : 41{,}93 = (342 - x) : x; \quad x = 46{,}7 \text{ kg},$$

auf großes Teil: $342 - 46{,}7 = 295{,}3$ kg.

*Schnittkraft* (bei Parallelscharfschliff):

$$P = (20 \cdot \pi + 4 \cdot 7 + 3\pi) \cdot 2 \cdot 35 = 7025 \text{ kg (ausschl. Seitenschnitt)}$$

und bei Schrägscharfschliff der Stempel über die ganze Schnittbahn folgt

$$P_1 = \frac{P}{2} = \frac{7025}{2} \cong 3513 \text{ kg}.$$

*Bestimmung der Schnittplattendicke:*

Angenommen, es betrage die Durchbiegung der Schnittplatte etwa 0,0005 cm im Schwerpunkt des Schnittbildes, dann ergibt sich für die Plattendicke:

$$J = \frac{b \cdot h^3}{12} = \frac{P \cdot 7 \cdot l^3}{f \cdot E \cdot 768} = \frac{3513 \cdot 7 \cdot 4^3}{0{,}0005 \cdot 2100000 \cdot 768} = 1{,}95 \text{ cm}$$

(unter der Annahme, Einzellast in der Mitte, ein Ende eingespannt, das andere aufliegend).

$$h = \sqrt[3]{\frac{12 \cdot 1{,}95}{12{,}5}} = 1{,}24 \text{ cm}$$

und

$$\sigma_b = \frac{5 \cdot P \cdot l}{W \cdot 32} = \frac{5 \cdot 3513 \cdot 6{,}5 \cdot 6}{(12{,}5 - 7{,}27) \cdot 1{,}24^2 \cdot 32} = 2660 \text{ kg/cm}^2.$$

Diese Beanspruchung erscheint für gehärteten Werkzeugstahl zulässig. Bei der geringen Fertigungsstückzahl ist ein Zuschlag zu der Schnittplattendicke nicht notwendig, weil eine Reihe Abschliffe für die Platte genügt. Die in der Norm vorgesehene Plattendicke von 22 mm ist also nicht nötig.

*Länge des kleinsten Schnittstempels:*

3 mm ∅, 2 mm Blechdicke, $\tau_a = 35$ kg/mm².

$$l = \sqrt{\frac{2\cdot\pi\cdot E\cdot 0{,}05\cdot d^3}{\delta\cdot\tau_a}} = \sqrt{\frac{2\cdot\pi\cdot 21000\cdot 0{,}05\cdot 3^3}{2\cdot 35}} = 50{,}4\ \text{mm}.$$

Da $\frac{l}{d} \approx 17 < 23$ wird, gilt die benutzte Eulergleichung nicht mehr, der Stempel müßte noch kürzer werden, wenn nicht ein abgesetzter Stempel bevorzugt wird.

*Fertigungszeit an der Blechschere:*

Hubzahl der Maschine $n = 40$ je min,
Anzahl der Streifen je Tafel $y = 63$,
„ „ Tafeln $y_1 = 34{,}5$,
Abmessung der Tafel: 800 · 1600 · 2 mm,
Einrichtezeit der Maschine $t_{rg} = 15$ min,
zu $t_{rg}$ Einrichteverlustzeit $t_{rv} = 0{,}12 \cdot 15 \approx 2$ min,
Arbeitshubzeit $t_h = \frac{1}{40} = 0{,}025$ min,
zweimalige Einrückung der Maschine je Tafel $t_n = 0{,}0332$ min,
Tafel auf den Scherentisch legen $t_{n1} = 0{,}05$ min,
Gesamtzeit für 34,5 Tafeln in Streifen schneiden

$$\begin{aligned} T_z &= t_{rg} + t_{rv} + z\cdot(t_h + \Sigma t_n)\cdot 1{,}12 \\ &= 15 + 2 + 34{,}5\cdot(0{,}025\cdot 63 + 2\cdot 0{,}0332 + 0{,}05)\cdot 1{,}12 \\ &= 82{,}4\ \text{min}. \end{aligned}$$

*Fertigungszeit an der Exzenterpresse:*

Hubzahl der Presse $n = 120$ je min,
Anzahl der Streifen $y = 2171$,
„ „ Teile im Streifen $x = 37$,
„ „ Streifenvorschübe $Z_{vs} = 37 + 1 = 38$,
Abmessung der Streifen 800 · 25,4 · 2 mm,

| | | |
|---|---|---|
| Einrichtezeit . . . . . . . . . . . . . . . . . . . . . . . . . . . | | 15 min |
| Einrichteverlustzeit (15 · 0,12) . . . . . . . . . . . . . . . . . . | | ~ 2 min |
| Arbeitshubzeit $\frac{1}{u} = \frac{1}{120}$ . . . . . . . . . . . . . . . . . . . | | 0,00833 min |
| Einführung des Streifens in das Werkzeug . . . . . . . . . . . | $t_E$ | 5 s |
| Auslauf des Streifens aus dem Werkzeug. . . . . . . . . . . . | $t_A$ | 3 s |
| Maschine einrücken . . . . . . . . . . . . . . . . . . . . . . . | $t_{Hd}$ | 2 s |
| Zeitverlauf nach dem Einrücken. . . . . . . . . . . . . . . . . | $t_M$ | 1 s |

Gesamtzeit für 2171 Streifen in Teile schneiden:

$$T_z = t_{rg} + t_{rv} + Z_{vs}\cdot y\cdot\left(\frac{1}{u} + \frac{t_E + t_A + t_{Hd} + t_M}{x}\cdot 0{,}0167\right)\cdot 1{,}12$$

$$= 15 + 2 + 38\cdot 2171\cdot\left(0{,}00833 + \frac{5+3+2+1}{37}\cdot 0{,}0167\right)\cdot 1{,}12$$

= 1250 min und einschließlich Streifen schneiden 1250 + 82 = 1332 min.

## Aufgabe 5.

Nach Abb. 71 sind 20000 Brückenteile aus 1,5 mm dickem Messingblech herzustellen. Es ist zu zeigen, ob die Fertigung laut Darstellung wirtschaftlich ist, inwieweit Vorteile vorhanden sind und wie diese sich in bezug auf Werkstoffverbrauch und Fertigungszeit auswirken.

*Zu beachten:* Grundsätzlich ist mit denkbar geringem Werkstoffverbrauch und mit möglichst wenigen Werkzeugen auszukommen und die Gestehungskosten für die Teile sind niedrig zu halten.

**Lösung:** Nach den Richtlinien für Schnitteile (S. 16) sind die Flächenmitte des Schnitteiles und die Vorlochabfälle zu Unterlegscheiben auszunutzen.

*Werkstoffverbrauch:* Legt man einen Arbeitsausschuß von 3 vH zugrunde, so ergibt sich für den Werkstoffverbrauch:
*Streifenbreite:*

$$B_r = T_b + 2\,R_b = 65 + 2 \cdot 1 = 67 \text{ mm}.$$

*Teile im Streifen:*

$$x = \frac{L}{T_l + Z_m} = \frac{800}{34 + 1} = 22{,}8 \approx 23.$$

Durch diese Zahlabrundung verkleinert sich $Z_m$ um etwa 0,2 mm.
*Anzahl der Streifen:*

$$y = \frac{1{,}03 \cdot z}{x} = \frac{1{,}03 \cdot 20000}{23} = 896 \text{ Stück}.$$

Anzahl der Blechtafeln (Abmessung 800 · 1600):

$$y_1 = \frac{1600}{68} = 23 \text{ Streifen je Tafel},$$

und

$$y_2 = \frac{1{,}03 \cdot z}{x \cdot y_1} = 39 \text{ Tafeln}.$$

*Gesamtgewicht:*

$$G_g = L \cdot B \cdot \delta \cdot y_2 \cdot \gamma = 160 \cdot 80 \cdot 0{,}15 \cdot 39 \cdot 8{,}5/1000 = 637 \text{ kg}.$$

*Nutzteilgewicht:* Flächeninhalt 1678,2 mm²

$$G_n = 20000 \cdot 16{,}782 \cdot 0{,}15 \cdot 8{,}5/1000 = 428 \text{ kg},$$

für das *Mittelteil* Flächeninhalt 218,7 mm²

$$G_{n1} = 20000 \cdot 2{,}187 \cdot 0{,}15 \cdot 8{,}5/1000 = 56 \text{ kg},$$

für das *kleine Teil* (Scheibe) Flächeninhalt 14,7 mm²

$$G_{n2} = 80000 \cdot 0{,}147 \cdot 0{,}15 \cdot 8{,}5/1000 = 15 \text{ kg}$$

und gesamtes Abfallgewicht

$$G_a = G_g - (G_n + G_{n1} + G_{n2}) = 637 - (428 + 56 + 15) = 138 \text{ kg}.$$

Gewicht der kleinen Teile in vH des Gesamtnutzgewichtes:

$428 : 100 = 15 : x;$ $\qquad x \approx 3{,}5$ vH.

Abfallanteil für kleines Teil: $0{,}035 \cdot 138 = 4{,}8$ kg,

Gewicht des Mittelteiles in vH des Gesamtnutzgewichtes:

$428 : 100 = 56 : x_1; \qquad x_1 \approx 13$ vH.

Abfallanteil für Mittelteil: $0{,}13 \cdot 138 = 18$ kg
und für großes Teil: $138 - (4{,}8 + 18) = 115{,}2$ kg.
Bei üblicher Fertigung würde sich ein Werkstoffverbrauch ergeben:
für großes Teil $160 \cdot 80 \cdot 0{,}15 \cdot 39 \cdot 8{,}5/1000 = 637$ kg,
Nutzgewicht 428 kg und Abfall $637 - 428 = 209$ kg.
Für Mittelteil

$$B_r = T_b + 2\,R_b = 28 + 2 \cdot 1 = 30 \text{ mm Streifenbreite,}$$

$$x = \frac{L}{T_l + Z_m} = \frac{800}{13 + 1} = 57 \text{ Teile je Streifen,}$$

$$y = \frac{1{,}03 \cdot z}{x} = \frac{1{,}03 \cdot 20000}{57} = 361 \text{ Streifen,}$$

$$y_1 = \frac{1600}{30} \approx 53 \text{ Streifen je Tafel,}$$

$$y_2 = \frac{20600}{53 \cdot 57} \approx 6{,}8 \text{ Tafeln.}$$

Werkstoffverbrauch:

$$G_g = 160 \cdot 80 \cdot 0{,}15 \cdot 6{,}8 \cdot 8{,}5/1000 = 111 \text{ kg,}$$

bei einem Nutzgewicht 56 kg und $111 - 56 = 55$ kg Abfall.
Für kleines Teil (Scheibe) (s. Abb. 180c):

$$B_r = 1{,}73 \cdot (T_b + Z_m) + T_b + 2\,R_b = 1{,}73 \cdot (5 + 1) + 5 + 2 \cdot 1 = 17{,}4 \text{ mm,}$$

$$x = \frac{3 \cdot L - V_s}{T_l + Z_m} = \frac{3 \cdot 800 - 6}{5 + 1} = 398 \text{ Teile im Streifen,}$$

$$y = \frac{1{,}03 \cdot z}{x} = \frac{1{,}03 \cdot 80000}{398} \approx 207 \text{ Streifen,}$$

$$y_1 = \frac{1600}{17{,}4} = 91 \text{ Streifen je Tafel,}$$

$$y_2 = \frac{82400}{91 \cdot 398} = 2{,}3 \text{ Tafeln.}$$

Nutzteilgewicht 15 kg und Abfall $37{,}6 - 15 \approx 22{,}6$ kg.

*Fertigungszeit laut Darstellung.*

*Für Messingtafeln in Streifen schneiden:*

Gegeben sind: 39 Tafeln $800 \cdot 1600 \cdot 1{,}5$ mm, aus denen 896 Streifen $68 \cdot 800$ geschnitten werden.
Hubzahl der Schere $n = 34$ je min,
Einrichtezeit = 12 min (abgestoppte Zeit),
Verlustzeit = 20 vH der Grundzeit.

| | | |
|---|---|---|
| Tafel auf den Scherentisch legen . . . . . . . . . . . . . | 3 s | 0,05 min |
| Tafel rechtwinklig schneiden . . . . . . . . . . . . . | 1/34 = | 0,0294 min |
| Tafel fortlaufend zerkleinern bis auf den vorletzten Streifen | 22 · 0,0294 = | 0,6468 min |
| Letzten Streifen vorschieben und schneiden . . . . . | | 0,0294 min |
| | Zusammen: | 0,7556 min |

$$T_z = t_{rg} + t_{rv} + z \cdot (t_g + t_{gv})$$
$$= 12 + 2{,}4 + 39 \cdot (0{,}7556 + 0{,}15112) = 49{,}7 \text{ min.}$$

*Gesamtzeit zum Schneiden von 896 Streifen:* $T_z = 49{,}7$ min.

*Streifenverarbeitung an der Exzenterpresse:*

Gegeben sind: 896 Streifen 800 · 67 · 1,5 mm, aus denen 20000 Teile geschnitten werden.

Hubzahl der Presse $n = 120$ je min,

$$Z_{vs} = 23 + 1 = 24 \text{ Vorschübe bei einer Vorlochstufe,}$$
$$t_h = \frac{1}{u} = \frac{1}{120} = 0{,}00833 \text{ min},$$
$$t_E = 15\,\text{s}; \quad t_A = 12\,\text{s}; \quad t_{Hd} = 2\,\text{s}; \quad t_M = 0{,}5\,\text{s}.$$

*Gesamtzeit für das Schneiden der Teile:*

$$T_z = t_{rg} + t_{rv} + y \cdot Z_{vs} \cdot \left(\frac{1}{u} + \frac{t_E + t_A + t_{Hd} + t_M}{x} \cdot 0{,}0167\right) \cdot 1{,}2$$
$$= 20 + 4 + 896 \cdot 24 \cdot \left(0{,}00833 + \frac{15 + 12 + 2 + 0{,}5}{23} \cdot 0{,}0167\right) \cdot 1{,}2 = 798 \text{ min}$$

bei *einem Schnitt mit einer Vorlochstufe.*

*Hinzu kommt das Lochen dieser Teile.*

*Gegeben sind:* Hubzahl der Presse $n = 90$ je min.

| | |
|---|---|
| Anzahl der Fertigungsteile . . . . . . . . . . . . . . . . . . . . . . | 20000 Stück |
| Einrichtezeit der Presse . . . . . . . . . . . . . . . . . . . . . . | 15 min |
| Verlustzeit zur Grundzeit . . . . . . . . . . . . . . . . . . . . . | 20 vH |

$$t_h = \frac{1}{u} = \frac{1}{90} = 0{,}011 \text{ min},$$
$$t_E = 1{,}5\,\text{s}; \quad t_{Hd} = 1\,\text{s}; \quad t_M = 0{,}666\,\text{s}.$$

*Gesamtzeit:*

$$T_z = t_{rg} + t_{rv} + z \cdot (t_g + t_{gv})$$
$$= 15 + 3 + 20000 \cdot (0{,}0638 + 0{,}01277) = 1549 \text{ min.}$$

Für einen Führungslocher kommt also eine Arbeitszeit von

$$T_z = 1549 \text{ min}$$

in Frage.

*Mittelteil doppelwinklig stanzen:*

Zeit wie beim Lochen $T_z = 1549$ min.

*Herstellungszeit für 80000 Unterlegscheiben ist in der Lochzeit des Hauptteiles enthalten.*

*Fertigungszeit nach üblicher Methode.*

*Hauptteil:*

Gesamtzeit für das Scheibenschneiden bleibt bestehen mit

$$T_z = 49{,}7 \text{ min},$$

ebenfalls die Bearbeitung der 896 Streifen mit

$$T_z = 798 \text{ min}$$

desgleichen für das Lochen der Teile mit

$$T_z = 1549 \text{ min.}$$

*Mittelteil:*

Scherenarbeit: 6,8 Tafeln in 361 Streifen schneiden.

53 Streifen in der Tafel.

Hubzahl der Schere $n = 34$ je min

$$T_z = t_{rg} + t_{rv} + z \cdot (t_g + t_{gv})$$
$$= 12 + 2,4 + 6,8 \cdot (0,7556 + 0,15112) = 20,5 \text{ min.}$$

Pressenarbeit: 20000 Mittelteile schneiden,

$y = 361$ Streifen,
$x = 57$ Teile je Streifen.

Anzahl der Vorschübe im Streifen (bei einer Vorlochstufe):

$$Z_{vs} = 57 + 1 = 58.$$

Einrichtezeit $t_{rg} = 15$ min,
Verlustzeit 20 vH der Grundzeit,
Hubzahl der Presse $n = 120$ je min,

$$T_z = t_{rg} + t_{rv} + y \cdot Z_{vs} \cdot \left(\frac{1}{u} + \frac{t_E + t_A + t_{Hd} + t_M}{x} \cdot 0,0167\right) \cdot 1,2$$
$$= 15 + 3 + 361 \cdot 58 \cdot \left(0,0083 + \frac{15 + 12 + 2 + 0,5}{57} \cdot 0,0167\right) \cdot 1,2 = 445 \text{ min.}$$

*Kleines Teil (Scheibe):*

Scherenarbeit: 2,3 Tafeln in 207 Streifen schneiden,
91 Streifen in der Tafel,
Hubzahl der Schere $n = 34$ je min,

$$T_z = t_{rg} + t_{rv} + z \cdot (t_g + t_{gv})$$
$$= 12 + 2,4 + 2,3 \cdot (0,7556 + 0,1511) = 16,5 \text{ min.}$$

Pressenarbeit: 80000 Scheiben schneiden,

$y = 207$ Streifen,
$x = 398$ Teile je Streifen.

Anzahl der Vorschübe im Streifen (bei einer Vorlochstufe):

$$Z_{vs} = \frac{800}{134} = \sim 6 \text{ mm},$$

Einrichtezeit $t_{rg} = 15$ min,
Verlustzeit 20 vH der Grundzeit,
Hubzahl der Presse $n = 120$ je min,

$$T_z = t_{rg} + t_{rv} + y \cdot Z_{vs} \cdot \left(\frac{1}{u} + \frac{t_E + t_A + t_{Hd} + t_M}{Z_{vs} - 1} \cdot 0,0167\right) \cdot 1,2$$
$$= 15 + 3 + 207 \cdot 134 \cdot \left(0,0083 + \frac{15 + 12 + 2 + 0,5}{133} \cdot 0,0167\right) \cdot 1,2 = 418 \text{ min.}$$

*Erforderliche Werkzeuge laut Darstellung:*

Für alle Teile: Schnitt mit Vorlocher und Einhängestift; Führungslocher und eine Doppelwinkelstanze.

Hierzu der Werkstoffverbrauch:

39 Messingtafeln $800 \cdot 1600 \cdot 1,5$ mm,
$G_g = 637$ kg und Abfall $G_a = 138$ kg für alle drei Teile.

*Erforderliche Werkzeuge nach üblicher Fertigung:*

Für großes Teil: Schnitt mit Vorlocher und Einhängestift; Führungslocher.

Für Mittelteil: Schnitt mit Vorlocher und Einhängestift; Doppelwinkelstanze.

Für kleines Teil (Scheibe): Dreifach wirkender Schnitt mit Vorlocher und Einhängestift.

Hierzu Werkstoffverbrauch
für großes Teil:

39 Messingtafeln 800 · 1600 · 1,5 mm,
$G_g = 637$ kg und Abfall $G_a = 209$ kg;

für Mittelteil:

6,8 Tafeln 800 · 1600 · 1,5 mm,
$G_g = 111$ kg und Abfall $G_a = 55$ kg;

für kleines Teil (Scheibe):

2,3 Tafeln 800 · 1600 · 1,5 mm.
$G_g = 37{,}6$ kg und Abfall $G_a = 22{,}6$ kg.

*Ersparnisse:*

an Werkzeugen: Schnitt mit Vorlocher und Einhängestift für Mittelteil, dreifach wirkender Schnitt mit Vorlocher und Einhängestift für Scheibe;

beim Werkstoffverbrauch: für den 2. Fall erforderlich

| | | | |
|---|---|---|---|
| | $G_g =$ 637 kg, | davon Abfall $G_a =$ | 209 kg |
| | 111 kg, | davon Abfall | 55 kg |
| | 37,6 kg, | davon Abfall | 22,6 kg |
| zusammen: | 785,6 kg | | 286,6 kg |
| abzüglich für Fall 1: | | | |
| | 637 kg | | 138 kg |
| also erspart | 148,6 kg | | 148,6 kg; |

an Löhnen: für den 2. Fall erforderlich

| | | |
|---|---|---|
| Hauptteil | Streifen schneiden | 49,7 min |
| | Teile schneiden | 798 min |
| | Teile lochen | 1549 min |
| Mittelteil | Streifen schneiden | 20,5 min |
| | Teile schneiden | 445 min |
| | Teile stanzen (wie lochen) | 1549 min |
| Kleines Teil | Streifen schneiden | 16,5 min |
| | Teile schneiden | 418 min |
| | | 4846 min |

abzüglich Fall 1

| | |
|---|---|
| Streifen schneiden | 49,7 min |
| Teile schneiden | 798 min |
| Teile lochen | 1549 min |
| Mittelteil stanzen | 1549 min |
| | 3946 min |

also erspart: 4846 — 3946 = 900 min.

Eingespart wurden also:

1. für Mittelteil Schnitt mit Vorlocher und Einhängestift,
2. für Scheiben dreifach wirkender Schnitt mit Vorlocher,
3. an Löhnen 900 min,
4. an Werkstoff 148,6 kg.

## Aufgabe 6.

Wie gestaltet man Stanzereiwerkzeuge, die wenig Werkzeugstahl benötigen, mit denen aber große Teilgenauigkeiten für Einzel- und Mengenfertigung zu erreichen sind?

Anmerkung: Ein bekanntes Arbeitsverfahren, das man nur notfalls bei Werkzeugbruch angewendet hat, ist das Einschrumpfen von Werkzeugbestandteilen. Dadurch kann man viel Stahl einsparen.

Im folgenden werden praktische Anwendungsbeispiele gezeigt, um diesen Vorteil zu nutzen.

**Gegeben:** Freischnitt Abbildung 148 mit gehärtetem und eingeschrumpftem Schnittring aus einem 3,5 mm dicken, gezogenen Stahlblechtopf.

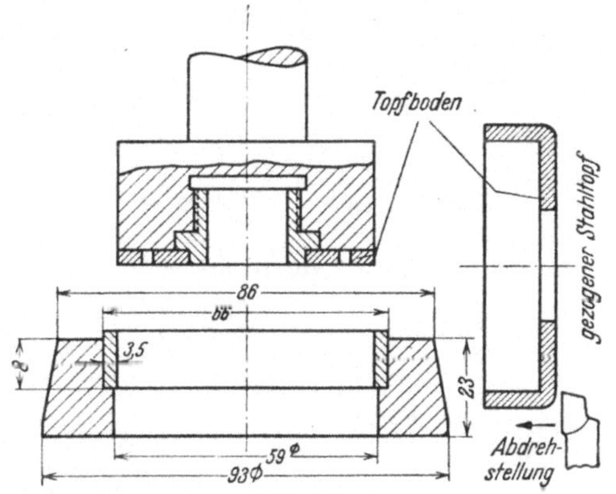

Der Boden des Stahlblechtopfes ist nur auf Manteldicke abzudrehen, so daß er als Stirnfläche für den Schnittstempel dient.



Abb. 148.

**Lösung:** Für Abb. 148. Scheibe des Stahltopfes

$$x = \sqrt{D^2 + 4D \cdot h} = \sqrt{66^2 + 4 \cdot 66 \cdot 12} \approx 87 \text{ mm } \varnothing.$$

Aufweitung des Innendurchmessers des Gußeisenringes bei 370°:

$$\lambda = \alpha \cdot t \cdot L = 0{,}00001067 \cdot 370 \cdot 0{,}076 \cdot \pi = 0{,}000944 \text{ m} = 0{,}944 \text{ mm}.$$

Die Aufweitung bei 350 + 20° = 370° ist:

$$76 : 0{,}944 = 66 : x; \qquad x = \frac{0{,}944 \cdot 66}{76} = 0{,}817 \text{ mm},$$

demnach die Ausdrehung für den Schnittring:

$$66 - 0{,}817 = 65{,}183 \text{ mm}.$$

Schrumpfkraft im 65,183-mm-Durchmesser:

$P = \alpha \cdot E \cdot t \cdot F = 0{,}00001067 \cdot 1000000 \cdot 370 \cdot 0{,}8 = 3158$ kg,
$\alpha$ = Ausdehnungsfaktor bezogen auf Temperatur und Meter,
$E$ = Elastizitätsmodul 1000000 für Gußeisen,
$t$ = Ausgesetzte Wärmegrade abzüglich Raumtemperatur,
$F$ = Querschnitt des Schrumpfhalters in $cm^2$.

**Gegeben:** Schnittziehring Abb. 149 mit gehärtetem und eingeschrumpftem Stahleinsatz.

**Anmerkung:** Messer- und Freischnitte, Zieh- und Schnittziehringe sowie Führungsschnitte können mit Anwendung des Einschrumpfungsverfahrens im Stahlverbrauch wesentlich herabgesetzt und billiger wie in der Vorzeit hergestellt werden.

In diesem Falle ist der Schrumpfhalter aus Gußeisen.

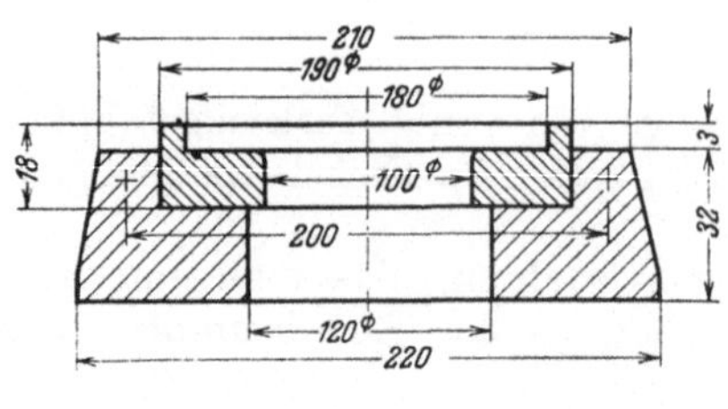

Abb. 149.

**Lösung:** Für Abb. 149. Schwerpunktkreislänge ist:

$L = 200 \cdot \pi = 628{,}32$ mm oder $0{,}62832$ m

Querschnittsfläche des Schrumpfhalters:

$$F = 1{,}3 \cdot 1{,}8 = 2{,}35 \text{ cm}^2.$$

Ausdehnung des Schrumpfhalters im 200-mm-Durchmesser:

$$\lambda = \alpha \cdot t \cdot L = 0{,}00001067 \cdot 370 \cdot 0{,}62832 = 0{,}00248 \text{ m} = 2{,}48 \text{ mm}.$$

Die Aufweitung bei $350 + 20 = 370°$ ist:

$$628{,}32 : 2{,}48 = 190 : x; \qquad x = \frac{2{,}48 \cdot 190}{628{,}32} = 0{,}75 \text{ mm}.$$

Demnach ist die Ausdrehung für den Schrumpfkern:

$$200 - 0{,}75 = 199{,}25 \text{ mm}.$$

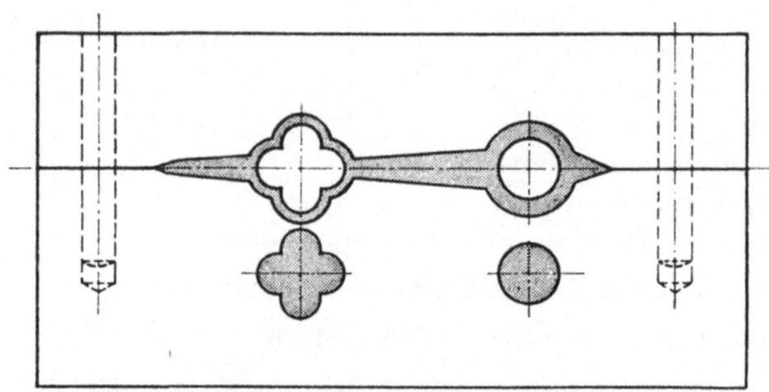
Abb. 150a.

Schrumpfkraft im 199,25-mm-Durchmesser:

$$P = \alpha \cdot E \cdot t \cdot F = 0{,}00001067 \cdot 1000000 \cdot 370 \cdot 2{,}35 = 9277{,}5 \text{ kg};$$

Stahlersparnis bei alter Ausführung $\frac{23{,}5^2 \cdot \pi}{4} \cdot 3{,}2 = \sim 1388 \text{ cm}^2$; bei neuer $\frac{190^2 \cdot \pi}{4} \cdot 1{,}9 = \sim 539 \text{ cm}^3$; $1388 : 539 = 100 : x$; $x = \sim 39$ vH.

**Gegeben:** Geteilte, eingeschrumpfte Schnittplatte nach Abb. 150a. Abmessungen des Schrumpfhalters (Rahmen)

$$108 \times 48 \times 10 \text{ mm}.$$

Rahmenbreite: 20 mm (St 42).

Anwärmung auf 400° C, Raumtemperatur 20°.

**Frage:** Wie groß sind beispielsweise nach Abb. 150a die Abmessungen des Schrumpfkernes (Schnittplatte) und wie groß die Schrumpfkraft?

**Lösung:** Rahmendehnung in Längsrichtung:

$$\lambda = \alpha \cdot t \cdot L = 0{,}00001176 \cdot (400^\circ - 20^\circ) \cdot 0{,}108 = 0{,}0004826 \text{ m}$$

oder
$$\lambda = 0{,}4826 \text{ mm}$$

und Ausdehnung in der Rahmenbreite:

$$\lambda_1 = 0{,}00001176 \cdot 380^\circ \cdot 0{,}048 = 0{,}0002145 \text{ m} = 0{,}22 \text{ mm};$$

Schrumpfkraft bei $t = 380 + 20 = 400^\circ$ (20° für Wärmeverlust):

$$P = \alpha \cdot E \cdot t \cdot F = 0{,}00001176 \cdot 2000000 \cdot 400 \cdot 2 = 18816 \text{ kg};$$

Abmessung des Schrumpfkernes (Schnittplatte):

a) Länge $108 + 0{,}4826 = \sim 108{,}5$ mm,
b) Breite $48 + 0{,}22 = 48{,}22$ mm.

Ist der Rahmen zur Schnittplatte abzustimmen, dann ist:

a) $108 - 0{,}5 = 107{,}5$ mm,
b) $48 - 0{,}22 = 47{,}78$ mm.

Geteilte Schnittplatten und Führungseinsätze oder dergleichen sind preiswert und stahleinsparend einzuschrumpfen.

Hierbei hat man zwei Einschrumpfungsverfahren zu unterscheiden:

a) Für gehärtete Werkzeugteile,
b) für ungehärtete Werkstoffe.

Zu a): Bei denen der Höhe der ausgesetzten Wärmegrade für den Schrumpfhalter eine große Bedeutung zukommt.

Zu b): Bei denen es genauer ist, von den Gefügespannungen der Werkstoffe auszugehen, um die Schrumpfkraft zu ermitteln.

Für das Zusammensetzen beider Schrumpfteile ist der Schrumpfkern 0,5° anzuschrägen und dem Schrumpfhalter eine dem Kern entsprechende Vorweite von ebenfalls 0,5 mm zu geben.

## Annäherung für eine Flachschrumpfpassung. Schnittplatte nach Abb. 150b (Bl He 1029).

Von Prof. Dr.-Ing. O. Kienzle.

Das Innenteil ist geteilt und soll quer zu seiner Fuge eine Kraft $P_2$ aufnehmen. Diese ist proportional der Schnittkraft $P_1$ und wird bei abgenutzten Kanten zu

$$P_2 = 0{,}25\, P_1$$

angenommen.

Ist bei einer Schnittlänge von 200 mm

$$S = 0{,}25 \text{ mm} \quad \text{und}$$
$$\tau_a = 50 \text{ kg/mm}^2,$$

so ist

$$P_1 = 200 \cdot 0{,}25 \cdot 50 = 2500 \text{ kg};$$
$$P_2 = 625 \text{ kg}.$$

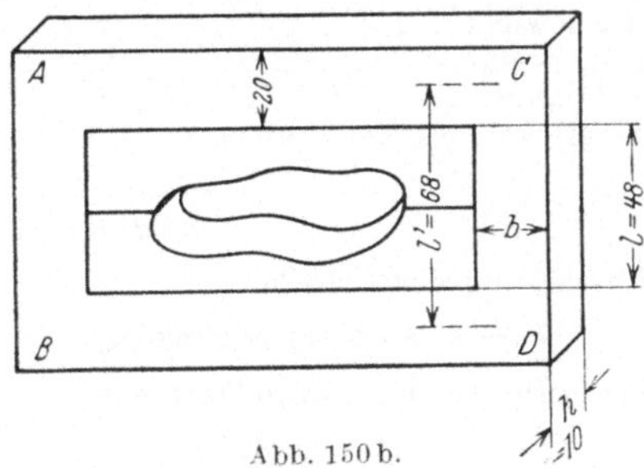

Abb. 150b.

Die elastische Federkraft in den Schenkeln $AB + CD$ muß dieser Kraft $P_2$ mindestens gleich, der Sicherheit halber zweimal so groß sein, damit bei Belastung kein Klaffen auftritt. Jeder Schenkel wird also, wenn nur auf Zug berechnet, mit

$$\sigma_2 = \frac{2 \cdot P_2}{2 \cdot h \cdot b} = \frac{1250}{2 \cdot 10 \cdot 20} = 3{,}15\,\text{kg/mm}^2$$

beansprucht (genau genommen kommen Biegebeanspruchungen dazu, die wegen der Überschlägigkeit dieser Rechnung vernachlässigt werden). Diese Beanspruchung ergibt eine elastische Längung $\Delta l$ auf $l = 68$ mm, berechnet:

$$\Delta l = l \cdot \frac{\sigma}{E} = 68 \cdot \frac{3{,}15}{22000} = \frac{1}{100}\,\text{mm} = 10\,\mu.$$

Um etwa den gleichen Betrag von $10\,\mu$ möge das Innenteil zusammengedrückt werden. An den sechs Flächen der drei Fugen mögen wegen der Rauhigkeit je ein Maßverlust von $5\,\mu$ auftreten, also insgesamt . . . . . . . . . . . . . . . . . . . . . . . . . . . . . $30\,\mu$

und zur Sicherheit nochmals das Doppelte der zur Vorspannung nötigen $(10 + 10)\,\mu$ eingesetzt werden, also $2 \times 20$ . . . $= 40\,\mu$

Damit ergibt sich ein Übermaß von . . . . . . . . . . . $= 70\,\mu$

Zum bequemen Einführen des Innenteils in das Außenteil ist noch ein Spiel vorzusehen von $50\,\mu$. Somit muß das Außenteil durch Erwärmung um $T°$ auf die Länge $h = 48$ mm ausgedehnt werden um $w = 120\,\mu$:

$$w = h \cdot \alpha \cdot T \quad \text{oder} \quad T = \frac{w}{h \cdot \alpha}$$

$$T = \frac{0{,}120}{48 \cdot 11 \cdot 10^{-6}} = \frac{120000}{11 \cdot 48} = 230°.$$

Dazu kommt die Raumtemperatur von 20°, so daß auf rd. 250° zu erwärmen ist.

*Fertigungsvergleich* Abb. 151:

Das gegebene Teil aus spanabhebender Fertigung ist zum Vergleich bei spanloser Herstellung auf Wirtschaftlichkeit zu untersuchen und das Ergebnis festzulegen.

*Werkstoffangaben:*

| | spanabhebend Teil aus einem Stück | gegenüber | spanlos Teil aus 2 Stücken |
|---|---|---|---|
| Rohgewicht . . . . . . . . . . . . | 125,3 g/Stück | | 25 g/Stück |
| Teilgewicht . . . . . . . . . . . . | 13,5 g/Stück | | 13,5 g/Stück |
| Abfallgewicht . . . . . . . . . . . | 111,8 g/Stück | | 11,5 g/Stück |
| Abfall vH des Teilgewichtes . . . . | 828 vH | | 85 vH |
| | 828 vH : 85 vH = 9,74 : 1. | | |

*Festigkeitsuntersuchung:*

Abscherung der Scheibe

$$P = d \cdot \pi \cdot \delta \cdot \tau_a = 2268\,\text{kg},$$

Zugfestigkeit des Gewindezapfens:

$$P = F \cdot \sigma = 324\,\text{kg}.$$

Lösekraft für die Scheibe nach DIN 7190 bei der Passung H7/za9, einem Haftbeiwert 0,16 und einem Übermaßverlust von 0,020 mm: $P = 187$ kg.

*Fertigung:*

*Teil vordrehen*

$V = 30$ m/min; $n = 637$;

$u_1 = \frac{L}{S} = \frac{85}{0{,}06} \approx 1417$;

$t = 1417/637 \cdot 60 = 133$ s;

*Teil fertig drehen*

$u_2 = \frac{L}{S} = \frac{85}{0{,}06} = 1417$;

bei $V = 36$ m/min, $n = 2864$;

$t = 1417/2864 \cdot 60 = 30$ s;

*Gewinde schneiden*

$\frac{10}{0{,}7} = 14$ Gänge; Umdrehung 5fach

$14 \cdot 5 = 70$ Umdr. für Vorlauf

14 Umdr. für Rücklauf

$t = 84/2864 \cdot 60 = 1{,}8$ s;

*Draht ziehen* 4 mm ⌀ (6 m lang).

Ziehgeschwindigkeit $V = 3$ m/min

3 Ziehgänge

$x = \frac{3 \cdot 90}{3000} \cdot 60 = 5{,}4$ s;

*Schnitt mit Vorlocher und Nachdorn* für Scheibe:

$n = 60$ je min; $x = 1$ s;

Scheibe aufschrumpfen $x = 5{,}5$ s;

*Teil fertig drehen* (Scheibe)

Drehweg: $\frac{15 - 4}{2} \cdot 2 + 4 = 15$ mm;

$u = \frac{15}{0{,}06} = 250$; $n = 2546$;

$x = 250/2546 \cdot 60 = 5{,}9$ s;

*Gewindeschneiden* $x = 1{,}8$ s;

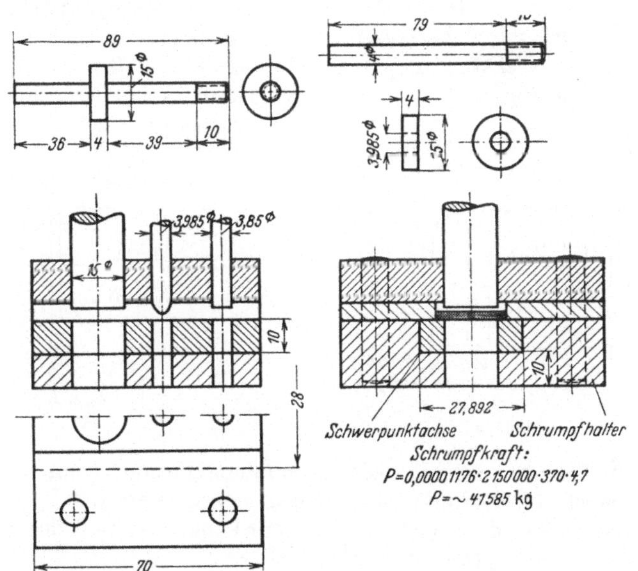


Abb. 151.

*Fertigungszeit* (Hauptzeit):

$t = 133 + 30 + 1{,}8 = 165$ s. $t = 5{,}4 + 1 + 5{,}5 + 5{,}9 + 1{,}8 = 19{,}6$ s.

*Anmerkung:* Die Übersicht zeigt, daß die spanlose Fertigung am günstigsten ist: Werkstoff: 1 : 5,1 und Fertigung: 1 : 8,44.

Gelenkbolzen beispielsweise, die mit Scheibe und Splint gesichert werden, können preiswert mit aufgeschrumpftem Bolzenringkopf hergestellt werden.

# E. Fragen und Antworten.

**Frage 1:** Wann schneidet man Aluminiumteile mit Gummikissen, worauf kommt es an, und welche Eigenschaften muß der Gummi besitzen (Abb. 152)?

**Antwort:** Der Wirtschaftlichkeit wegen schneidet man Leichtmetallteile bei geringer Stückzahl mit einem eingebetteten Gummikissen, das eine Fassung aus Holz oder Blech besitzen kann, damit bei der Beanspruchung des Gummis eine seitliche Ausdehnung nicht auftritt. Brauchbare Gummimarken und Härte nach SHORE sind:

| Gummimarke | Para grau | Steam | LFBR 1 |
|---|---|---|---|
| Härte nach SHORE | 30 | 50 | 60 |

Zum Schneiden werden SM-Stahlschablonen von etwa der fünffachen Dicke des zu schneidenden Bleches bis zu einer Blechdicke von etwa 1,2 mm und harter Gummi verwendet, wobei mit genügendem Pressendruck der Außenrand und alle Durchbrüche des Teiles zugleich ausgeschnitten werden können. Den das Teil umgebenden Schnittrand wähle man etwa achtmal Blechdicke. In der Praxis stellte man fest, daß nach einigen tausend Teilen keine Beschädigung beim Gummi aufgetreten ist.

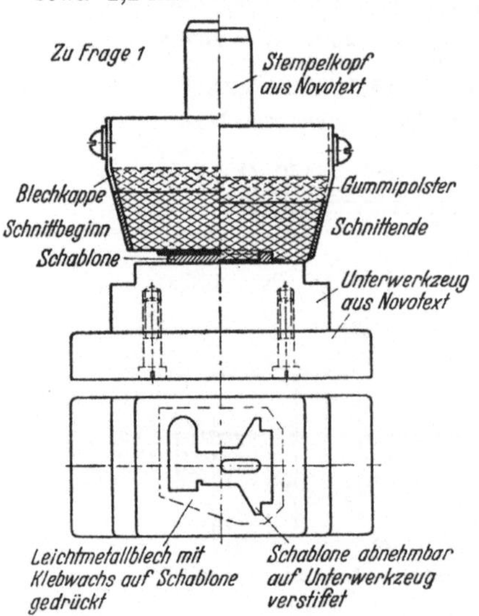

Abb. 152.

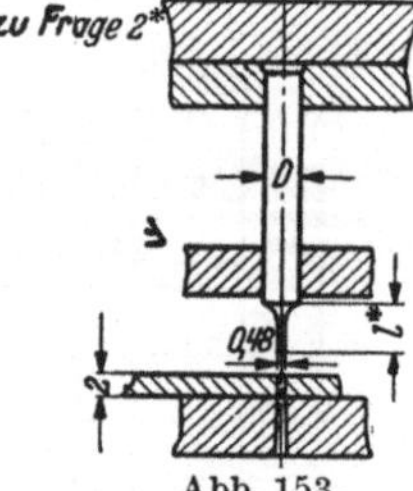

Abb. 153.

**Frage 2:** Kann man 2 mm dicke Aluminiumteile mit einem runden Schnittstempel von 0,48 mm Durchmesser lochen (Abb. 153)?

Wie lang müßte dann der Schnittstempel und wie groß das Loch in der Schnittplatte gemacht werden?

**Antwort:** Die Schnittkraft ergibt sich aus $P = d \cdot \pi \cdot \delta \cdot \tau_a$; $\tau_a = 9\,\text{kg/mm}^2$; die Knickbeanspruchung bei einem im dünnen Teil nicht geführten Stempel ist

$$P_K = \frac{2\pi^2 \cdot E \cdot J}{l^2}$$

und daraus die Stempellänge

$$l^* = \sqrt{\frac{2 \cdot \pi^2 \cdot E \cdot 0{,}05 \cdot d^4}{d \cdot \pi \cdot \delta \cdot \tau_a}} = \sqrt{\frac{2 \cdot \pi^2 \cdot 21\,000 \cdot 0{,}05 \cdot 0{,}11059}{2 \cdot 9}} = \sqrt{127{,}6} = 11{,}3\,\text{mm}.$$

Es kommt also ein abgesetzter Schnittstempel in Frage.

Das Stempelspiel ist bei diesem kleinen Stempeldurchmesser

$$0{,}05 \cdot 2 = 0{,}1 \text{ mm.}$$

Lochdurchmesser in der Schnittplatte $= 0{,}48 + 0{,}1 = 0{,}58$ mm.

**Frage 3:** Schnittwerkzeuge, die harte Federbandstahlteile zu schneiden haben, arbeiten nicht vorteilhaft und sind einem großen Verschleiß unterworfen.

In welcher Weise kann man mit ihnen eine verhältnismäßig befriedigende Leistung erreichen (Abb. 154)?

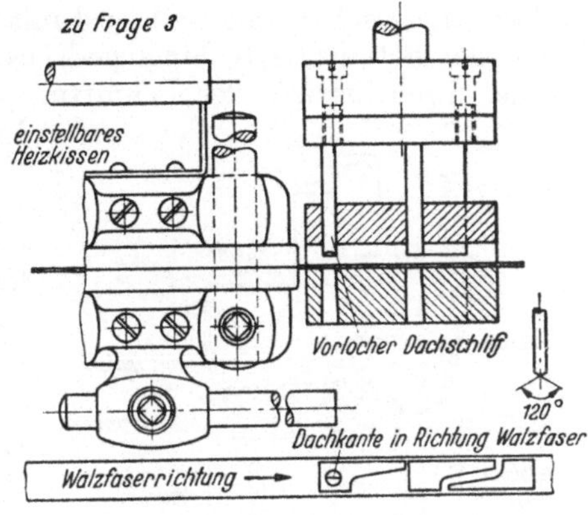


Abb. 154.

**Antwort:** Zunächst sei auf das Lochen von Uhrfedern verwiesen, wobei der Schnittstempel dachförmig in Höhe der Banddicke geschliffen wird; das ist unbequem zu schleifen, dafür günstig beim Schneiden, wenn die Dachkante des Stempels in Richtung der Walzfaser eindringt und schnittfest ist. Der Lochabfall fällt zweiteilig aus der Schnittplatte heraus, und beide Schnittorgane werden dadurch weniger als sonst beansprucht.

Beim Ausschneiden der Teile aus Federbandstahl kann man den Bandstahl durch ein elektrisch beheiztes Asbestkissen (Temperatur etwa 350°) laufen lassen, das kurz vor dem Werkzeug angeordnet ist. Nach dem Austritt muß der Stahl sofort bearbeitet werden. Bei guter Säuberung läuft der Bandstahl ein wenig gelb an, und die Teile haben ein gutes Aussehen. Da der Schnittstempel eher als die Schnittplatte beim Schneiden stumpft, sind hierfür die Angaben im TN zu berücksichtigen.

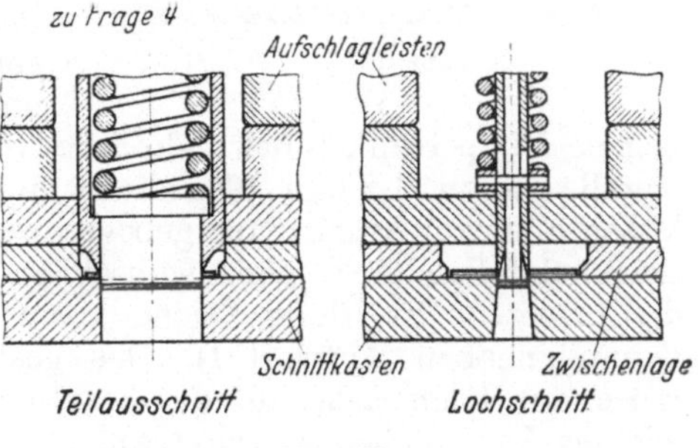


Abb. 155.

**Frage 4:** Schnitteile aus Pertinax haben stets ausgerissene Schnittränder trotz guter Erwärmung des Streifenwerkstoffes. Wie ist dem abzuhelfen, worin besteht das Übel, und wie kann man es verbessern (Abb. 155)?

**Antwort:** Obwohl der Arbeitsvorgang bei Schnittwerkzeugen als ein Schneiden angesehen wird, ist dies nicht der Fall, weil beim Schervorgang die Werkstoffasern nur eingeschnitten und dann voneinander abgerissen werden. Eine Ausnahme unter den Schnittwerkzeugen macht der Messerschnitt, der glättere Schnittränder hinterläßt. Naturgemäß ist für Pertinax oder ähnliche Werkstoffe der Messerschnitt der geeignetste (s. Abb. 4), und zwar unter folgenden Bedingungen:

Wenn ein solches Werkzeug einwandfrei arbeiten soll, dann sind die Schnittstempel für Ausschnitt und Vorlocher nach Abb. 45 herzustellen. Das Werkzeug arbeitet in diesem Fall mit Aufschlagleisten, und das ausgeschnittene Teil wird mit großer Sicherheit in den Durchbruch der Schnittplatte hineingedrückt, da der Auswerfer mit zunehmender Eindringtiefe der Schnittmesser in den Werkstoff an Federkraft zunimmt. Das lästige Anwärmen der Werkstoffstreifen auf Anwärmplatten kann fortfallen, wenn statt dessen ein selbstgefertigtes elektrisch beheiztes Asbestkissen für etwa 170° benutzt wird.

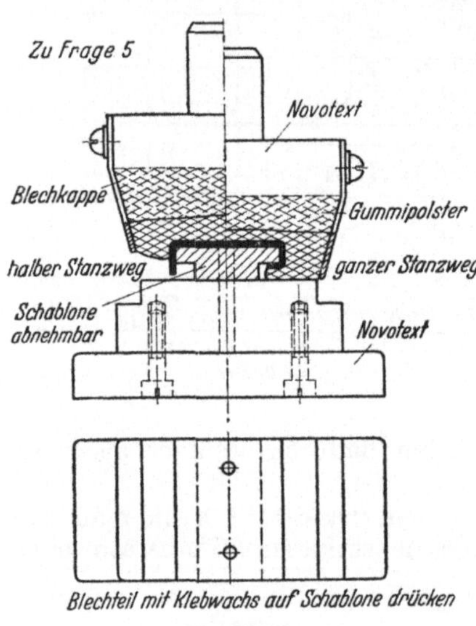

Abb. 156.

**Frage 5:** Wie kann man das Gummikissen zur Herstellung von Biegeteilen anwenden und bis zu welcher Blechdicke? Welche Gummibeschaffenheit wäre die zweckmäßigste (Abb. 156)?

**Antwort:** Hohe Biegeteile bedürfen stets großer Gummikissen, die wenig zweckmäßig sind. In manchen Fällen arbeiten Abkantmaschinen oder Biegevorrichtungen vorteilhafter. Handelt es sich um einfache oder nach innen gebogene Doppelwinkel bzw. ähnliche Teile, so können sie aus Leichtmetall bis zu 1,2 mm Blechdicke mit SM-Schablonen und Gummikissen in einem Arbeitsgang gebogen werden; kurz zu biegende Winkelschenkel fallen nicht ganz wunschgerecht aus. Je dünner das Blech des Biegeteils ist, desto weicher kann der Gummi gewählt werden (s. Gummiangaben Antwort 1). Das gestreckte Blechteil wird stellenweise mit Klebwachs auf die Stahlschablone gedrückt, um es gegen leichtes Verschieben zu schützen.

**Frage 6:** Wie groß müßte man einen Lochstempel und das Loch in der Schnittplatte machen für eine 2 mm dicke Messingplatte mit einem Loch von 20 mm ⌀ Toleranz N7?

**Antwort:** Das Toleranzfeld erstreckt sich von 20—0,007 mm bis 20—0,028 mm, also von 19,972 bis 19,993 mm ⌀. Da für die Lochung des Teils der Lochstempel die gleiche Größe hat und mit zunehmendem Gebrauch immer kleiner wird, ist sein Durchmesser $\frac{19,972+19,993}{2} = 19,983$ mm und das zugehörige Loch in der Schnittplatte für 2 mm Blech

$$19{,}983 + 0{,}090 = 20{,}073 \text{ mm}$$

(Angaben s. Zahlentafel im TN).

**Frage 7:** Magnete für Kopffernhörer sind ihrem Aussehen nach Schnitteile. Mit welchem Werkzeug und wie kann man sie herstellen?

**Antwort:** Bei kleinem Werkstoffverbrauch verwendet man einen etwa 3 mm dicken Flachstahl, der im erwärmten Zustand mit einem Führungsschnitt verarbeitet wird. Je nach der Art des Stahles fällt mit seiner Erwärmung die Festigkeit, z. B. von $\sigma_B = 90$ kg/mm² kalt auf rd. $\sigma_B = 40$ kg/mm² bei Rotglutfarbe 680°. Das ermöglicht ein verhältnismäßig leichtes Schneiden. Als Werkzeugstahl wähle man einen guten legierten Chrom-Wolfram-Stahl, der hierbei eine gute Standfestigkeit zeigt. Gebraucht werden z. B. die Stähle 65 WMo 34 8 mit 0,65 vH C; 0,25 vH Si; 0,25 vH Mn; 3,75 vH Cr; 0,85 vH Mo; 0,7 vH V; 8,5 vH W und 45 CrVMoW 5 8 mit 0,45 vH C; 0,6 vH Si; 0,4 vH Mn; 1,35 vH Cr; 0,45 vH Mo; 0,8 vH V; 0,45 vH W.

# F. Neuzeitliche Werkzeugmaschinen zur Herstellung von Stanzereiwerkzeugen.

## Voraussetzungen.

Die wirtschaftliche Fertigung im Werkzeugbau setzt neuzeitliche Maschinen und Arbeitsmittel voraus, mit deren Hilfe die Werkzeuge bei kleinstem Zeitaufwand und mit größter Genauigkeit hergestellt werden können. Ein großer Vorteil liegt darin, die Handgeschicklichkeit des Werkzeugmachers durch maschinelles Bearbeiten der Werkzeugteile zu verbessern, um so zu einer an Genauigkeit nicht mehr zu übertreffenden Wertarbeit zu gelangen. Ein Werkzeugbau, der über neuzeitliche Maschinen verfügt, ist keine Unkostenabteilung, sondern arbeitet wirtschaftlich, und der Maschinenpark macht sich in kurzer Zeit bezahlt.

## Metallbandsäge.

Durchbrüche in Stempelaufnahme-, Führungs- und Schnittplatten werden in vielen Fällen mit der Hochleistungsbandsäge (Abb. 157) eingearbeitet, an der angelernte Leute, ja sogar Frauen, beschäftigt werden. Das Aussägen der Durchbrüche in den genannten Platten erfolgt zunächst im Akkord. Der Zeitaufwand für ausgesägte Platten hängt von der Art des Werkstoffes, von der Form der Durchbrüche und davon ab, ob scharfe, runde, innenliegende oder hervorstehende Ecken vorhanden sind. Mit der Anzahl der vorhandenen Ecken vergrößert sich die Zeit für das Durchbruchaussägen, die, auf die gesamte Aussägefläche der Platte bezogen, mit einem Einheitswert von etwa 0,8 min/cm² und einem Korrektionsfaktor ermittelt, im Akkord verrechnet wird (s. Beispiel S. 96). Bei einfachen Durchbrüchen runde man den Zeitwert nach unten, bei schwierigen dagegen nach oben ab.

Je nachdem, ob ein oder mehrere Löcher in der angerissenen Platte zu bohren sind, muß für das Aussägen auch bei jedem Einzeldurchbruch das Öffnen der Bandsäge, ihr Einfädeln in das Loch und ihr Wiederzusammenlöten mitberücksichtigt werden.

## **Feil- und Aussägemaschine** (Abb. 158).

Eine der notwendigsten Maschinen im Werkzeugbau ist die Feil- und Sägemaschine (Abb. 158), an der sich ähnliche Vorgänge ab-

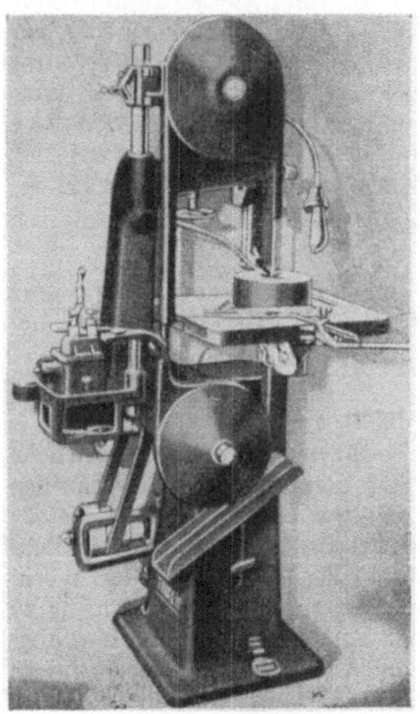

Abb. 157. Metallbandsäge.

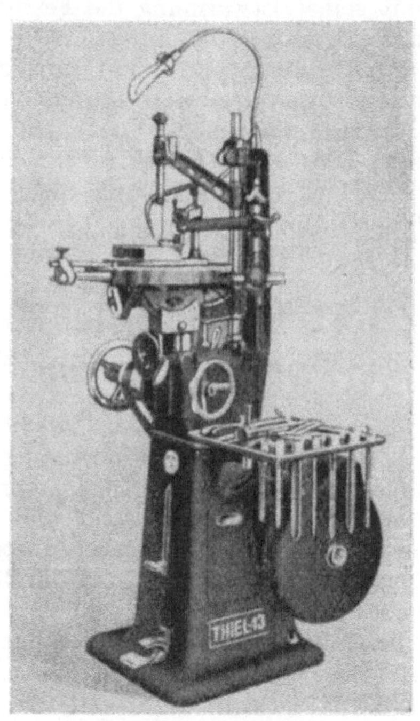


Abb. 158. Feil- und Aussägemaschine.

spielen wie bei der Metallbandsäge. Die Zeit für das Ausfeilen der Durchbrüche wird unter gleichen Voraussetzungen wie beim Aussägen ermittelt, nur mit dem Unterschied, daß der Einheitswert je cm² Bearbeitungsfläche und der Wert für die Werkzeugauswechselungen sich ändern. Wertvoll für den Werkzeugbau ist, daß man sie als Aussäge- und als Feilmaschine benutzen kann, wobei die Leistung im Sägen nur annähernd der einer Metallbandsäge entspricht.

## **Stempelhobler** (Abb. 159).

Unter den neuzeitlichen Werkzeugmaschinen im Werkzeugbau ist auch der Form- und Stempelhobler (Abb. 159) vertreten, der sich für die Herstellung profilierter Stempel mit vergrößerten Stirnflächen sehr gut bewährt. Formstempel, die einen hohen Flächendruck aufzunehmen haben, sind mit auslaufend großer Auflagefläche, ohne daß es besonderer Geschicklichkeit bedarf, mit dieser Maschine auszuhobeln. Der Vorteil liegt darin, daß man den Formstempel bei einmaliger Einspannung vollständig fertig hobelt, wobei der Hobelstahl entweder geradlinig oder rundhobelnd gesteuert werden kann. Für diese Maschine wird noch ein Satz Hobelstähle (Abb. 159a) mitgeliefert, um solche Formstempel, wie sie Abb. 159b zeigt, auszuführen. Die Maschine kann von jedem Werkzeughobler bedient werden, der in die Lage versetzt wird, hochwertige Arbeit daran zu leisten.

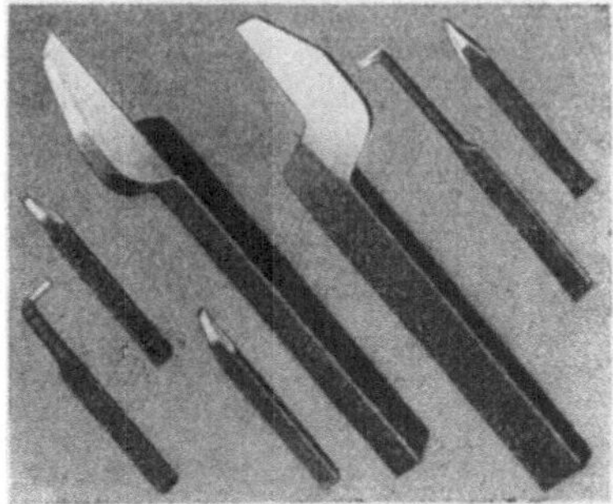

Abb. 159a. Hobelstahlausführungen.

Abb. 159. Spezialmaschine. Stempelhobler.

Abb. 159b. Formstempel.

## **Universal-Fräsmaschine** (Abb. 160).

Tatsache ist, daß man mit dem Fräsen schneller als mit dem Hobeln zum Ziele gelangt. Die Nachteile beim Formfräsen bestehen allerdings darin, daß man nicht immer zweckmäßige Arbeitsfräser zur

Verfügung hat, deren Sonderanfertigung zu teuer ist. Der Formhobler bedarf nur ganz einfacher Hobelstähle, sie können von jedem Schlosser ohne Schwierigkeiten angefertigt werden und sind billiger als Fräser. Der Vorteil dieser Universal-Fräsmaschine (Abb. 160) ist in ihrer großen Verwendbarkeit zu sehen, da außer den in Abb. 160b gezeigten Formstempeln mit dem Fräsersatz (Abb. 160a) auch noch Preßgesenke gefertigt und wertvolle Teilkopfarbeiten ausgeführt werden können.

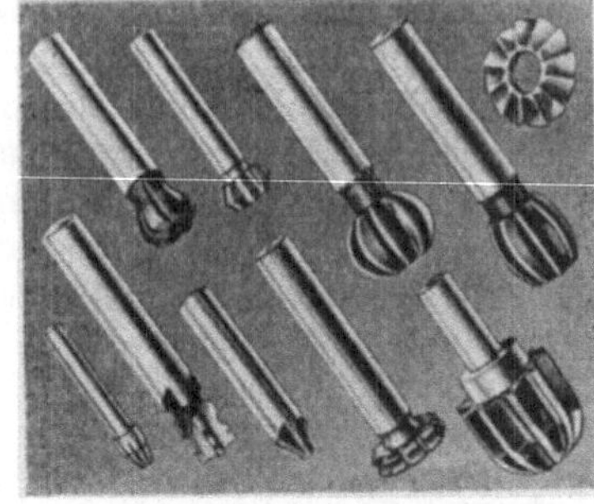

Abb. 160a. Fräsersatz.

Abb. 160. Universal-Fräsmaschine.

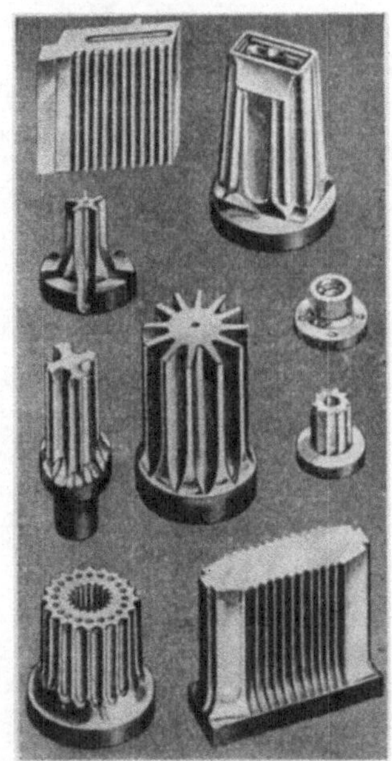

Abb. 160b. Formstempel.

## **Selbsttätige Schleifmeßvorrichtung** (Abb. 161).

Das maßgenaue Schleifen von runden Schnittstempeln und ähnlichen Werkzeugteilen war bisher von der Geschicklichkeit der bedienenden Hand und ihrem Gefühl beim Messen abhängig. Hinzu kam, daß die von mehreren Schleifern ausgeführte gleiche Arbeit verschieden genau ausfiel und daraus festgestellt werden konnte, wie unvollkommen ihr Verständnis für das Messen war. Bei der Schleifvorrichtung nach Abb. 161 bis 162 wird alles Gefühlsmäßige ausgeschaltet, statt dessen erfolgt eine stets im Betrieb befindliche mechanische Messung des

Abb. 161. Schleifvorrichtung eingeschwenkt.

Teiles auf Maßhaltigkeit, zylindrische Form und Unrundheit. Diese Schleifmeßvorrichtung kann an jeder Rund- und Flächenschleifmaschine befestigt werden und mißt alle Innen- und Außendurchmesser auf 0,001 mm Genauigkeit, desgleichen auch flache Arbeitsstücke (s. Abb. 162). Außergewöhnlich sind hier die Ersparnisse, sie erreichen bis zu 70 vH der sonst notwendigen Meßzeiten sowie der dazu erforderlichen Ein- und Ausspanzeiten für ein Schleifteil.

Abb. 161a. Schleifvorrichtung ausgeschwenkt.

Abb. 162. Schleifen von Flachstücken.

**Lehrenbohrmaschine** (Abb. 163).

Austauschbare Bohrteile für Werkzeuge und Vorrichtungen mit Löchern zu versehen, deren Abstände engbegrenzt sind, ist mühevoll, zeitraubend und teuer. Daher das Bedürfnis, sie im Werkzeugbau

Abb. 163. Lehrenbohrmaschine.

leichter und in kürzerer Zeit auf einer Lehrenbohrmaschine auszuführen. Eine außergewöhnlich große handwerkliche Geschicklichkeit erfordern symmetrisch stehende Löcher, die ohne Spiel zum Gegenstück auf Umschlag herzustellen sind. Um diese Schwierigkeit maschinell zu überwinden, müssen alle Elemente der Meßmaschine, die zur Kontrolle der Bohrgenauigkeit dienen, so in ihr untergebracht sein, daß sie leicht zu betätigen sind. Die Maschine ist so konstruiert, daß Bohrspindel und Arbeitstisch nach dem Koordinatensystem einstellbar sind und beide Schlitten sich unabhängig voneinander auf festen Führungen bewegen lassen. Sie gestattet, ein bedingtes Maß durch Mikrometertrommel auf 0,001 mm genau in mäßiger Zeit einzustellen und mit etwa 0,005 mm Genauigkeit zu bohren. In Abb. 163 wird eine Lehrenbohrmaschine

Abb. 163a.

gezeigt, die Deutschland in neuzeitlich arbeitenden Betrieben besitzt, und die sich bewährt, die aber auch mit großem Verständnis behandelt werden muß. Die Abbildung zeigt die Arbeitsweise dieser Maschine und läßt den Antrieb für die Bohrspindel erkennen. Als Zubehör dient

Abb. 163b.

Abb. 163c.

der um 90° schwenkbare Rundtisch (Teilkopf, Abb. 163a), mit dem jede gewünschte genaue Gradeinstellung möglich ist. Er ist erschütterungsfrei gebaut, in jeder beliebigen Stellung, und auf Mitte durch Libelle fest einstellbar. Zur Kontrolle des einzustellenden Maßes bedient man sich optischer Hilfsmittel, mit denen noch etwaige Ungenauigkeiten verbessert werden können (s. Abb. 163b und mit Meßuhr Abb. 163c).

# G. Verschiedenes.

## Der Einfluß veränderlicher Stößelspiele bei Schnittpressen.

In einer Anzahl von Stanzereibetrieben wird immer noch unwirtschaftlich gearbeitet, weil viele Pressen mit unveränderlicher Drehzahl des Schwungrades laufen. Längere Streifenvorschübe brauchen nun einmal mehr Zeit als kürzere, und deshalb ist man bei ersteren genötigt, die Presse nach jeder Vorschubbewegung einzurücken. Um das zu verhindern, ist beim Schneiden eine fortlaufende Streifenbewegung anzustreben, die aber nur dann gewährleistet werden kann, wenn die Stößelhübe den Vorschubstrecken des Streifens angepaßt sind. Das Schneiden der Teile soll keineswegs nur von der Geschicklichkeit der Arbeiterin abhängen. Zwischen selbsttätigem und Handvorschub muß unterschieden werden. Treten verschiedene Handvorschübe auf, so kann nur dann ein ununterbrochenes Schneiden möglich sein, wenn die Presse entweder von einem Regelmotor oder bei Transmissionsantrieb über Stufenvorgelege angetrieben wird. Abb. 164 zeigt eine Exzenterpresse für etwa 22000 kg Betriebskraft mit vier Geschwindigkeitsstufen, 10000, 7500, 5600 und 4200 U/h, bei der die Veränderlichkeit der Stößelhubzahl eine Leistungssteigerung ergab. Dafür ist es gleichgültig, ob die zur Verwendung gelangenden Werkzeuge mit Seitenschneider oder Einhängestift arbeiten; erstere gebrauchen in der Vorschubbewegung des Streifens weniger Zeit als letztere. Anhaltspunkte für gesteigerte Leistungen im Schneiden sind im Diagramm der Abb. 165 gegeben, aus dem Werte für die Stückzeitberechnung entnommen werden können, wobei Minderleistungen für Werkzeuge mit Einhängestiften bis zu 10 vH auftreten. Um möglichst große Leistungen mit Schnittwerkzeugen zu erreichen, wähle man den Schrägscharfschliff in Vorschubrichtung $0{,}9 \cdot \delta$, der über alle Schnittstempel hinweggeht; ein Erfolg ist nur bei guter Werkzeughärte gewährleistet.

Abb. 164. Presse mit veränderlichen Stößelspielen.

## Bestimmung zweckmäßiger Stößelhubzahlen.

Legt man einen minutlich zu verarbeitenden Streifenweg von 2400 mm zugrunde, so kann daraus eine durchschnittliche Hubzahl des Stößels ermittelt werden. Grundsätzlich ist anzustreben, daß in jedem Falle bei kleiner wie bei großer Vorschubstrecke ein gleich langer

Arbeitsweg je min von dem Streifen zurückgelegt wird. Um das zu erreichen, ist die Drehzahl für die Stößelhübe zu ermitteln, denn sie ist für die Beurteilung der Stückleistung von Bedeutung. Die zu ermittelnde Drehzahl ergibt sich aus der Gleichung

$$L = n \cdot V_s,$$

hierin bedeuten:

$L$ = Arbeitsweg des Streifens mm/min,
$n$ = Stößelhubzahl je min,
$V_s$ = Vorschubstrecke in mm.

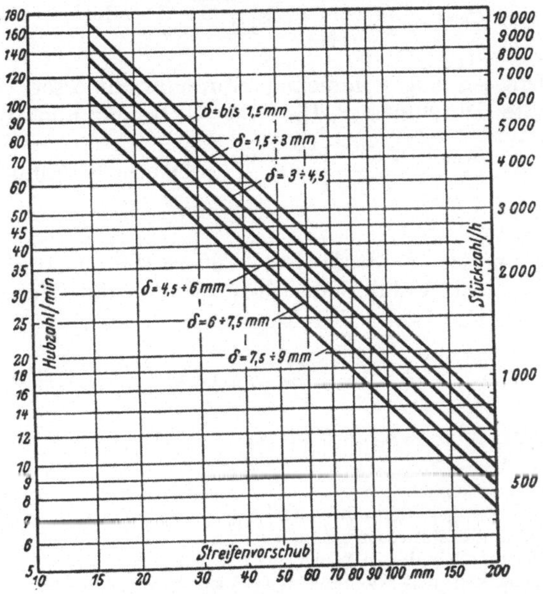


Abb. 165. Diagramm zur Bestimmung minutlicher Stößelhübe.

Beispielsweise würden sich bei einem minutlichen Arbeitswege von 2400 mm für den Streifen und mit Vorschubstrecken von 40 mm, 20 mm und 10 mm, Stößelhubzahlen $n = \frac{2400}{40} = 60$, $\frac{2400}{20} = 120$ und $\frac{2400}{10} = 240$ je min ergeben. Bei näherer Betrachtung dieser Zahlen wird man feststellen können, daß dies im wesentlichen gebräuchliche Drehzahlen für Pressen sind.

Aus dem Vorangegangenen ist zu folgern, daß Geschwindigkeitsänderungen in gewissen Grenzen am Platze sind und berücksichtigt werden sollen, weil von ihnen die Leistung der Presse abhängt. Die Drehzahlen für die Stufenscheiben des Deckenvorgeleges sind nach einer geometrischen Reihe zu bestimmen, und zwar:

$$\varphi = \sqrt[z-1]{\frac{n_z}{n_1}} = \sqrt[3-1]{\frac{125}{60}} \approx 1{,}4,$$

woraus sich eine Zahlenreihe ergibt:

$$n = 63,\ 90,\ 125 \text{ und darüber rd. } 180,\ 250,\ 355 \text{ U/min.}$$

Diese Werte stimmen mit denen der Normzahlen für minutliche Stößelspiele fast überein. Je nach der zu übertragenden Antriebsleistung der Presse sind die Stufendurchmesser der Stufenscheibe am Deckenvorgelege nach einer arithmetischen Reihe wie folgt festzulegen, und den Scheiben ist eine genügende Breite zu geben:

$$\frac{D_{\min}}{D_{\max}} = \frac{1}{\varphi \cdot \frac{m-1}{2}} = \frac{1}{1{,}4 \cdot \frac{3-1}{2}} = \frac{1}{1{,}4}.$$

Bei einem kleinsten angenommenen Stufendurchmesser von 150 mm wird der größte Durchmesser $150 \cdot 1{,}4 = 210$ mm und die Stufung:

$$\frac{D_{\max} - D_{\min}}{m-1} = \frac{210-150}{3-1} = \frac{60}{2} = 30 \text{ mm (Stufung)},$$

demnach:

1. Stufe 150 mm ∅, 2. Stufe $150 + 30 = 180$, 3. Stufe $180 + 30 = 210$ mm ∅. Die Stufenbreite der Stufenscheibe des Deckenvorgeleges richtet sich nach der Breite des Riemens

$$b = \frac{N \cdot 60 \cdot 75}{s \cdot c \cdot D \cdot \pi \cdot n} \text{ in cm},$$

hierin bedeuten:

$N$ = Leistung in PS,
$b$ = Riemenbreite in cm,
$S$ = Riemendicke (anzunehmen) in cm,
$D$ = Riemenscheibendurchmesser in m,
$n$ = Drehzahl obiger Scheibe je min,
$c$ = spez. Belastbarkeit des Riemens $\sim 12{,}5$ kg/cm².

Ist die Riemenbreite ermittelt, so ergibt sich aus ihr die Breite für jede Stufe der Scheibe $B = 1{,}1 \cdot b + 1$ cm.

Zweckmäßig ist es, für Streifenarbeiten, bei denen verschieden große oder sperrige Teile ausgeschnitten werden, in jedem Falle die Pressen mit Stufenscheiben auszustatten oder, was noch besser ist, sie mit stufenlosen Vorsatzgetrieben laufen zu lassen. Trotz Herabminderung der Drehzahlen sind bei solchen Arbeiten Leistungssteigerungen zu erreichen.

## Arbeitsvermögen und Arbeitsabgabe der Presse.

Das Arbeitsvermögen der Presse liegt in der Wucht des Schwungrades und kann sich nur mit dem Quadrat der Winkelgeschwindigkeit vergrößern oder auch verkleinern. Man ermittelt dieses Arbeitsvermögen durch die Gleichung:

$$A = J \cdot \frac{\omega^2}{2}.$$

Hierin bedeuten:

$A$ = Arbeitsvermögen der Presse oder Wucht. . . . . . . . . . in mkg,
$J$ = Massenträgheitsmoment für Radkranz, Speichen, Nabe usw. in kg m s²,
$\omega = \frac{\pi \cdot n}{30}$ = Winkelgeschwindigkeit für Radkranz, Speichen, Nabe $\frac{1}{s}$.

Liegt z. B. folgendes für die Presse zugrunde:

Scherfläche . . . . . . . . . . . . . . . $F$ = 2000 mm² (einschl. Sicherheit),
Schnittkraft . . . . . . . . . . . . . . . $P$ = 100000 kg max,
Schwungraddurchmesser . . . . . . . . $D_a \approx$ 930 mm,
Schwungradbreite . . . . . . . . . . . $b$ = 125 mm,
Drehzahl des Schwungrades . . . . . . . $n$ = 110 U/min,

dann ergibt sich daraus:

Das Schwungrad, das mit einem dreistufigen Deckenvorgelege und den Drehzahlen $n = 60, 90, 125$ U/min angetrieben werden soll, hat bei einer Blechdicke von 2 mm und Scherfestigkeit $\tau_a = 50$ kg/mm² eine Arbeitsleistung $A = \frac{P \cdot x \cdot \delta}{1000}$ in mkg abzugeben.

Der Wert $x$ ist ein Berichtigungsbeiwert, der außer vom Schneidspalt und der Art des Scharfschliffes vor allem von der Werkstoffhärte abhängt (vgl. S. 147). Meist wird $x \approx 0{,}63$ geschätzt.

Also $A = \frac{100000 \cdot 0{,}63 \cdot 2}{1000} = 126$ mkg.

Das Arbeitsvermögen der Presse ist $A = J \cdot \frac{\omega^2}{2}$ bei $\omega = \frac{\pi \cdot 110}{30} = 3{,}67 \cdot \pi$ und

$J = \frac{A \cdot 2}{\omega^2} = \frac{126 \cdot 2}{3{,}67^2 \cdot \pi^2} = 1{,}9$ kg m s².

Wird in der allgemein bekannten Gleichung $J = m \cdot i^2$ die Masse $m = \frac{G}{g}$ und $i = \frac{D}{2}$ gesetzt, so wird $J = \frac{G}{g} \cdot \frac{D^2}{4}$ bzw. $G \cdot D^2 = 4g \cdot J$ (für $g = 10$ m s⁻²) und das Schwungmoment $G \cdot D^2 = 40 \cdot J$ in kg m²; hierbei ist:

$G$ = Gewicht des Radkranzes in kg,
$D = 2\,i$ = Trägheitsdurchmesser in m auszudrücken.

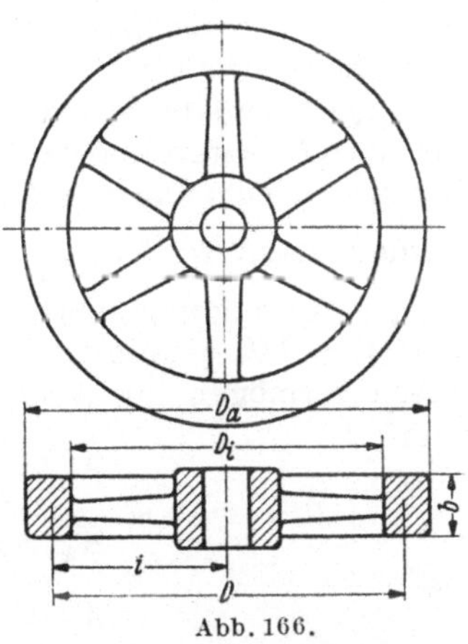

Abb. 166.

Als Überschlagsrechnung rotierender Ringe ist diese Gleichung für die Ermittlung des Schwungmomentes verhältnismäßig einfach. Mit Vernachlässigung der Speichen und Nabe folgt aus

$$J = 1{,}9 \text{ kg m s}^2 \text{ (Massenträgheitsmoment)}$$

und

$$GD^2 = 40\,J = 76 \text{ kg m}^2 \text{ (Schwungmoment)}$$

mit der Annahme eines Trägheitshalbmessers

$$i = \sqrt{\frac{r_a^2 + r_i^2}{2}} = 0{,}44 \text{ m} \quad \text{und} \quad r_a^2 + r_i^2 = 2i^2 = 0{,}387 \text{ m}^2$$

($r_a$ = äußerer, $r_i$ = innerer Kranzhalbmesser)

die Bestimmung der Radkranzdurchmesser:

$$\frac{G D^2}{0{,}88^2} = G = \frac{\pi}{4} \cdot (D_a^2 - D_i^2) \cdot 1{,}25 \cdot 7{,}25 = 98{,}2\ \text{kg},$$

$$D_a^2 - D_i^2 = \frac{4 \cdot 98{,}2}{1{,}25 \cdot 7{,}25 \cdot \pi} = 14\ \text{dm}^2 = 0{,}14\ \text{m}^2,$$

$$r_a^2 - r_i^2 = \frac{0{,}14}{4} = 0{,}035\ \text{m}^2$$

$$r_a^2 + r_i^2 = \quad 0{,}387\ \text{m}^2$$

$$2 r_a^2 = \quad 0{,}422\ \text{m}^2$$

$$r_a = \sqrt{\frac{0{,}422}{2}} = 0{,}46\ \text{m}.$$

$D_a = 0{,}92$ m stimmt mit der am Anfang gemachten Schätzung $D_a = 930$ mm gut überein.

$$0{,}46^2 - r_i^2 = 0{,}035,$$

$$r_i = \sqrt{0{,}176} = 0{,}42\ \text{m},$$

$$D_i = 0{,}840\ \text{m}.$$

Mit Rücksicht auf die Reibungsverluste der Presse ist ein um 8 bis 10 vH größeres Schwungmoment als gerechnet erwünscht. Dafür sind bei der Berechnung die Schwungmomente von Speichen und Nabe nicht berücksichtigt.

Ändert man die Winkelgeschwindigkeit des Schwungrades, so ändert sich das Arbeitsvermögen. Waren $A$ und $\omega$ die Werte, die anfänglich für die Berechnung des Arbeitsvermögens der Presse zugrunde gelegt wurden, dann wird $A_1 = A \cdot \frac{\omega_1^2}{\omega^2} = A \cdot \frac{n_1^2}{n^2}$.

Bei Anwendung eines Deckenvorgeleges mit drei Drehzahlstufen statt $n = 110$ je min, z. B. $n_1 = 63$, 90 und 125 U/min, ergeben sich Arbeitsvermögen für $A = 126$ mkg:

$$A_1 = 126 \cdot \left(\frac{63}{110}\right)^2 \approx 41{,}2\ \text{mkg},$$

$$A_2 = 126 \cdot \left(\frac{90}{110}\right)^2 \approx 83{,}9\ \text{mkg},$$

$$A_3 = 126 \cdot \left(\frac{125}{110}\right)^2 \approx 162\ \text{mkg}.$$

Daraus ergeben sich die möglichen Schnittkräfte bei einer Blechdicke von 2 mm:

$$P_1 = \frac{1000 \cdot A_1}{x \cdot \delta} = \frac{1000 \cdot 41{,}2}{0{,}63 \cdot 2} = 32800\ \text{kg}; \quad P_2 = \frac{1000 \cdot 83{,}9}{0{,}63 \cdot 2} = 67000\ \text{kg};$$

$$P_3 = \frac{1000 \cdot 162}{0{,}63 \cdot 2} = 129200\ \text{kg}.$$

Mit diesen Schnittkräften können 2 mm dicke, runde Scheiben, die eine Scherfestigkeit von $\tau_a = 50$ kg/mm² haben, von folgenden Durchmessern geschnitten werden:

$$D \cdot \pi \cdot \delta \cdot \tau_a = P; \qquad D = \frac{P}{\pi \cdot \delta \cdot \tau_a};$$

$$D_1 = \frac{32800}{\pi \cdot 2 \cdot 50} \approx 104 \text{ mm } \varnothing\,; \qquad D_2 = \frac{67000}{\pi \cdot 2 \cdot 50} \approx 214 \text{ mm } \varnothing\,;$$

$$D_3 = \frac{129200}{\pi \cdot 2 \cdot 50} \approx 412 \text{ mm } \varnothing\,.$$

Sie entsprechen einer Scherfläche von:

$$F = D \cdot \pi \cdot \delta;\; F_1 = 104 \cdot \pi \cdot 2 \approx 654 \text{ mm}^2;\; F_2 = 214 \cdot \pi \cdot 2 \approx 1344 \text{ mm}^2;$$

$$F_3 = 412 \cdot \pi \cdot 2 \approx 2584 \text{ mm}^2$$

(s. Angaben am Anfang).

Diese Ergebnisse zeigen einen Überblick über die Ausbeute des Arbeitsvermögens der Presse[1]. Wird das Arbeitsvermögen überschritten, kommt die Presse zum Stillstand. Bei überschüssiger Wucht kann sie überbeansprucht werden, wogegen dann Sicherungselemente erforderlich sind. Aus diesen Erwägungen sind grundsätzlich Stanzvorgänge, wie sie beim Biegen mit Enddruck (Prägen) auftreten, auf Exzenterpressen zu unterlassen, weil die Kräfte unkontrollierbar sind und auf Kosten des Exzenterzapfens und seiner Buchse gehen.

## Drehzahlbestimmung für gegebene Teile.

Hier wird gezeigt, welche Vorteile erwachsen, wenn mit veränderlichen Hubzahlen gearbeitet wird. Aufmerksame Beobachtung in Betrieb befindlicher Pressen wird ergeben, wie klein in den meisten Fällen die Ausbeute der Wucht des Schwungrades ist und wie eine Leistungssteigerung durch Drehzahländerung mit Stufenscheibenantrieb oder ähnlichen Mitteln möglich ist.

*Für Schnitteile*

| | gegeben | | | | | ermittelt | | | gewählt Stufenschb.- ⌀ | | |
|---|---|---|---|---|---|---|---|---|---|---|---|
| | Abb. | Werkstoff | $\tau_a$ | $\delta$ | $V_s$ | $F$ | $P$ | $n$ | kl. ⌀ | m. ⌀ | gr. ⌀ |
| a | 15 | Siliziumeisen. | 45 | 0,3 | 8,5 | 15,5 | 700 | 287 | 125* | — | — |
| b | 30 | Messing, hart | 35 | 2 | 18,25 | 428 | 15000 | 131 | 125 | — | — |
| c | 17 | Neusilber . . | 36 | 0,5 | 103,5 | 80 / 104 | 2880 / 3744 | 33 | — | — | 60* |

$\tau_a$ = Abscherfestigkeit in kg/mm², $F$ = Scherfläche in mm²,
$\delta$ = Blechdicke in mm, $P$ = Schnittkraft in kg,
$V_s$ = Vorschub in mm, $n$ = Drehzahl der Exzenterwelle.

[1] Das Arbeitsvermögen des Schwungrades wird bei einer Spindelpresse ganz ausgenutzt, das Schwungrad kommt zum Stehen. Ist die Wucht bei zu hoher Drehzahl so groß, daß sie durch die elastische Federungsarbeit des Ständers nicht aufgenommen werden kann, so wird nur eine Überlastsicherung Überbeanspruchungen vermeiden. Daher sollte auch bei gleicher Preßkraft je nach der verlangten Arbeit eine unterschiedliche Schwungraddrehzahl gewählt werden. Bei Kurbel- oder Exzenterpressen muß je nach der Arbeitsart der Presse und dem verwendeten Antriebsmotor das Arbeitsvermögen des Schwungrades ein Vielfaches der bei jedem Hub abzugebenden Nutzarbeit sein. Z. B. setzt KIENZLE in einer Netztafel zur Berechnung von Pressen in dem Buch „Normungszahlen“, Seite 290, das Arbeitsvermögen des Schwungrades gleich dem Fünffachen der Scherarbeit. D. h. die Wucht sinkt beim Scheren auf $^4/_5$ und die Schwungraddrehzahl auf $\sqrt{^4/_5} \approx 90\%$.

Nach Abb. 17 sind zweifach und vierfach wirkende Werkzeuge erforderlich:

Zu a: *Eine schneller laufende Presse am Platze.

Zu b: Eine Presse mit $n = 90$ Hüben/min geeignet.

Zu c: *Eine langsam laufende Presse ist zu wählen, sonst ist mit Unterbrechung (Stillsetzen des Stößels) hinter jedem Vorschub zu schneiden.

## Kraftbedarf für das Biegen einfacher und Doppelwinkel.

Das Biegen von Winkeln auf Exzenterpressen ist auf alle Fälle zu unterlassen, es erfordert eine Kraft, die abhängig ist von der Auflageentfernung der Teilschenkel und der Abrundung der Stanzkanten des Unterstempels[1]. Hinzu kommt, daß durch Toleranzen der Teildicken eine Steigerung oder Verminderung der Biegekraft eintreten kann. Demnach kann nur unter gewissen Voraussetzungen angenähert die Biegekraft ermittelt werden, wobei die Auswerferkraft mit berücksichtigt werden muß.

Für einfache Winkel von 90° mit gerundeter Ecke bestehen bestimmte Verhältnisse von Innenabrundung zu Teildicke, sie werden ebenfalls von dem Abstand der Stanzkanten des Werkzeuges beeinflußt.

*Abstand der Stanzkanten in Abhängigkeit von der Winkelinnenabrundung.*

| $L/\delta$ | | 10 | 8 | 6 |
|---|---|---|---|---|
| $r_i$ | | $1{,}6 \cdot \delta$ | $1{,}4 \cdot \delta$ | $1{,}0 \cdot \delta$ |
| $\sigma_B =$ 34 ... 42 kg/mm² | $\sigma_b \approx$ | $9{,}4 \cdot \sigma_B$ | $11 \cdot \sigma_B$ | $11{,}25 \cdot \sigma_B$ |
| $\sigma_B =$ 30 ... 35 kg/mm² | $\sigma_b \approx$ | $7{,}5 \cdot \sigma_B$ | $8{,}7 \cdot \sigma_B$ | $9{,}1 \cdot \sigma_B$ |

Bei gleichbleibenden Quotienten von $L$ zu $\delta$ steigt die Kraft mit dem Quadrat der Teildicke. Das Biegeteil ist als Träger auf zwei Stützen ruhend, in der Mitte belastet, anzusehen. Danach ist

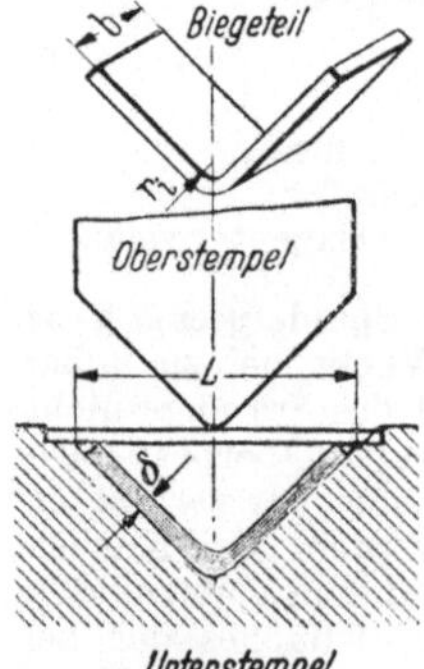

Abb. 167.

$$\frac{P \cdot L}{4} = \frac{b \cdot \delta^2 \cdot \sigma_b}{6} \quad \text{und} \quad P = \frac{2b \cdot \delta^2 \cdot \sigma_b}{3L}.$$

Ist die Breite des Winkels mit 20 mm, $\delta = 2$ mm, $r_i = 2{,}8$ mm gegeben, dann kann bei dem Verhältnis $2{,}8/2 = 1{,}4$ der Abstand $L/\delta = 8$ gewählt werden, woraus sich bei einer Werkstoffestigkeit $\sigma_B = 40$ kg/mm² ein

$$P = \frac{2 \cdot 20 \cdot 2^2 \cdot 11 \cdot 40}{3 \cdot 8 \cdot 2} = 1467 \text{ kg}$$

ergibt.

Für U-förmige Doppelwinkel wird die Biegekraft bei abgeschrägter Stanzkante des Unterwerkzeuges (s. Abb. 112) herabgesetzt. Unter den Voraussetzun-

[1] Vgl. O. Kienzle: Untersuchungen über das Biegen. Mitt. Forschungsgesellschaft Blechverarbeitung 1952, Nr. 6, S. 64.

gen, daß die Teilschenkel beim Biegevorgang nicht ausgezogen werden, das zu biegende Teil im Unterwerkzeug an den Enden frei aufliegt und der Abstand zu den Auflagepunkten nach Abb. 168 „$a$" beträgt, ergibt sich

$$W = \frac{P \cdot a}{2\sigma_b}; \quad P = \frac{\sigma_b \cdot b \cdot \delta^2}{3a}.$$

Wird $a = 4{,}5 \cdot \delta$ und $\sigma_b = x \cdot \sigma_B$ gesetzt

| $\sigma_B =$ 30 bis 35 kg/mm² | 32 bis 52 kg/mm² | |
|---|---|---|
| $x =$ 18 | 20 | bis $\delta = 6$ mm, |

so ergeben sich in der Praxis bestätigte Kräfte, z. B. für $\delta = 4$ mm, $a = 4{,}5 \cdot 4 = 18$ mm, Teilbreite 20 mm, $\sigma_B = 40$ kg/mm²

$$P = \frac{20 \cdot 40 \cdot 20 \cdot 4^2}{3 \cdot 18} = 4750 \text{ kg ohne Auswerferkraft}$$

und mit einer Auswerferkraft $\frac{P}{3} = \frac{4750}{3} = 1580$ kg:

$$P_1 = 4750 + 1580 = 6330 \text{ kg}.$$

Kommt hierbei die Federkraft eines Zentralauswerfers in Frage, dann ist diese an Stelle der 1580 kg zu setzen.

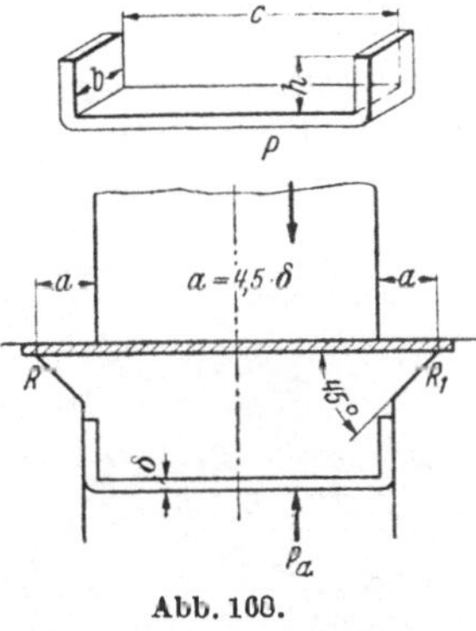

Abb. 169.

Das Biegen von Stanzteilen, darunter Einfach- und Doppelwinkeln, eignet sich nicht für Exzenterpressen, weil man dazu eine Endkraft benötigt, die unkontrollierbar und zuweilen schädlich für die Presse ist.

Zum Biegen sind kleine Biegegeschwindigkeiten zu wählen, um der Trägheit der Werkstoffwanderung Rechnung zu tragen; ein Reißen des Werkstoffes tritt dann nicht ein. Für leichtere Stanzarbeiten werden Pendelpressen, für mittlere Arbeiten Reibtriebpressen, für schwere Arbeiten Kniehebelpressen verwendet.

## Schutzmaßnahmen für Pressen gegen Bruch.

Da man bei Biegearbeiten mit notwendiger Endkraft oder Prägearbeiten die Betriebskräfte an Exzenterpressen nicht richtig einschätzen kann, gibt es mit Ausnahme des Druckreglers nur Schutzmaßnahmen, die auf Anwendung von Sicherungselementen in Form von Scherstiften, Scherplatten oder einem Werkzeugträger mit Geräuschsignal (s. S. 185) beruhen. Zur Beurteilung des Schutzes gegen Körperbruch gibt das Verformungsdiagramm einen Aufschluß.

**Starrheitsdiagramm.** Eine Presse, deren Körperstarrheit im Belastungsfalle geprüft werden kann, besitzt ein Pressenschild mit Diagramm, aus dem die zulässige Auffederung des Pressenkörpers und die Federung der Führungen in Winkelminuten abzulesen ist. Abb. 169 zeigt ein solches Pressenschild mit Starrheitsdiagramm, bei dem für eine Normalkraft von 40 t die Auffederung des Pressenkörpers beispielsweise 0,4 mm und die Schräglage 3,5 Winkelminuten beträgt. Mit

Sicherheit ist laut Angabe der Pressenfirma eine 25 vH höhere Betriebskraft und entsprechend größere Auffederung des Pressenkörpers zulässig.

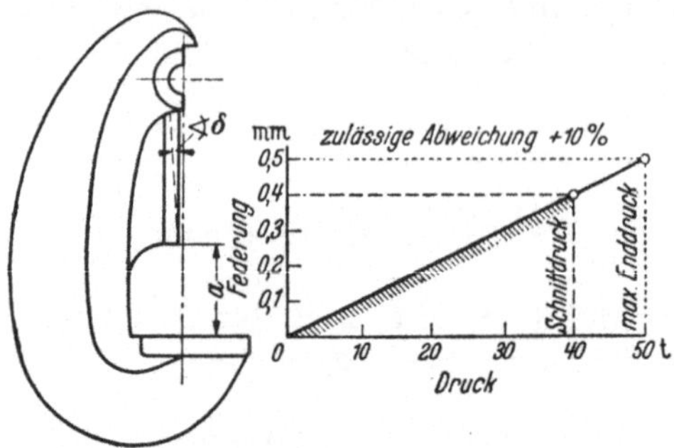


Abb. 169. Körperfederung. Federung bei 40 t, Druck 0,40 mm. Rückfederung der Führungen $\sphericalangle\ \delta = 3{,}5$.

**Druckreglerpresse.** Zum Schutz für Werkzeug und Presse sind Druckregler entstanden, die rechtzeitig rapides Ansteigen der Arbeitskraft über eine festgelegte Beanspruchung verhindern. Diesem Aggregat ist besondere Aufmerksamkeit zu widmen, wenn sich hohe Stanzkräfte bei handelsüblicher Blechtoleranz entwickeln, z. B. bei Biege- oder Prägearbeiten. Mit größter handelsüblicher Plustoleranz steigt nämlich die Überlastung bei mittleren Blechdicken auf das Doppelte der normalen Kraft an. Dieser Übelstand und das durch die bedienende Hand verursachte irrtümliche Einlegen von Doppelteilen in das Unterwerkzeug schädigt Werkzeug und Presse bei Verwendung eines Druckreglers nicht (Abb. 170 bis 170b), weil dieser bei jeder Drucküberschreitung in Tätigkeit tritt. Er besteht aus einem in den Stößel eingebauten leicht durchknickbaren Kniegelenk, das durch einen Druckluftpuffer abgestützt ist. Beim Überschreiten der Betriebskraft knickt das Gelenk im Stößel weiter nach hinten aus (Abb. 170b), worauf das Druckluftkissen nachgibt. Die Kolben des Druckluftpuffers sind so bemessen, daß der übliche Betriebsdruck von etwa 6 atü für die Höchstkraft ausreicht. Das Sinnvolle in der Konstruktion des Druckreglers besteht darin, daß das Kniegelenk beim Stößelaufwärtsgang in seine ursprüngliche Lage zurückgeht und dauernd betriebsfertig bleibt, selbst dann, wenn eine übermäßig gesteigerte Kraft auftreten sollte.

Abb. 170. Druckreglerpresse.

**Sicherungselemente.** Scherstifte im Antrieb, wie in Abb. 171 gezeigt, bieten nur einen unvollkommenen Pressenschutz, weil sie auf ein bestimmtes Drehmoment berechnet sein müssen, in diesem Falle so, wie es die stark gezeichnete Lage der Kurbel bei Aufnahme der Vollast darstellt, was bei Herstellung von Schnitteilen vorkommt. Zum Schneiden dünnerer Teile oder beim Prägen in punktierter Kurbelstellung hält die Drehmomentsicherung ein Vielfaches mehr als vorher aus und kann die Presse nicht mehr vor Überlast schützen. Hinzu kommt die Kniehebelwirkung der Pleuelstange, die eine übergroße Kraft auf die Antriebslager ausübt, also die Kurbel gefährlich belastet, ganz einerlei, ob der Sicherungsstift abgeschert wird oder nicht.

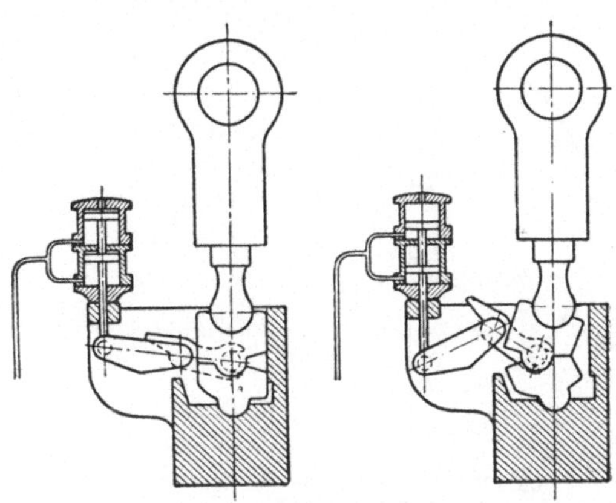

Abb. 170a. Druckregler. Kniehebel in Druckstellung. Abb. 170b. Kniehebel in druckloser Stellung.

Einen Schutz gegen Pressenüberlastung bieten vor allen Dingen Schersicherungen, die in der Stößelbahn, sei es am Gelenk des Stößels selbst oder im Einspannzapfen des Werkzeuges untergebracht sind. Damit erstere Sicherungsteile (Scherplatten) bei einer bestimmten Kraft sicher durchscheren, ist die Wahl des geeigneten Werkstoffes wichtig, zumal bei Dauerbeanspruchung mit einem Durchsetzen der Platten gerechnet werden muß, was eine neue Einstellung des Werkzeuges nötig macht. Abb. 171c klärt, ob weicher Werkstoff von geringer Festigkeit oder spröder, festerer Werkstoff vorteilhaft ist. Im ersten Fall

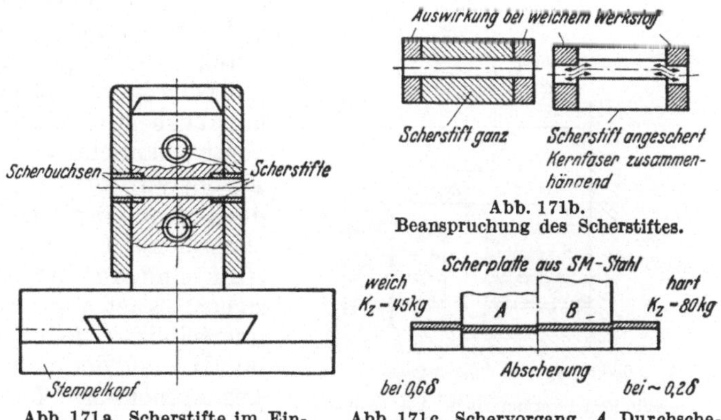


Abb. 171b. Beanspruchung des Scherstiftes.

Abb. 171. Abb. 171a. Scherstifte im Einspannzapfen des Zwischenkopfes. Abb. 171c. Schervorgang. *A* Durchscherung bei 0,6 $\delta$; *B* Durchscherung bei 0,2 $\delta$.

ist bei einem Stahl von $\sigma_B = 45$ kg/mm² als Scherwerkstoff ein Scherweg von etwa $0{,}6 \cdot \delta$ erforderlich, d. h., während des Schervorganges tritt eine Dehnung quer zur Walzfaserrichtung des Werkstoffes auf, die zum völligen Trennen des Werkstoffes überwunden werden muß. Dabei federn nämlich die Werkstoffasern zurück, was einen Zusammenhalt der Scherflächen begünstigt. Wenn härterer Werkstoff verwendet wird, liegen die Verhältnisse anders. Die Praxis hat gezeigt, daß z. B. bei blauhartem Federbandstahl die Eindringtiefe des Stempels etwa 0,1 mm ist, wobei das Teil völlig abschert, SM-Stahl von $\sigma_B = 80$ bis 85 kg/mm$^2$ dagegen läßt sich bei etwa 0,12 mm Eindringtiefe des Stempels vollkommen abscheren; dies genügte bisher, um eine genaue Stillsetzung der Maschine zu ermöglichen. In Abb. 171b ist der Scherstift in der Normalbeanspruchung unversehrt, die Last zur Abscherung des Stiftes

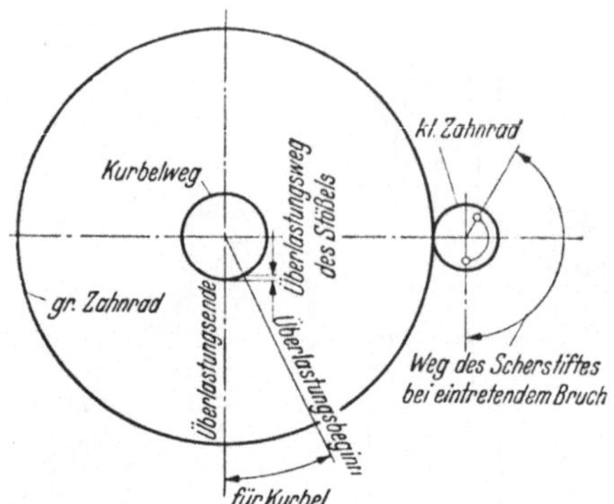


Abb. 171d. Bereich des Scherweges bei Stiftverwendung.

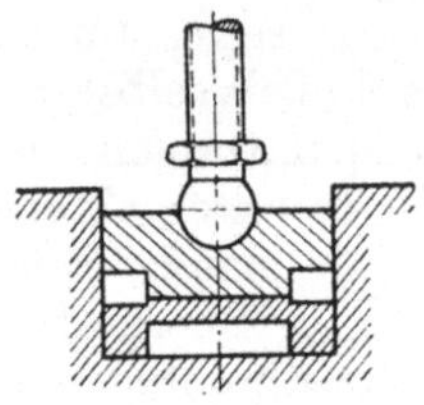

Abb. 171e. Eingebaute Scherplatte im Stößelschlitten.

wurde noch nicht erreicht; die andere Darstellung zeigt den Stift in einer Anscherung, die auf zu weichen Werkstoff zurückzuführen ist. Bei Abb. 171d ist zu sehen, warum sich härterer Werkstoff besser für Sicherungselemente eignet als weicher. Härterer Scherwerkstoff läßt im Höchstfall nur eine Eindringtiefe für Stift und Platte von 0,2 mm zu und schert genau ab; sein Überlastungsweg ist in der Darstellung durch Pfeile gekennzeichnet. Der Kurbelweg ist hierbei vom Überlastungsbeginn bis Überlastungsende veranschaulicht und beträgt für den Abscherstift etwa $^1/_6$ der Umdrehung des kleinen Vorgelegezahnrades. Sicherungselemente aus weichem Werkstoff sind in der Abscherung unsicher; es ist angebracht, den Scherquerschnitt des Stiftes um etwa 30 vH über der normalen Werkstoffbeanspruchung festzulegen, damit für ihn eine Dauerfestigkeit gewährleistet ist. In Abb. 171a sind z. B. drei Scherstifte im Einspannzapfen eines Werkzeuges untergebracht, die beim Überschreiten der zulässigen Höchstkraft abscheren können. Je nach der erforderlichen Druckkraft kann man auch weniger Scherstifte anwenden. Es ist besser und billiger, an Stelle einer Scherplatte Abb. 171c mehrere übereinander liegende Scherplatten (s. Abb. 171f) zu verwenden.

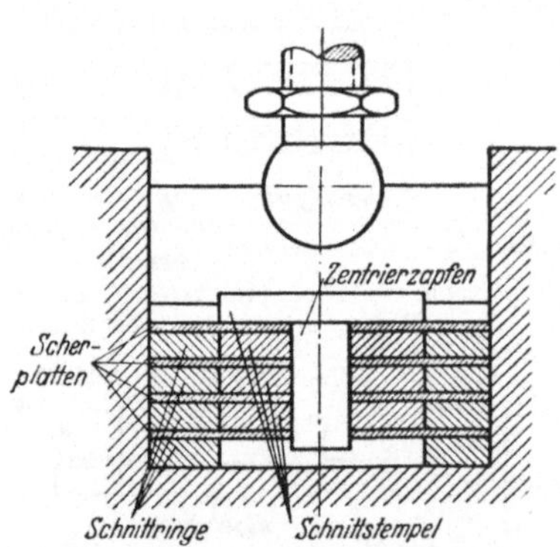


Abb. 171f. Veränderliche Abscherplatte zum Anpassen an den Höchstdruck.

## Richtlinien für die Auswahl geeigneter Pressen beim Kauf[1].

Beim Erwerb von Pressen wird man in der Regel vor Entscheidungen gestellt, die dazu zwingen, aus Sicherheitsgründen vor dem Kauf abermals Überlegungen anzustellen, um nachzuprüfen, ob nicht in dem beabsichtigten Vorhaben Fehlgriffe unterlaufen sind. Die üblichen Beratungen mit dem Fabrikanten wegen eines Pressenkaufes sind nur vorbereitende Maßnahmen zur besseren Orientierung, da der Kauf erst nach Abwägen der in Aussicht stehenden Vorteile bzw. auftauchenden Nachteile spruchreif wird. Dem Besteller fällt also die Aufgabe zu, die Bedingungen für die Maschine selbst aufzustellen. Er wird von Enttäuschungen verschont bleiben, wenn er an die heikelsten Kernpunkte der Maschine herangeht und hierfür seine Forderungen festlegt. Grundsätzliche Forderungen für Pressen sind:

1. Möglichst kleine Auffederung des Pressenkörpers bei größter Kraft,
2. eine jederzeit sicher arbeitende, also einwandfreie Ein- und Ausschaltkupplung der Maschine,
3. eine praktische, leicht an- und abbaufähige Schutzvorrichtung für die bedienende Hand,
4. völlige Austauschbarkeit der später zu ergänzenden Maschinenteile und eventueller zusätzlicher Apparaturen.

Zu 1: Die Auffederung des Pressenkörpers schädigt die in Führung laufenden Werkzeugstempel sehr, weil im Augenblick der Maschinenbelastung die Richtung des Stößelschlittens von der Senkrechten des Pressentisches abweicht und mithin auch die Werkzeugstempel aus ihrer Lage bringt; durch das Ecken der Stempel muß ein größerer Werkzeugverschleiß eintreten. Die garantierte Auffederung des Körpers bei Höchstbeanspruchung der Presse gehört zur Beurteilung der Maschinengüte; andererseits kann zur Herabminderung der Federung viel durch Schräg- oder Dachschliff am Werkzeug (s. Abb. 173B) getan werden.

Zu 2: Vor allen Dingen ist die Kupplung zum Ein- und Ausschalten des Stößelschlittens von großer Bedeutung, weil von ihrer Zuverlässigkeit nicht nur die Leistungsfähigkeit der Maschine abhängt, sondern

[1] Für eine klare Begriffsbestimmung der „Kenngrößen an Pressen und Hämmern“, wie Preßkraft, Arbeitsvermögen, Federzahl, durchschnittliche und augenblickliche Leistung, die für die Beschaffung der Maschine und die Arbeitsvorbereitung wichtig sind, tritt O. Kienzle ein in Werkstattstechnik u. Maschinenbau 43 (1953) Nr. 1, S. 1/5. Die Preßkraft sei bei Kurbel- oder Exzenterpressen auf die Kurbelstellung 30°, bei Tiefziehpressen auf 75° vor dem unteren Totpunkt bezogen. Kurbeltrieb und Kupplung sind für Drehmomente gebaut, die sich bei diesen Kurbelstellungen aus Nenn-Preßkraft plus Überlast (meist 25%) ergeben. Das Drehmoment ist festgelegt in der Angabe „Preßkraft bei . . .° Kurbelstellung vor unterem Totpunkt“. Zu beachten ist die Federungsarbeit, die man bei jedem Arbeitshub aufbringen muß. Nimmt die Preßkraft nach Überschreiten des Höchstwertes wieder ab, so geht die Federung des Pressengestells zurück und die Federungsenergie kann zurückgewonnen werden, falls der Hub bei abfallender Last größer ist als die Federung der Maschine. Dies ist beim Ziehen der Fall. Beim Schneiden kann selbst die kleine Federungsarbeit steifer Pressen nur zum Teil zurückgewonnen werden.

weil sie in erhöhtem Maße auch gegen Unfälle sichert. Je größer das Sicherheitsgefühl der bedienenden Hand gegen Verletzungen und sonstige Störungen der Maschine ist, desto reger wird gearbeitet und mit dem Arbeitstakt die Leistung gesteigert. Man muß an eine einwandfrei arbeitende Ein- und Ausschaltkupplung die Forderung stellen, daß sie zu jeder gewünschten Zeit sofort den Stößelhub plötzlich unterbricht, damit man ein drohendes Unheil rechtzeitig abwenden kann.

Ferner soll eine Kupplung folgendes auszeichnen:

a) Sie soll bei hohen wie bei niedrigen Drehzahlen der Welle sofort und stoßfrei ein- und ausschalten,

b) ihre Einschaltung nur bei gleichzeitiger Bedienung beider Sicherungshebel zulassen,

c) bei Freigabe auch nur eines Sicherungselementes durch die bedienende Hand augenblicklich den Stößel stillsetzen,

d) eine Umstellung vom Einzel- in ein selbsttätiges Ausrücken in höchster Totlage des Exzenters und für Dauerbetrieb der Maschine gestatten,

e) für das Ausrücken beim Stößelabwärtsgang in jedem Fall eine sichere Gewähr bieten,

f) für handliches Sichern gegen Einrücken bei Werkzeugwechsel bzw. für Verriegelung des Gestänges gegen unbeabsichtigten Hub eingerichtet sein.

Zu 3: Bei Erfüllung der gestellten Forderungen kann auf eine praktisch gut ausgeführte Schutzvorrichtung für die bedienende Hand nicht verzichtet werden, da sich im Störungsfall bei Dauerbetrieb der Maschine durch momentanes Zufassen Unfälle ergeben.

Zu 4: Die in einem Betrieb entstehenden Reparaturkosten für Maschinen und Werkzeuge hängen vielfach von der wirtschaftlichen Denkweise der Belegschaft ab.

Es ist eine zwingende Notwendigkeit, sich vor dem Anschwellen der Unkosten zu schützen, was am besten durch eine genaue Beachtung der Normen geschieht.

In einer Veröffentlichung von A. Herbst[1], VDI, deren Hervorhebung ein allgemeines Interesse erwecken dürfte, heißt es:

Die Wirtschaftlichkeit einer Norm besteht nämlich nicht darin, daß eine Vielzahl von Größen im Normblatt enthalten ist, um jedem Konstrukteur eines beliebigen Werks irgendeinmal die Gelegenheit zur Verwendung der einen oder anderen Größe zu geben, sondern darin, daß nur wenige Größen als Norm festgelegt werden, die den wirklichen Bedürfnissen der Werke entsprechen. Dadurch erhält die einzelne Größe eine höhere Herstellungsstückzahl, weil ihre Verwendungsmöglichkeit größer ist.

Ferner sei hervorgehoben, daß auch der Deutsche Normenausschuß den Wert einer Auswahlreihe erkannt hat, die in DIN 323 „Normungszahlen“ im Jahre 1922 geschaffen wurde.

[1] Werkstattstechnik u. Werksleiter 1939, Heft 19.

Über die Entstehung, die neuere Entwicklung und das Wesen der Normungszahlen, das bequeme Rechnen mit ihnen und ihre Anwendung hat der Obmann des Ausschusses für Normungszahlen, Prof. Dr. KIENZLE[1], ausführlich geschrieben. Um die Vorteile zu nutzen, hat man für Kunden zufriedenstellende Verkaufslisten geschaffen, wobei besonders darauf geachtet wird, daß die Maschinen allen Anforderungen in bezug auf Leistung und Abmessungen voll und ganz gerecht werden. Als Beispiel einer Nutzanwendung für Normungszahlen sei hervorgehoben, daß die Kraft aus $P = D \cdot \pi \cdot \delta \cdot \tau_a$ und die Schnittarbeit $A = P \cdot x \cdot \delta$ sich auf Normungszahlen aufbauen. Da $3{,}15 \approx \pi$ eine Normungszahl ist, sind die Ergebnisse für $P$ ebenfalls Normungszahlen, wenn für $D$, $\delta$ und $\tau_a$ Normungszahlen verwendet werden. Das erleichtert die Multiplikation sehr. Für $D$, $\delta$ und $P$ werden seit Jahren bei Schnittwerkzeugen Normungszahlen der Grundreihe R 10 verwendet; für die Scherfestigkeit $\tau_a$ wird als normaler Mittelwert die Normungszahl 40 kg/mm² und für den Wert $x$ aus obiger Gleichung für die Schnittarbeit bei Parallelschliff die Normungszahl 0,63 gewählt. Die Zahlentafel 1 zeigt die erforderliche Schnittarbeit bis zu 100 mkg und die Schnittkraft bis 1 mm Blechdicke (s. S. 142).

Die behandelten Gesichtspunkte bei einem Pressenkauf setzen naturgemäß gewisse Fachkenntnisse voraus, ohne die es unsicher ist, ob man zufriedengestellt wird. Sie sind nicht nur für bestimmte Typen von Maschinen zu beachten, sondern können auch für Exzenter-, Ziehpressen und Blechscheren verwendet werden. Auch der Arbeitszweck und Verwendungsbereich der Maschine, d. h. ob oft wechselnde Bauhöhen für die Werkzeuge bei der Bestellung der Maschine in Betracht gezogen werden müssen oder nicht, wäre außerdem noch zu entscheiden. Im ersten Falle wäre eine Tischverstellung, die einen vergrößerten Werkzeugverschleiß bedingt, in Kauf zu nehmen; im letzten Falle kommt ein fester Aufspanntisch mit schwenkbarem Pressenkörper in Frage.

[1] KIENZLE, O.: Normungszahlen. Berlin/Göttingen/Heidelberg: Springer 1950.

Zahlentafel 1. *Größte Schnittkräfte P bei Parallelschliff, Schnittstempeldurchmesser, Schnittflächen F bei gegebener Schnittarbeit und Blechstärke für Werkstoff mit* $\tau_a = 40\ kg/mm^2$.

| Schnitt-arbeit in mkg | Blechstärke | | | | | | | | | | | | | | | | | | | | |
|---|---|---|---|---|---|---|---|---|---|---|---|---|---|---|---|---|---|---|---|---|---|
| | 0,25 | | | 0,315 | | | 0,4 | | | 0,5 | | | 0,63 | | | 0,8 | | | 1 | | |
| | P | ∅ | F | P | ∅ | F | P | ∅ | F | P | ∅ | F | P | ∅ | F | P | ∅ | F | P | ∅ | F |
| 2 | 12,5 | 400 | 315 | 10 | 250 | 250 | 8 | 160 | 200 | 6,3 | 100 | 160 | 5 | 63 | 125 | 4 | 40 | 100 | 3,15 | 25 | 80 |
| 2,5 | 16 | 500 | 400 | 12,5 | 315 | 315 | 10 | 200 | 250 | 8 | 125 | 200 | 6,3 | 80 | 160 | 5 | 50 | 125 | 4 | 31,5 | 100 |
| 3,15 | 20 | 630 | 500 | 16 | 400 | 400 | 12,5 | 250 | 315 | 10 | 160 | 250 | 8 | 100 | 200 | 6,3 | 63 | 160 | 5 | 40 | 125 |
| 4 | 25 | 800 | 630 | 20 | 500 | 500 | 16 | 315 | 400 | 12,5 | 200 | 315 | 10 | 125 | 250 | 8 | 80 | 200 | 6,3 | 50 | 160 |
| 5 | 31,5 | 1000 | 800 | 25 | 630 | 630 | 20 | 400 | 500 | 16 | 250 | 400 | 12,5 | 160 | 315 | 10 | 100 | 250 | 8 | 63 | 200 |
| 6,3 | 40 | 1250 | 1000 | 31,5 | 800 | 800 | 25 | 500 | 630 | 20 | 315 | 500 | 16 | 200 | 400 | 12,5 | 125 | 315 | 10 | 80 | 250 |
| 8 | 50 | 1600 | 1250 | 40 | 1000 | 1000 | 31,5 | 630 | 800 | 25 | 400 | 630 | 20 | 250 | 500 | 16 | 160 | 400 | 12,5 | 100 | 315 |
| 10 | 63 | 2000 | 1600 | 50 | 1250 | 1250 | 40 | 800 | 1000 | 31,5 | 500 | 800 | 25 | 315 | 630 | 20 | 200 | 500 | 16 | 125 | 400 |
| 12,5 | 80 | 2500 | 2000 | 63 | 1600 | 1600 | 50 | 1000 | 1250 | 40 | 630 | 1000 | 31,5 | 400 | 800 | 25 | 250 | 630 | 20 | 160 | 500 |
| 16 | 100 | 3150 | 2500 | 80 | 2000 | 2000 | 63 | 1250 | 1600 | 50 | 800 | 1250 | 40 | 500 | 1000 | 31,5 | 315 | 800 | 25 | 200 | 630 |
| 20 | 125 | 4000 | 3150 | 100 | 2500 | 2500 | 80 | 1600 | 2000 | 63 | 1000 | 1600 | 50 | 630 | 1250 | 40 | 400 | 1000 | 31,5 | 250 | 800 |
| 25 | 160 | 5000 | 4000 | 125 | 3150 | 3150 | 100 | 2000 | 2500 | 80 | 1250 | 2000 | 63 | 800 | 1600 | 50 | 500 | 1250 | 40 | 315 | 1000 |
| 31,5 | 200 | 6300 | 5000 | 160 | 4000 | 4000 | 125 | 2500 | 3150 | 100 | 1600 | 2500 | 80 | 1000 | 2000 | 63 | 630 | 1600 | 50 | 400 | 1250 |
| 40 | 250 | 8000 | 6300 | 200 | 5000 | 5000 | 160 | 3150 | 4000 | 125 | 2000 | 3150 | 100 | 1250 | 2500 | 80 | 800 | 2000 | 63 | 500 | 1600 |
| 50 | 315 | 10000 | 8000 | 250 | 6300 | 6300 | 200 | 4000 | 5000 | 160 | 2500 | 4000 | 125 | 1600 | 3150 | 100 | 1000 | 2500 | 80 | 630 | 2000 |
| 63 | 400 | 12500 | 10000 | 315 | 8000 | 8000 | 250 | 5000 | 6300 | 200 | 3150 | 5000 | 160 | 2000 | 4000 | 125 | 1250 | 3150 | 100 | 800 | 2500 |
| 80 | 500 | 16000 | 12500 | 400 | 10000 | 10000 | 315 | 6300 | 8000 | 250 | 4000 | 6300 | 200 | 2500 | 5000 | 160 | 1600 | 4000 | 125 | 1000 | 3150 |
| 100 | 630 | 20000 | 16000 | 500 | 12500 | 12500 | 400 | 8000 | 10000 | 315 | 5000 | 8000 | 250 | 3150 | 6300 | 200 | 2000 | 5000 | 160 | 1250 | 4000 |

*P* = Druckkraft in t, ∅ = Blechscheibendurchmesser in mm, *F* = Schnittfläche in mm².

# H. Technischer Nachschlageteil.

## Scherfestigkeiten nichtmetallischer Werkstoffe.

*Für Messerschnitte.*

| Bezeichnung des Werkstoffes | Festigkeit $\tau_a$ in kg/mm² |
|---|---|
| Glimmer, 0,5 mm | 8 |
| Glimmer, 2,0 mm | 5 |
| Hartpappe | 7 bis 9 |
| Klingerit | 4 |
| Reines Kunstharz | 2,5 bis 3 |
| Kunstharzgewebe | 9 bis 12 |
| Pappe | 2 bis 3,5 |
| Papier: 1 Blatt 0,25 mm dick | 16 |
| 5 Blatt je 0,25 mm dick | 4,5 |
| 10 Blatt je 0,25 mm dick | 2,3 |
| 20 Blatt je 0,25 mm dick | 1,4 |
| Leder | 0,6 bis 1,5 |
| Gummi | 0,6 bis 6 |
| Zelluloid | 4 bis 6 |
| Birkenholz | 1,2 |
| Buchenholz | 0,7 bis 1,9 |
| Kiefernholz | 1 |
| Lindenholz | 0,4 bis 0,6 |
| Tannenholz | 0,4 bis 0,6 |

## Scherfestigkeiten metallischer Werkstoffe.

*Für Frei- und Führungsschnitte.*

| Bezeichnung des Werkstoffes | Festigkeit $\tau_a$ in kg/mm² | | |
|---|---|---|---|
| | weich | halbhart | hart |
| Aluminium | 7 bis 9 | 10 bis 12 | 13 bis 16 |
| Blei | 2 bis 3 | | |
| AlCuMg | 14 bis 20 | 23 bis 26 | 35 bis 40 |
| AlMn | 8 bis 12 | 10 bis 14 | 14 bis 20 |
| Kupfer | 20 bis 30 | | |
| Ms 60, Ms 63, Ms 72 | 22 bis 32 | | 35 bis 40 |
| Neusilber | 28 bis 36 | | 45 bis 56 |
| Rostfreies Stahlblech | | 52 bis 56 | |
| Ziehbleche, St V 23 bis St VII 23 | 24 | | 30 |
| St VIII 23t und k, St X 23 | 25 | | 32 |
| Stahl mit 0,1 vH C-Gehalt | 25 | | 32 |
| Stahl mit 0,2 vH C-Gehalt | 32 | | 40 |
| Stahl mit 0,3 vH C-Gehalt | 36 | | 48 |
| Stahl mit 0,4 vH C-Gehalt | 45 | | 56 |
| Stahl mit 0,6 vH C-Gehalt | 56 | | 72 |
| Stahl mit 0,8 vH C-Gehalt | 72 | | 90 |
| Stahl mit 1 vH C-Gehalt | 80 | | 105 |

*Anmerkung:* Die angegebenen Werte gelten bei scharf gehaltenen Werkzeugen und werden mit fortschreitender Werkzeugstumpfung größer; mit fallender Werkstoffdicke wächst ebenfalls der spezifische Scherwiderstand.

## Toleranzen für Biegeteile.

Die Bewertung ist nach Einheitswelle N 2712 DIN 156 (s. L.) vorzunehmen, und zwar für scharfe Ecken:

| *Werkstoffdicke* | *Maßlänge* | *Toleranz* |
|---|---|---|
| 0,5 mm bis 1 mm | bis 10 mm | ± 0,05 mm |
| über 1 mm bis 1,5 mm | von 10,5 mm bis 20 mm | ± 0,06 mm |
| über 1,5 mm bis 2,5 mm | von 20,5 mm bis 50 mm | ± 0,08 mm |
| über 2,5 mm bis 3,5 mm | von 50,5 mm bis 100 mm | ± 0,12 mm |

Bei Teilen mit runden Ecken kommt ein Zuschlag von 1,5 vH, auf den Innenradius $r_i$ bezogen, noch hinzu.

### *Einschrumpfen von Werkzeugteilen.*

Lineare Ausdehnung.

Die Längsausdehnungszahl „$\alpha$" ergibt, mit der Länge des Körpers multipliziert, den Längenzuwachs bei einer Erhöhung der Temperatur um 1° C.

*Ausdehnungsfaktor „$\alpha$" und Elastizitätsmodul E.*

| | | | |
|---|---|---|---|
| Schweißeisen | $\alpha = 0{,}00001468$ | $E = 2000000$ | $\alpha \cdot E = 29{,}4$ |
| Flußeisen | $\alpha = 0{,}00001176$ | $E = 2150000$ | $\alpha \cdot E = 25{,}3$ |
| Grauguß | $\alpha = 0{,}00001067$ | $E = 1000000$ | $\alpha \cdot E = 10{,}7$ |
| Stahl (weich) | $\alpha = 0{,}00001079$ | $E = 2200000$ | $\alpha \cdot E = 23{,}7$ |
| Kupfer | $\alpha = 0{,}00001643$ | $E = 1150000$ | $\alpha \cdot E = 18{,}9$ |
| Messing | $\alpha = 0{,}00001875$ | $E = 800000$ | $\alpha \cdot E = 15$ |
| Blei | $\alpha = 0{,}00002848$ | $E = 500000$ | $\alpha \cdot E = 14$ |
| Holz (Kiefer) | $\alpha = 0{,}0000080$ | $E = 1200000$ | $\alpha \cdot E = 9{,}6$ |

Bezeichnet man mit

$t$ = Temperaturzunahme in ° C,

$L$ = Stablänge in m; die Ausdehnung ist $\lambda = \alpha \cdot t \cdot L$ in m.

Beispiel I:

Gegeben: Schrumpfhalter (Grauguß) 28° C.

Länge des Schrumpfhalters 2,3 m.

Erwärmung des Schrumpfhalters auf 58° C.

Ausdehnung $\lambda = 0{,}00001067 \cdot (58 - 28) \cdot 2{,}3 = 0{,}00073$ m $= 0{,}74$ mm.

Kraft beim Erwärmen und Erkalten.

Gegeben: $E$ = Elastizitätsmodul in kg/cm² (s. Tabelle).

$F$ = Stabquerschnitt in cm²,

dann wird die Ausdehnungs- bzw. Zusammenziehkraft

$$P = \alpha \cdot E \cdot t \cdot F = (\lambda : L) \cdot E \cdot F \quad \text{in kg.}$$

Beispiel II:

Gegeben: Graugußstück $L = 1{,}4$ m Länge.

Querschnitt $F = 38$ cm².

Erwärmung von 20: C auf 90° C: $t = 90 - 20 = 70°$ C.

Ausdehnung: $\lambda = 0{,}00001067 \cdot 70 \cdot 1{,}4 = 0{,}001075$ m $= 1{,}045$ mm.

Schrumpfkraft: $P = 10{,}7 \cdot 70 \cdot 38 = 28262$ kg.

*Anmerkung:* Ist der Schrumpfhalter mit Durchbrüchen versehen, dann muß ein mittlerer Querschnitt $F_m$ in die Gleichung für $P$ eingesetzt werden. Wenn z. B. der Querschnitt $F_1$ auf der Länge $L_1$ und $F_2$ auf der Restlänge $L - L_1$ ist, so wird

$$F_m = \frac{L \cdot F_1 \cdot F_2}{L_1 \cdot F_2 + (L - L_1) \cdot F_1}.$$

Die den Einschrumpfstücken zugeführte Wärme richtet sich nach dem Volumen. Für die Berechnung der Ausdehnung und Schrumpfkraft sind 20° Raumtemperatur zu berücksichtigen und 10 vH für die Abkühlung beim Zusammensetzen der Paßstücke zuzuschlagen. Die Berechnung einfacher Preßpassungen erfolgt zweckmäßig nach DIN 7190.

## Richtlinien für Ecken-, Kanten- und Formgestaltung durch elastische Kissen.

Grundsätzlich ist unter der Bezeichnung „Kante" die äußere und als „Ecke" der innere von zwei Seitenflächen gebildete Winkel zu verstehen. Im allgemeinen gelten für Formungsarten mit Hilfe elastischer Kissen folgende Bezeichnungen:

I. Die mit einem elastischen Kissen vorgenommene Ausformung von „Kanten" hat die Bezeichnung „Erhabene Formung" und diejenige von „Ecken" „Hohle Formung".

II. Die Formung bei schräg gestelltem Unterwerkzeug, bei der das Teil zuerst einseitig festgehalten wird und sich der Druck erst dann bis zur anderen Seite des Werkzeuges fortpflanzt, heißt „Wälzende Formung".

Bei der „Hohlen Formung" unterscheidet man drei Winkelstellungen:

a) waagerecht liegende,

b) schrägstehende und

c) treppenförmige Ecken.

Zu a: Diese Formung ist möglichst nicht anzuwenden, da das Teil von beiden Seiten der Ecke vor der Ausformung zu sehr festgehalten und die Werkstoffdehnung zumeist überschritten wird. Die zulässige Bewegung vom Augenblick des Aufsetzens des Kissens auf das Werkzeug soll nicht 20 mm übersteigen.

Zu b: Diese Formung ist gegenüber a) vorzuziehen. Das Ausfüllen der Hohlräume durch einseitige Teilfesthaltung ist für die „Hohle Formung" äußerst günstig. Die zulässige Bewegung auf das Werkzeug kann etwa 40 mm betragen, soll aber nicht 50 mm übersteigen. Alle mit elastischen Kissen herzustellenden Winkel sind mit gut abgerundeten Kanten und Ecken auszuführen. Durch das Kissenformen werden Rückfederungen der Teilschenkel hervorgerufen, die mit Hilfe des Diagramms Abb. 137 fast zu beseitigen sind. Die Lebensdauer eines Gummikissens kann bei gut ausgenutzter Kissenfläche für stündlich 30 Stößelhübe auf 8000 Preßgänge veranschlagt werden, darüber hinaus kann das Kissen auch auf der Gegenfläche ausgenutzt werden.

**Messerschnitte** (Abb. 172).

<table>
<tr><td>

*Gegeben:*<br>
Scheibendurchmesser $D = 22$ mm<br>
Dicke $\delta = 1{,}5$ mm<br>
Werkstoff: Hartpappe<br>
$\tau_a = 7$ kg/mm²

</td><td>

Schnittkraft<br>
$P = D \cdot \pi \cdot \delta \cdot \tau_a = 22 \cdot \pi \cdot 1{,}5 \cdot 7$<br>
$= 725{,}3$ kg.<br>
(a)

</td></tr>
<tr><td>

*Gegeben:* Schnittkraft<br>
$P = 725{,}3$ kg

</td><td>

Ausstoßkraft des Auswerfers<br>
$P_a = 0{,}015 \cdot P = 0{,}015 \cdot 725{,}3$<br>
$= 10{,}9 \approx 11$ kg.<br>
(b)

</td></tr>
<tr><td>

*Gegeben:*<br>
Freiraum im Schnittmesser 20 mm<br>
Federkraft 11 kg<br>
Federhalbmesser mit $r = 8$ mm angenommen<br>
$n$ = Anzahl der federnden Windungen, mit 5 angenommen.<br>
$c$ = Konstante 125 bis 130 kg/mm²<br>
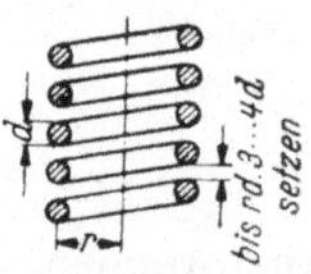<br>


</td><td>

Federdrahtdurchmesser<br>
$d = 0{,}5 \cdot \sqrt[3]{P_a \cdot r} = 0{,}5 \cdot \sqrt[3]{11 \cdot 8}$<br>
$= 2{,}2$ mm.<br>
Federzusammendrückung<br>
$f = \frac{n \cdot r^3 \cdot P_a}{d^4 \cdot c} = \frac{5 \cdot 8^3 \cdot 11}{23{,}4 \cdot 125}$<br>
$\approx 10$ mm.<br>
Federvorspannung:<br>
$0{,}9 \cdot f = 0{,}9 \cdot 10 = 9$ mm.<br>
(c)

</td></tr>
<tr><td>

*Gegeben:* $P_a = 11$ kg<br>
$P = 725{,}3$ kg<br>
$\delta = 1{,}5$ mm

</td><td>

Schnittarbeit einschl. Ausstoßkraft<br>
$A = \frac{(P_a + P) \cdot \delta}{1000} = \frac{(11 + 725{,}3) \cdot 1{,}5}{1000}$<br>
$= 1{,}1$ kg.<br>
(d)

</td></tr>
</table>

*Anmerkung:* Falls die Federkraft infolge eines zu kleinen Federraumes nicht erreicht werden kann, ist ein zwangsweiser Auswerfer anzuwenden (s. Abb. 46).

## **Freischnitte** (Abb. 173).

| | |
|---|---|
| *Gegeben:*<br>Scheibendurchmesser $D = 270$ mm<br>Dicke $\delta = 2$ mm<br>Werkstoff: Stahlblech<br>$\tau_a = 40$ kg/mm².<br>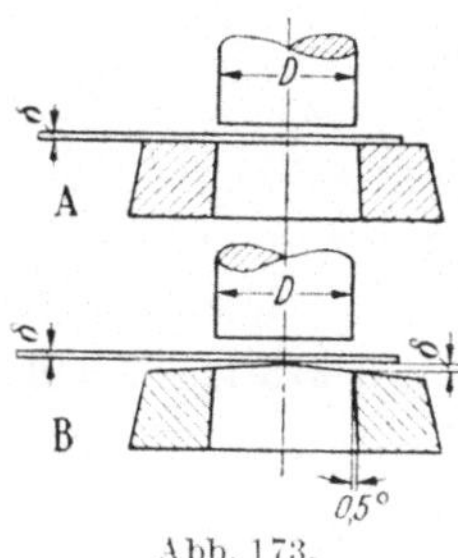<br>Abb. 173.<br>*Anmerkung:* Die Schnittarbeit ist bei Parallel- und Schrägschliff die gleiche. | Schnittkraft bei Parallelschliff<br>$P = D \cdot \pi \cdot \delta \cdot \tau_a = 270 \cdot \pi \cdot 2 \cdot 40$<br>$= 67858$ kg.<br>Schnittarbeit<br>$A = \frac{P \cdot 0{,}6^* \cdot \delta}{1000} = \frac{67858 \cdot 0{,}6 \cdot 2}{1000}$<br>$= 81{,}4$ mkg.<br>* Für Bandstahl 0,15; hartgewalzten Werkstoff 0,4 und weichen 0,6 setzen.<br>Schnittkraft bei Schrägschliff<br>$P = 0{,}5 \cdot D \cdot \pi \cdot \delta \cdot \tau_a = 0{,}5 \cdot 270 \cdot \pi \cdot 2 \cdot 40$<br>$= 33929$ kg.<br>Schnittweg bei Schrägschliff<br>$s = \frac{81{,}4 \cdot 1000}{33929 \cdot 0{,}6} = 4$ mm.<br>(a) |
| *Gegeben:*<br>Scheibendurchmesser $D = 100$ mm<br>(für Abb. 51)<br>Dicke $\delta = 0{,}3$ mm<br>Werkstoff: Messing $\tau_a = 35$ kg/mm². | Schnittkraft ohne Abstreifkraft<br>$P = D \cdot \pi \cdot \delta \cdot \tau_a = 100 \cdot \pi \cdot 0{,}3 \cdot 35$<br>$= 3299$ kg.<br>Beim Schneiden ist die Federabstreifkraft mit zu überwinden. (b) |
| *Gegeben:* Schnittkraft<br>$P = 3299$ kg.<br>Abstreifkraft für metallische Werkstoffe angenähert 0,05 $P$. | Abstreifkraft<br>$P_a = 0{,}05 \cdot P = 0{,}05 \cdot 3299$<br>$\approx 165$ kg.<br>(c) |
| *Gegeben:*<br>Abstreifkraft der Federgruppe<br>$P_a \approx 165$ kg.<br>Angenommen: 6 Federn,<br>$r = 8$ mm, $n = 9$ Windungen.<br>Mit zunehmender Anzahl der Federn wird der Drahtdurchmesser kleiner. | $P_{a1} = \frac{P_a}{6} = \frac{165}{6} = 27{,}5$ kg<br>Drahtdurchmesser<br>$d = 0{,}5 \cdot \sqrt[3]{P_{a1} \cdot r} = 0{,}5 \cdot \sqrt[3]{27{,}5 \cdot 8}$<br>$= 3$ mm.<br>$f = \frac{n \cdot r^3 \cdot P_{a1}}{d^4 \cdot c} = \frac{9 \cdot 8^3 \cdot 27{,}5}{81 \cdot 125} \approx 13$ mm<br>Zusammendrückung der Federn<br>$A = \frac{(P_a + P) \cdot 0{,}6 \cdot \delta}{1000}$<br>$= \frac{(165 + 3299) \cdot 0{,}6 \cdot 0{,}3}{1000}$<br>0,6 mkg. (d) |

## Ermittlung der Schnittplattendicke.
### Vier-Klauen-Spannung; Parallelschliff (Abb. 174).

Werkstoff: X12 CrNi 18 8
(frühere Werksmarke: V2A),
$\delta = 1{,}5$ mm.

Anzahl der Fertigungsteile
800000 Stück

Schnittplatte soll dann bei Benutzung von Parallelstücken verbraucht sein

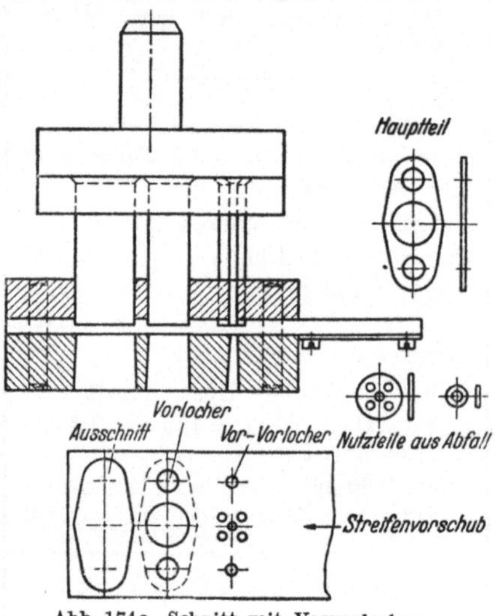


Abb. 174a. Schnitt mit Vorvorlocher.

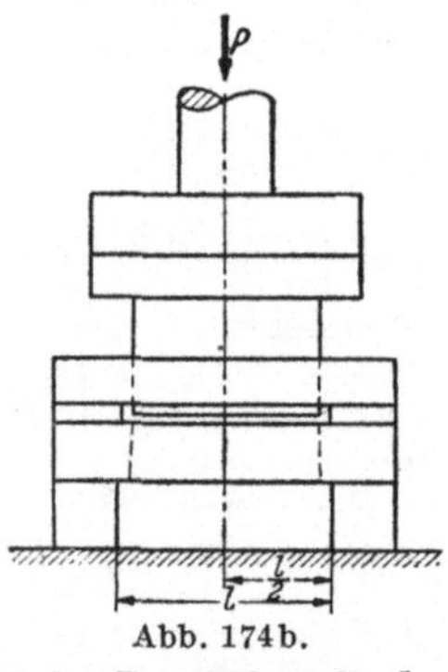

Abb. 174b.

Abstand der Parallelstücke $l = 6$ cm.

Länge des Schnittkastens (als Breite mit 9,7 cm festgelegt).

Zulässige Belastung
$\sigma_b = 4600$ kg/cm².

**Schnittkraft**

Für Vorvorlocher
$(2 \cdot 2{,}5 + 4 \cdot 2 + 1 \cdot 1{,}5) \cdot \pi \cdot 1{,}5 = 68{,}3 \text{ mm}^2$

Vorlocher
$(2 \cdot 6 + 1 \cdot 12) \cdot \pi \cdot 1{,}5 = 113{,}1 \text{ mm}^2$

Ausschnitt
$(14 \cdot \pi + 4 \cdot 13) \cdot 1{,}5 = 143{,}94 \text{ mm}^2$

Zusammen $325{,}34 \text{ mm}^2$

$P = F \cdot \tau_a = 325{,}34 \cdot 52 = 16917$ kg.

(a)

**Schnittplattendicke**

$$\sigma_b = \frac{0{,}75 \cdot P \cdot l}{b \cdot h^2}$$

$$4600 = \frac{0{,}75 \cdot 16900 \cdot 6}{9{,}7 \cdot h^2}$$

$$h = \sqrt{\frac{0{,}75 \cdot 16900 \cdot 6}{9{,}7 \cdot 4600}} \approx 1{,}31 \text{ cm.}$$

(b)

**Durchbiegung der Schnittplatte**

$$f = \frac{P \cdot l^3}{E \cdot J \cdot 192} = \frac{16900 \cdot 6^3}{2100000 \cdot 1{,}82 \cdot 192} = 0{,}005 \text{ cm,}$$

wobei $J = \frac{b \cdot h^3}{12} = \frac{9{,}7 \cdot 1{,}31^3}{12} = 1{,}82$ ist.

Gewählt: $h = 13{,}4$ mm.

*Anmerkung:* Bei durchschnittlicher Schnittleistung von 40000 Stück und 0,15 mm für jeden Scharfschliff folgt:

$$\frac{800000}{40000} \cdot 0{,}15 + 13{,}4 = 16{,}4 \text{ mm}$$

Plattendicke. Unter 13,4 mm ist eine Einspannplatte erforderlich.

(c)

## Ermittlung der Schnittplattendicke.
## Zwei-Klauen-Spannung; Schrägschliff (Abb. 175).

Überecklauenspannung.

Schnittkraft

Schrägschliff der Stempel in Richtung des Streifenvorschubes (0,9 · $\delta$).

$$P_1 = \frac{P}{2} = \frac{16900}{2} = 8450 \text{ kg},$$

s. Abb. 174a. (a)

Abstand der Parallelstücke voneinander 6 cm.

Belastungsfall:

Träger auf einerSeite fest eingespannt, auf anderer Seite nur abgestützt.

$$P = \frac{16 \cdot \sigma_b \cdot W}{3 \cdot l}$$

Beanspruchung der Schnittplatte bei 1,3 cm Dicke:

$$\sigma_b = \frac{18 \cdot P \cdot l}{16 \cdot b \cdot h^2} = \frac{1{,}125 \cdot 8450 \cdot 6}{9{,}7 \cdot 1{,}3^2} = 3480 \text{ kg/cm}^2.$$

(b)

Werkstoff: X 12 CrNi 18 8,

$\delta = 1{,}5$ mm.

Zulässige Belastung der Schnittplatte 4000 kg/cm².

Schnittplattendicke bei Beanspruchung von 4600 kg/cm².

$$h = \sqrt{\frac{1{,}125 \cdot 8450 \cdot 6}{9{,}7 \cdot 4600}} = 1{,}13 \text{ cm}.$$

(c)

*Anmerkung:* Bei einer 11,3 mm dicken Schnittplatte kommt noch der Zuschlag für die Scharfschliffe des Werkzeuges hinzu. Bei Schnittleistungen von 40000 Teilen zwischen zwei Scharfschliffen und 0,15 mm Abschliff kommt ein Zuschlag von

$$\frac{800000}{40000} \cdot 0{,}15 = 3 \text{ mm}$$

in Frage: 11,3 + 3 = 14,3 mm.

Sogar mit 9 mm dicken Schnittplatten sind noch brauchbare Teile geschnitten worden.

Durchbiegung der Schnittplatte:

$$f = \frac{P \cdot 7 \cdot l^3}{E \cdot J \cdot 768} = \frac{8450 \cdot 7 \cdot 216}{2100000 \cdot 1{,}17 \cdot 768} = 0{,}0068 \text{ cm},$$

wobei $J = \dfrac{b \cdot h^3}{12} = 1{,}17$ ist.

(d)

## **Knickfestigkeit der Schnittstempel** (Abb. 176).

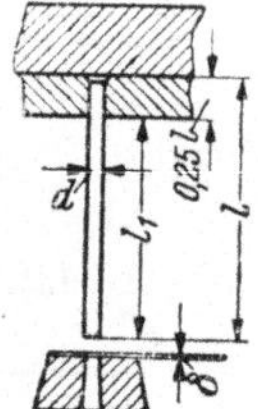


Werkzeug als Freischnitt arbeitend.

*Gegeben:*
Stempeldurchmesser 5 mm.
Zu schneidender Werkstoff: Stahlblech
$\delta = 2{,}5$ mm, $\tau_a = 50$ kg/mm².

Länge des Stempels

Schnittkraft = Knickkraft

$$d \cdot \pi \cdot \delta \cdot \tau_a = \frac{\pi^2 \cdot E \cdot 0{,}05 \cdot d^4}{l^2} = P^*.$$

$$l = \sqrt{\frac{\pi^2 \cdot E \cdot 0{,}05 \cdot d^4}{d \cdot \pi \cdot \delta \cdot \tau_a}} = \sqrt{\frac{\pi^2 \cdot E \cdot 0{,}05 \cdot d^3}{\delta \cdot \tau_a}}$$
$= 104$ mm.

$l_1 \approx 0{,}75 \cdot 104 = 78$ mm.

* Formel von EULER Fall II gilt unter der Voraussetzung, daß $\frac{l}{d} > 23$.

(a)

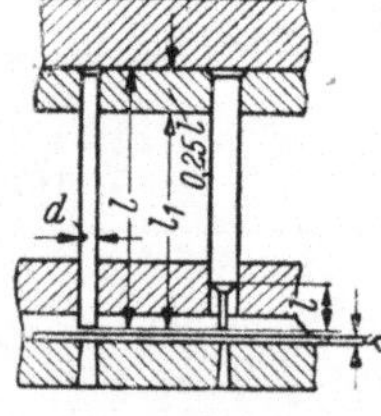


Werkzeug als Führungsschnitt arbeitend.
*Gegeben:*
Stempeldurchmesser 5 mm.
Zu schneidender Werkstoff: Stahlblech.
$\delta = 2{,}5$ mm, $\tau_a = 50$ kg/mm².

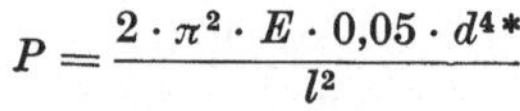

$$P = \frac{2 \cdot \pi^2 \cdot E \cdot 0{,}05 \cdot d^4 *}{l^2}$$

$l = 81$ mm.
$l_1 \approx 0{,}75 \cdot 81 = 61$ mm.

* Formel von EULER Fall III.

(b)

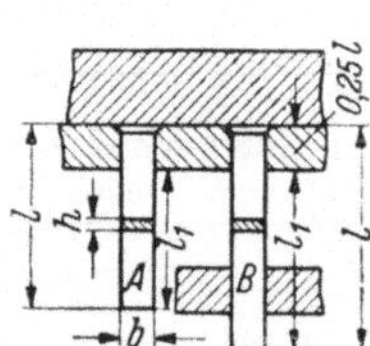


*A* Werkzeug als Freischnitt arbeitend.
*B* Werkzeug als Führungsschnitt arbeitend.

Für rechteckigen Stempel
$b = 6$ mm, $h = 3$ mm.
$\delta = 2{,}5$ mm, $\tau_a = 35$ kg/mm².

$$l = \sqrt{\frac{\pi^2 \cdot E \cdot b \cdot h^3}{24 \cdot (b+h) \cdot \delta \cdot \tau_a}} = \sqrt{\frac{9{,}87 \cdot 21000 \cdot 6 \cdot 27}{24 \cdot (6+3) \cdot 2{,}5 \cdot 35}} \approx 42 \text{ mm}.$$

Für *A*:
$l_1 = 42 \cdot 0{,}75 = 32$ mm.
Für *B* (s. Abb. 176 B):
$l_1 = 60 \cdot 0{,}75 = 45$ mm.

(c)

Es bedeuten:
$\delta$ = Werkstoffdicke in mm,
$E$ = Elastizitätsmodul 21000 kg/mm²,
$J$ = Trägheitsmoment für runden Querschnitt $0{,}05 \cdot d^4$,
rechteckigen Querschnitt $\frac{b \cdot h^3}{12}$,
$d$ = Stempeldurchmesser in mm,
$l$ = Stempellänge in mm.

**Scharfschliffe und Schnittkraft für Frei- und Führungsschnitte** (Abb. 177).

| 1 | 2 | 3 |
|---|---|---|
| Parallelschliff | Schrägschliff | Hohlschliff |
| höchstbelastend | lastmindernd | |
| bei | bei | |
| geräuschvoller Arbeit | geräuschloser Arbeit | |
| a | b | c |

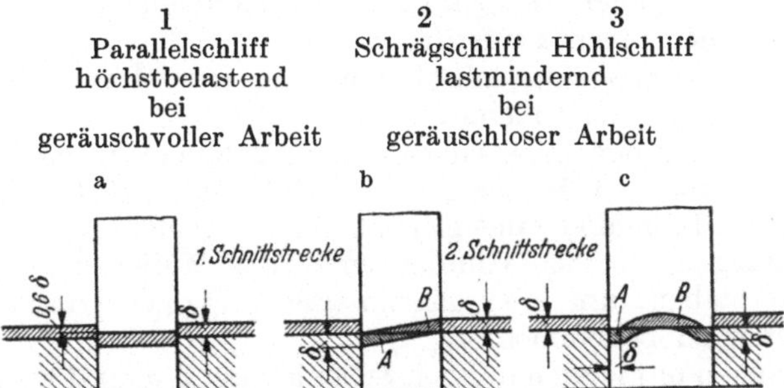


Abb. 177. Verschiedene Arten des Scharfschliffes an Schnittstempeln. Es bedeuten:

$U$ auszuschneidender Umfang in mm; $P$ Schnittkraft in kg;
$\delta$ Blechdicke in mm; $s$ Schnittweg in mm;
$\tau_a$ Scherfestigkeit in kg/mm²; $A = P \cdot s/1000$ Arbeit in mkg.

Abb. 177a. Parallelschliff. Hohe Beanspruchung des Werkzeuges.

$$P = U \cdot \delta \cdot \tau_a \qquad s = 0{,}6 \cdot \delta$$
$$A = \frac{0{,}6 \cdot \delta \cdot P}{1000} = \frac{0{,}6 \cdot U \cdot \delta^2 \cdot \tau_a}{1000}$$

Abb. 177b. Schrägschliff. Geringere Beanspruchung des Werkzeuges.

$$P = 0{,}5 \cdot U \cdot \delta \cdot \tau_a \qquad s = 2 \cdot 0{,}6 \cdot \delta$$
$$A = \frac{2 \cdot 0{,}6 \cdot \delta \cdot P}{1000} = \frac{0{,}6 \cdot U \cdot \delta^2 \cdot \tau_a}{1000}$$

Abb. 177c. Hohlschliff. Geringere Beanspruchung des Werkzeuges.

$$P = 0{,}65 \cdot U \cdot \delta \cdot \tau_a \qquad s = 2 \cdot 0{,}6 \cdot \delta$$
$$A = \frac{2 \cdot 0{,}6 \cdot \delta \cdot P}{1000} = \frac{0{,}78 \cdot U \cdot \delta^2 \cdot \tau_a}{1000}$$

Genauere Werte für den Schnittweg $s$ bei Parallelschliff sind: Für Federbandstahl $0{,}15 \cdot \delta$; hartgewalzten Werkstoff bis $0{,}3 \cdot \delta$; weichen Werkstoff bis $0{,}6 \cdot \delta$.

Der Schrägschliff bei Schnitten mit Vorlochern wird in Richtung des Streifenvorschubes über alle Schnittstempel mit dem tiefsten Punkt am ersten Vorlocher ausgeführt.

## Geeignete Werkzeugstähle mit angenäherten Legierungsangaben.

Die Auswahl eines Werkzeugstahles hängt von seiner Beanspruchung ab, die sich aus dem zu verarbeitenden Werkstoff ergibt. Die Beurteilung des Werkzeugstahles erstreckt sich auf die Standfestigkeit, das Verhalten beim Härten und auf seinen Preis. Die Gefahr liegt für einen Stahl meist im Härten, deshalb ist es vorteilhafter, einen teuren, beim Härten einwandfrei bleibenden Stahl mit weniger Nacharbeit zu wählen als umgekehrt. Man bedenke, daß Werkzeuge teuer sind und in wenigen Minuten beim Härten zunichte werden können.

## Richtlinien für das Härten.

1. Bei der Bearbeitung von Werkzeugteilen ist ihr Behämmern möglichst zu vermeiden; wenn es nicht zu umgehen ist, dann gut ausglühen; sie sind gegen das Entkohlen zu schützen.

2. Zum Ausglühen sind Glühkästen mit pulverisierter Holzkohle oder Gußeisenspänen zu benutzen. Zur Kontrolle der Innenglühfarbe verwendet man einen Prüfstift.

3. Durchbrüche sind mit Lehm oder gezupfter Asbestpappe, in Wasser geweicht, zu füllen.

4. Werkzeugteile sind langsam auf Temperatur zu bringen, und zwar in Glühkästen, in denen sie in Holzkohle gebettet liegen, damit sie in der Glühmuffel eine gleichmäßige Wärmeanstrahlung erhalten. Zweckmäßig ist es, den Glühkasten in der Muffel auf einen eisernen Rost zu stellen, um eine gleichmäßige Wärmeanstrahlung auf den Glühkasten zu bekommen.

5. Zangen mit langen dünnen Schenkeln und punktförmiger Klemmfläche sind zu verwenden.

6. Abgeschreckte Teile sollen im Abkühlungsbad auf Raumtemperatur erkalten. Die angemessene Abkühlungszeit ist für 1 kg Härtegut etwa 50 min.

*Übersicht geeigneter Stähle zu Schnittwerkzeugen*[1].

| | Zu verarbeitende Werkstoffe | Geeignete Schnittwerkzeuge | Stahllegierungen für Stempel | Stahllegierungen für Schnittplatte |
|---|---|---|---|---|
| Nichtmetalle | Preßspan Bakelit-Hartpapier, Cellon und ähnliches Hartgummi (erwärmt) | für Messer- und Folgeschnitte | Kohlenstoffstahl mit etwa 0,5 vH C-Gehalt | Preßspan, Pappe, Hartwachsplatten, Stahl mit 0,5 vH C-Gehalt |
| Nichtmetalle | Glimmer Mikanit | Freischnitte | 130 W 19 mit 1,3% C; 0,25% Si; 0,3% Mn; < 0,2% Cr; 4,75% W. | |
| Metalle | Zinkblech, Kupferblech, Aluminiumblech, Messingblech | für Frei-, Folge- und Gesamtschnitte | bei nichtempfindlichen Teilen: C 110 W 1 mit 1,1% C; 0,25% Si; 0,25% Mn (wassergehärtet) und 90 MnV 8 mit 0,9% C; 0,25% Si; 1,9% Mn; 0,1% V (ölgehärtet) für formschwierige Schnitte und Stempel, da praktisch verzugsfrei und schnitthaltig. | |
| Metalle | Stahlblech, Dynamoblech, Siliziumblech | für Frei-, Folge- und Gesamtschnitte | C 100 W 1 und 90 MnV 8, für besonders hohe Leistungen: 210 Cr 46 mit 2,1% C; 0,35% Si; 0,3% Mn; 11,5% Cr (ölgehärtet), verschleißfest, maß- und formbest. als Schnittstempel. | |
| Metalle | Gußstahlbänder | Folgeschnitte | 74 WV 74 mit 0,74% C; 4,1% Cr; 1,1% V; 18,5% W (ölgeh.) | 90 MnV 8 |

[1] In Werkstattstechnik und Maschinenbau 42 (1952) Nr. 1, S. 28/30 findet man einen Änderungsentwurf zu AWF 5974: Auswahl der Stähle für Stanzereiwerkzeuge. Hier sind für vier unlegierte und vierzehn legierte Werkzeugstähle die Angaben über Wärmebehandlung und die Verwendung bei Schnitten, Stanzen und Ziehwerkzeugen gemacht.

*Übersicht geeigneter Stähle für Ziehwerkzeuge.*

| | Zu verarbeitende Werkstoffe | Geeignete Ziehwerkzeuge | Stahllegierungen der Werkzeuge Stempel | Ziehring |
|---|---|---|---|---|
| Nichtmetall | Preßspan, Cellon u. ähnliches Hartgummi (erwärmt) | Züge mit federndem Niederhalter, auf etwa 120° erwärmt | Kohlenstoffstahl mit etwa 0,5 C-Gehalt | |
| Metalle | Zinkblech | einfache Züge auf etwa 150° erwärmt | von 100 mm ∅ aufwärts Gußeisen, von 100 mm ∅ abwärts Einsatz- oder Kohlenstoffstahl | von 100 mm ∅ aufwärts Gußeisen, von 100 mm ∅ abwärts Kohlenstoffstahl etwa 0,5 C-Gehalt |
| | Aluminiumblech, Kupferblech, Messingblech, | jede Art von Ziehwerkzeug kann verwendet werden | | |
| | Stahlblech, Tiefziehblech | | | |

*Übersicht geeigneter Stähle für Stanzwerkzeuge.*

| | Zu verarbeitende Werkstoffe | Geeignete Stanzwerkzeuge | Stahllegierungen für Stempel | Schnittplatte |
|---|---|---|---|---|
| Nichtmet. | Preßspan, Cellon u. ähnliches, Hartgummi (erwärmt) | Formstanzen mit Erwärmung bis auf 120° | Kohlenstoffstahl mit etwa 0,5 C-Gehalt (Wasserhärter) | |
| Metalle | Zinkblech | Formstanzen Erwärmung 150° | | |
| | Kupferblech, Aluminiumblech, Messingblech, | jede Art von Stanzwerkzeugen kann verwendet werden | C 100 W 1 (Wasserhärter mit 1% C-Gehalt) | |
| | Stahlblech, | | | |
| | Gußstahlband | Biegestanzen mit abgerundetem Winkel | 210 Cr 46 | 130 W 19 |

*Übersicht geeigneter Stähle für Preßformen.*

| | Zu verarbeitende Werkstoffe | Geeignete Preßformen | Stahllegierungen der Werkzeuge |
|---|---|---|---|
| Nichtmet. | Preßteile aus Kunstharzen | mit Dampf, Gas, elektrisch beheizt | C 110 W 1 bzw. C 110 W 1 und 90 MnV 8 wählen |
| Metalle | Warmpreßteile aus Zink, Aluminium, Messing | Frosch-, Traversen- und Vollgesenke | 210 Cr 46 |

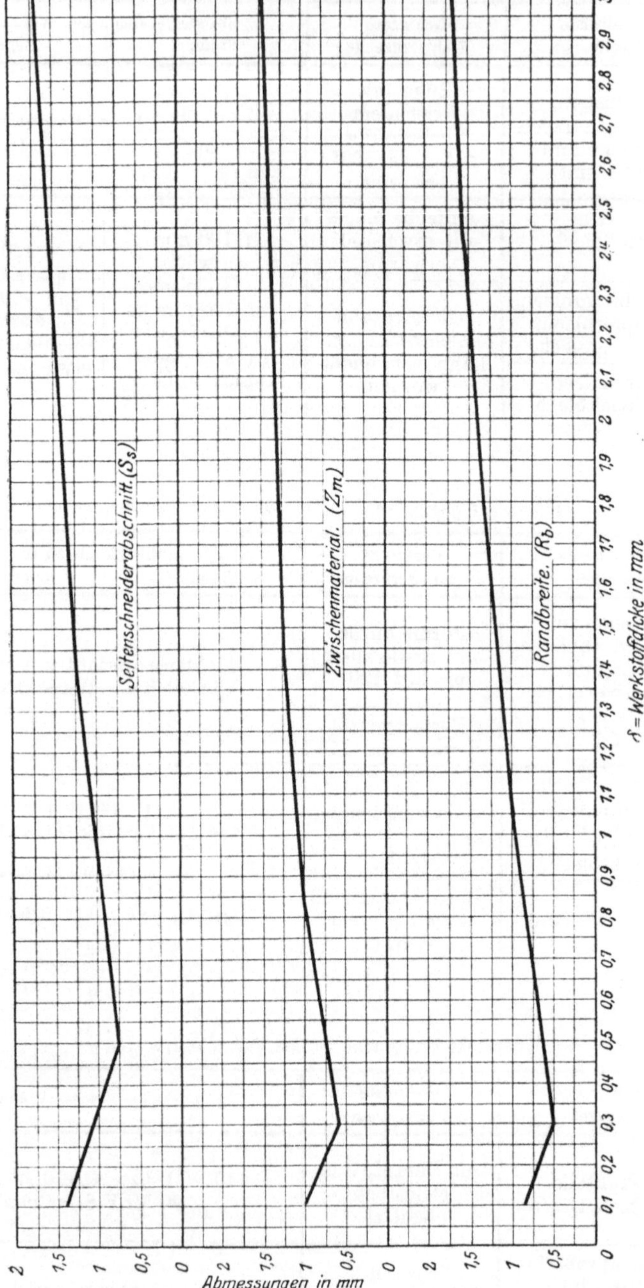


Abb. 178. Streifengitterdiagramm.

## **Werkstoffberechnung** (Abb. 179).

Herstellung 950 Teile, Schnitt mit Vorlocher.

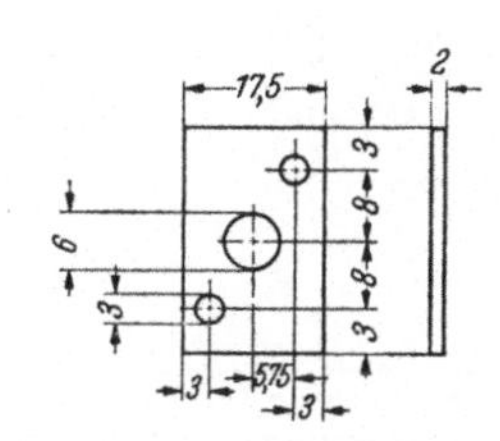


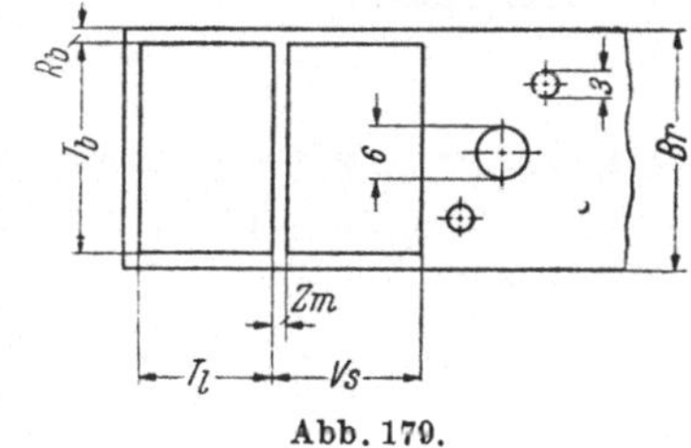


Abb. 179.

*Gegeben:* Teillänge $T_l = 17{,}5$ mm
Teilbreite $T_b = 22$ mm
Teildicke $\delta = 2$ mm

Gewählt nach Diagramm Abb. 158
Randbreite $R_b = 1{,}4$ mm
Stegbreite $Z_m = 1{,}25$ mm.

Werkstoff: Stahl
Tafelgröße 2000 · 1000 mm.

Gewählt: Streifenlänge 1000 mm.

Gesucht:
Streifenbreite $B_r$ in mm,
Anzahl der Teile im Streifen $x$,
Anzahl der Streifen $y$ (für 950 Teile)

Gesamtgewicht $G_g$
Nettogewicht $G_n$
Abfallgewicht $G_a$.

Streifenbreite

$$B_r = T_b + 2R_b = 22 + 2 \cdot 1{,}4 = 25 \text{ mm}. \tag{a}$$

Anzahl der Teile im Streifen

$$x = \frac{L}{T_l + Z_m} = \frac{L}{V_s} = \frac{1000}{17{,}5 + 1{,}25} = 53 \text{ Teile im Streifen.} \tag{b}$$

Anzahl der Streifen
bei 3 vH Arbeitsausschuß

$$y = \frac{1{,}03 \cdot \Sigma_T}{x} = \frac{1{,}03 \cdot 950}{53} = 19.$$

$\Sigma_T$ = Gesamtzahl der Teile. (c)

Gesamtgewicht

$$G_g = L \cdot B_r \cdot \delta \cdot y \cdot \gamma = 100 \cdot 2{,}5 \cdot 0{,}2 \cdot 19 \cdot 7{,}85/1000 = 7{,}45 \text{ kg}. \tag{d}$$

Nettogewicht der Teile

$$G_n = 2{,}2 \cdot 1{,}75 \cdot 0{,}2 \cdot 950 \cdot 7{,}85/1000 = 5{,}74 \text{ kg}$$

abzüglich Löcher

$$\left(\frac{2 \cdot 0{,}3^2 \cdot \pi}{4} + \frac{0{,}6^2 \cdot \pi}{4}\right) \cdot 0{,}2 \cdot 950 \cdot 7{,}85 : 1000 = 0{,}63 \text{ kg},$$

$$G_n = 5{,}74 - 0{,}63 = 5{,}11 \text{ kg}. \tag{e}$$

Abfallgewicht

$$G_a = G_g - G_n = 7{,}45 - 5{,}11 = 2{,}34 \text{ kg}. \tag{f}$$

## **Streifenbreiten für runde Scheiben** (Abb. 180).

*Gegeben:*
Scheibendurchmesser 11,5 mm
Scheibendicke 2 mm

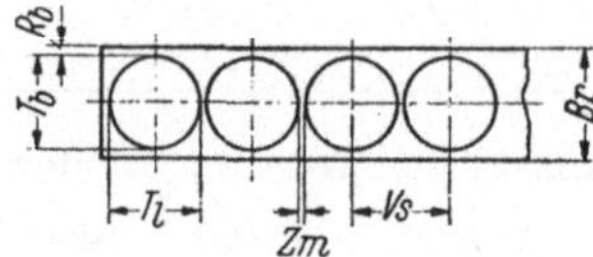


**Einreihiges Schneiden**

$B_r = T_b + 2R_b = 11{,}5 + 2 \cdot 1{,}4$
$= 14{,}3$ mm.

(a)

*Gegeben:*
Scheibendurchmesser 11,5 mm
Scheibendicke 2 mm

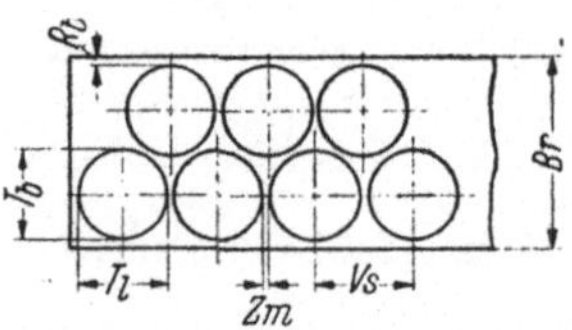


**Zweireihiges Schneiden**

$B_r = 0{,}866 \cdot (T_b + Z_m) + T_b + 2R_b$
$= 0{,}866 \cdot (11{,}5 + 1) + 11{,}5 + 2 \cdot 1{,}4$
$= 25{,}1$ mm.

(b)

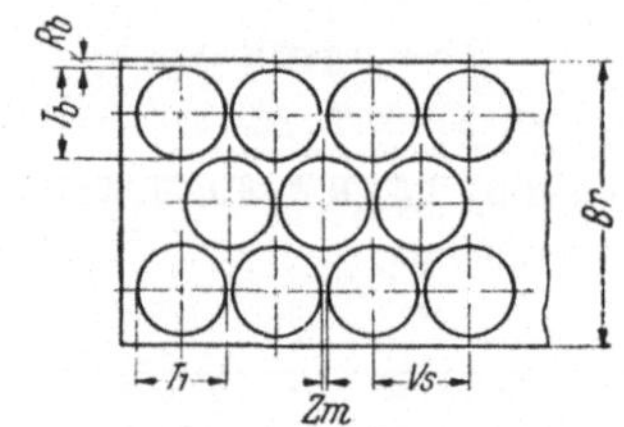


**Dreireihiges Schneiden**

$B_r = 1{,}732 \cdot (T_b + Z_m) + T_b + 2R_b$
$= 1{,}732 \cdot (11{,}5 + 1) + 11{,}5 + 2 \cdot 1{,}4$
$= 35{,}9$ mm.

(c)

*Gegeben:*
Scheibendurchmesser 11,5 mm
Scheibendicke 2 mm
Für 25reihiges Schneiden
Nach Diagramm:
Randbreite $R_b = 1{,}4$ mm,
Stegbreite $Z_m = 1$ mm.

**$n$-reihiges Schneiden**

$B_r = (n - 1) \cdot 0{,}866 \cdot (T_b + Z_m) +$
$+ T_b + 2R_b$
$B_r = (25 - 1) \cdot 0{,}866 \cdot (11{,}5 + 1) +$
$+ 11{,}5 + 2 \cdot 1{,}4$
$= 274{,}1$ mm.

(d)

*Zu beachten:* Scheibenschnitte können fast in jedem Führungsschnitt mit Vorvorlochern mühelos hergestellt werden; dadurch werden wenig Werkzeuge für Scheibenschnitte gebraucht.

Zahlentafel 2. *Herstellungstoleranzen für Schnittplattendurchbrüche und -stempel*

| Benennung | Abmessungen in mm | | | | | | | | | | | | | | | | | | | |
|---|---|---|---|---|---|---|---|---|---|---|---|---|---|---|---|---|---|---|---|---|
| Teildicke $\delta$ von | 0,1 | 0,4 | 0,7 | 1 | 1,2 | 1,5 | 1,8 | 2,1 | 2,4 | 2,7 | 3 | 3,3 | 3,6 | 3,9 | 4,2 | 4,5 | 4,8 | 6 | 7 | 8 |
| Teildicke $\delta$ bis | 0,3 | 0,6 | 0,9 | 1,1 | 1,4 | 1,7 | 2 | 2,3 | 2,6 | 2,9 | 3,2 | 3,5 | 3,8 | 4,1 | 4,4 | 4,7 | 5 | | | |
| Teiltoleranz | 0,02 | 0,03 | 0,04 | 0,05 | 0,06 | 0,07 | 0,08 | 0,09 | 0,1 | 0,15 | 0,2 | 0,25 | 0,3 | 0,4 | 0,5 | 0,6 | 0,7 | 0,8 | 0,9 | 1,0 |
| Stempelmaß größer als Teilbohrung um | 0,03 | 0,04 | 0,05 | 0,06 | 0,07 | 0,08 | 0,09 | 0,1 | 0,11 | 0,15 | 0,19 | 0,23 | 0,26 | 0,33 | 0,4 | 0,47 | 0,54 | 0,61 | 0,68 | 0,75 |
| Durchbruch kleiner als Teilaußenmaß um | 0,02 | 0,03 | 0,04 | 0,05 | 0,06 | 0,07 | 0,08 | 0,09 | 0,1 | 0,14 | 0,19 | 0,23 | 0,26 | 0,33 | 0,4 | 0,47 | 0,54 | 0,61 | 0,68 | 0,75 |
| Toleranz für geschliffenen Stempel | 0,01 | 0,01 | 0,01 | 0,01 | 0,01 | 0,01 | 0,01 | 0,01 | 0,02 | 0,02 | 0,02 | 0,02 | 0,03 | 0,03 | 0,04 | 0,04 | 0,05 | 0,05 | 0,06 | 0,06 |
| Toleranz für geschliffenen Durchbruch | 0,01 | 0,01 | 0,01 | 0,01 | 0,01 | 0,01 | 0,01 | 0,02 | 0,02 | 0,02 | 0,02 | 0,03 | 0,03 | 0,03 | 0,04 | 0,05 | 0,05 | 0,06 | 0,06 | 0,07 |
| Toleranz für ungeschliffenen Stempel und Durchbruch | 0,02 | 0,02 | 0,02 | 0,02 | 0,02 | 0,03 | 0,03 | 0,03 | 0,03 | 0,03 | 0,04 | 0,04 | 0,04 | 0,05 | 0,06 | 0,07 | 0,08 | 0,08 | 0,09 | 0,1 |
| Schnittspiel bei Stahl $\sigma_B \leqq 50$ kg/mm² | 0,02 | 0,04 | 0,05 | 0,07 | 0,08 | 0,1 | 0,12 | 0,18 | 0,21 | 0,23 | 0,32 | 0,35 | 0,38 | 0,41 | 0,44 | 0,47 | 0,5 | 0,6 | 0,7 | 0,8 |
| Schnittspiel bei Stahl $\sigma_B > 50$ kg/mm² | 0,02 | 0,05 | 0,07 | 0,09 | 0,11 | 0,14 | 0,16 | 0,23 | 0,26 | 0,29 | 0,39 | 0,42 | 0,46 | 0,49 | 0,53 | 0,56 | 0,6 | 0,72 | 0,84 | 0,96 |
| Schnittspiel bei Isolierstoffen | 0,01 | 0,02 | 0,03 | 0,04 | 0,06 | 0,07 | 0,08 | 0,09 | 0,1 | 0,12 | 0,13 | 0,14 | 0,15 | 0,16 | 0,18 | 0,19 | 0,2 | 0,24 | 0,28 | 0,32 |

*Schnitteildurchbruch gleich Teil-Außendurchmesser*

**Zu beachten:** Nach der Regel für den Schnittplattendurchbruch und die Stempelgröße (vgl. S. 32 und 60) ist vom Schnittplattendurchbruch ausgehend bei 50 mm Teilaußen-⌀ und $\delta = 2{,}5$ mm (Abb. links): der Schnittplattendurchbruch $50 - 0{,}1 = 49{,}9$ mm und der zugehörige Stempeldurchmesser (bei Isolierstoff) $49{,}9 - 0{,}1 = 49{,}8$ mm. Dagegen vom Stempeldurchmesser ausgehend bei 20 mm Teilloch-⌀ und $\delta = 2{,}5$ mm (Abb. rechts): der Stempeldurchmesser $20 + 0{,}11 = 20{,}11$ mm und der zugehörige Schnittplattendurchbruch $20{,}11 + 0{,}1 = 20{,}21$ mm.

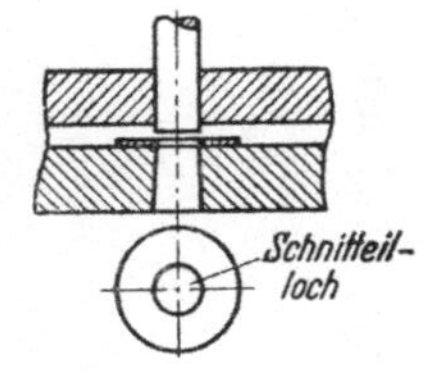


*Schnitteilloch gleich Stempeldurchmesser*

## Ermittlung des Linienschwerpunktes.

Berechnungsverfahren:

Formel: $$S_p = \frac{L \cdot A + L_1 \cdot A_1 + L_2 \cdot A_2 + \cdots}{L + L_1 + L_2 + \cdots},$$

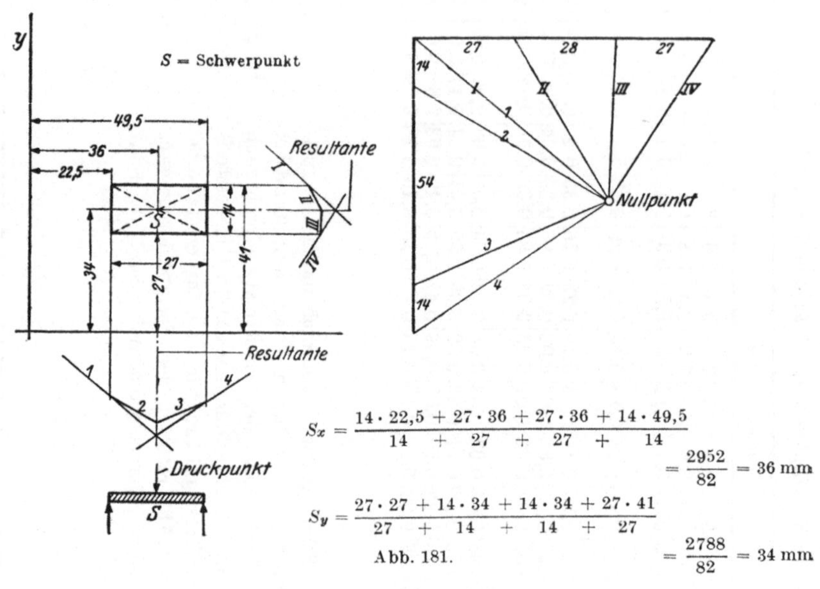


$$S_x = \frac{14 \cdot 22{,}5 + 27 \cdot 36 + 27 \cdot 36 + 14 \cdot 49{,}5}{14 + 27 + 27 + 14} = \frac{2952}{82} = 36 \text{ mm}$$

$$S_y = \frac{27 \cdot 27 + 14 \cdot 34 + 14 \cdot 34 + 27 \cdot 41}{27 + 14 + 14 + 27} = \frac{2788}{82} = 34 \text{ mm}$$

Abb. 181.

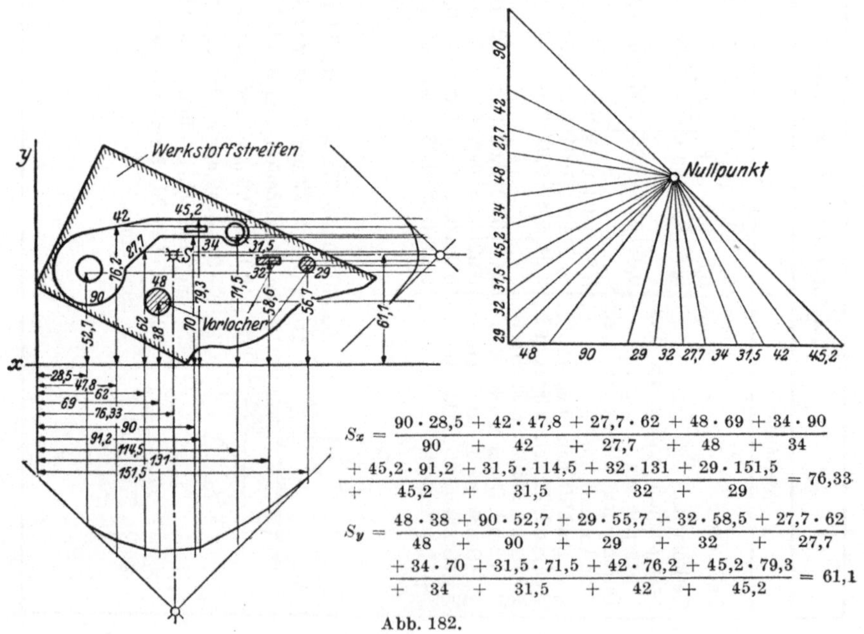


$$S_x = \frac{90 \cdot 28{,}5 + 42 \cdot 47{,}8 + 27{,}7 \cdot 62 + 48 \cdot 69 + 34 \cdot 90}{90 + 42 + 27{,}7 + 48 + 34} \frac{+ 45{,}2 \cdot 91{,}2 + 31{,}5 \cdot 114{,}5 + 32 \cdot 131 + 29 \cdot 151{,}5}{+ 45{,}2 + 31{,}5 + 32 + 29} = 76{,}33$$

$$S_y = \frac{48 \cdot 38 + 90 \cdot 52{,}7 + 29 \cdot 55{,}7 + 32 \cdot 58{,}5 + 27{,}7 \cdot 62}{48 + 90 + 29 + 32 + 27{,}7} \frac{+ 34 \cdot 70 + 31{,}5 \cdot 71{,}5 + 42 \cdot 76{,}2 + 45{,}2 \cdot 79{,}3}{+ 34 + 31{,}5 + 42 + 45{,}2} = 61{,}1$$

Abb. 182.

d. h. Länge der Linie mal ihr Schwerpunktabstand von der $X$-Achse bzw. $Y$-Achse, plus Länge der darauffolgenden Linie mal ihrem Schwerpunktabstand und so weiter, geteilt durch Gesamtlänge der Linien.

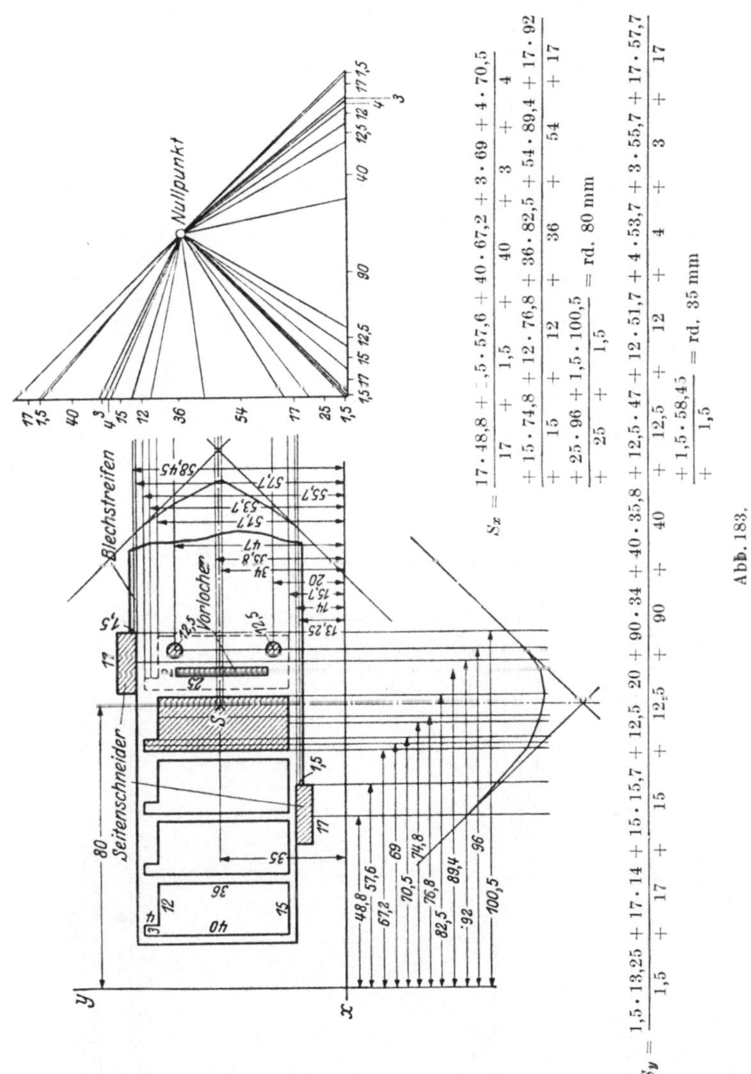


$$S_x = \frac{17 \cdot 48{,}8 + 1{,}5 \cdot 57{,}6 + 40 \cdot 67{,}2 + 3 \cdot 69 + 4 \cdot 70{,}5 + 15 \cdot 74{,}8 + 12 \cdot 76{,}8 + 36 \cdot 82{,}5 + 54 \cdot 89{,}4 + 17 \cdot 92 + 25 \cdot 96 + 1{,}5 \cdot 100{,}5}{17 + 1{,}5 + 40 + 3 + 4 + 15 + 12 + 36 + 54 + 17 + 25 + 1{,}5} = \text{rd. } 80 \text{ mm}$$

$$S_y = \frac{1{,}5 \cdot 13{,}25 + 17 \cdot 14 + 15 \cdot 15{,}7 + 12{,}5 \cdot 20 + 90 \cdot 34 + 40 \cdot 35{,}8 + 12{,}5 \cdot 47 + 12 \cdot 51{,}7 + 4 \cdot 53{,}7 + 3 \cdot 55{,}7 + 17 \cdot 57{,}7 + 1{,}5 \cdot 58{,}45}{1{,}5 + 17 + 15 + 12{,}5 + 90 + 40 + 12{,}5 + 12 + 4 + 3 + 17 + 1{,}5} = \text{rd. } 35 \text{ mm}$$

Abb. 183.

Zahlenbeispiel siehe Abb. 181. Es ist hier ein Linienbild gewählt, von dem man weiß, wo der Schwerpunkt liegt.

Verfahren der zeichnerischen Bestimmung:

Man zeichnet das Linienbild entweder in natürlicher Größe oder in einem Verhältnismaßstab genau auf und unmittelbar daneben den

Kräfteplan in gleicher Weise; die Vorlocher sind darin mit zu berücksichtigen. Auf der Senkrechten des Kräfteplanes trage man von oben beginnend die Kräfte bzw. Linienlängen (in natürlicher Größe oder in

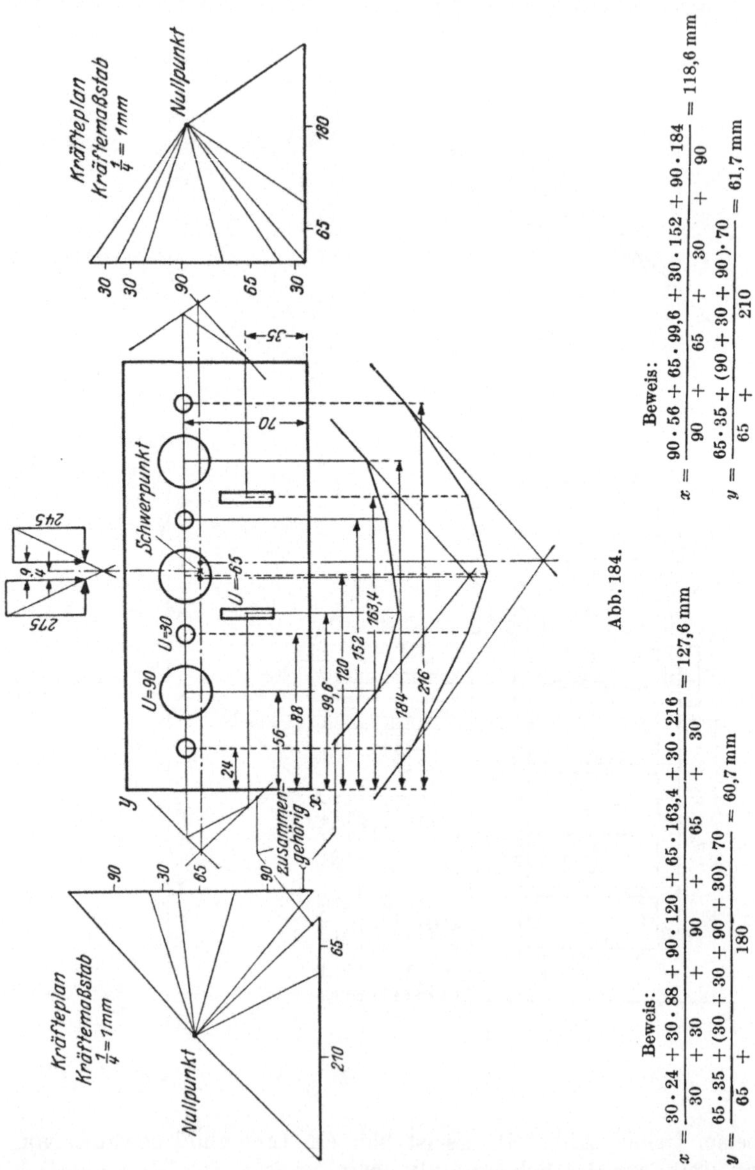


Abb. 184.

einem gewählten Maßstab) genau der Reihe nach auf, wähle einen beliebigen Pol und ziehe von dort aus die Leitstrahlen. Das Linienbild erhält von jedem einzelnen Linienschwerpunkt senkrecht und waagerecht gezogene Linien. Hierauf wird die Parallele zum Strahl *2* gezogen, die die Senkrechte durch den entsprechenden Teilschwerpunkt des Linienbildes in einem willkürlich gewählten Punkt schneidet. Von diesem ersten Schnittpunkt geht es dann in gleicher Weise mit der Parallelen zu Strahl *3* bis zum Schnitt mit der Senkrechten durch den nächsten Teilschwerpunkt und so weiter. Der Schwerpunkt liegt dann senkrecht über dem Schnittpunkt der Parallelen zu Strahl *1* und zum

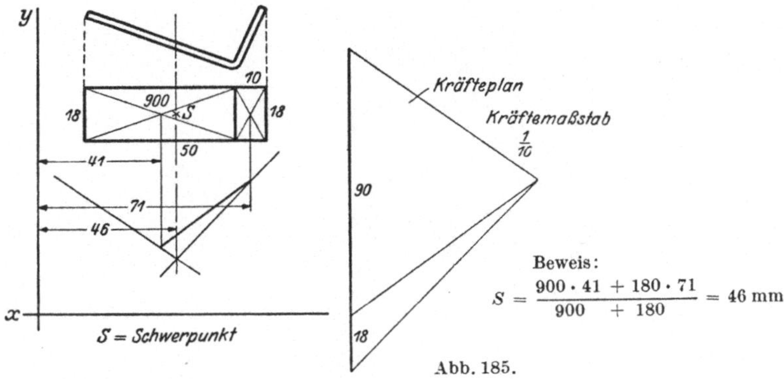


Abb. 185.

letzten Strahl. Nun schwenke man das Linienbild um 90° und verfahre in gleicher Weise mit den Waagerechten; der Schnittpunkt beider Linien ergibt den gesuchten Schwerpunkt.

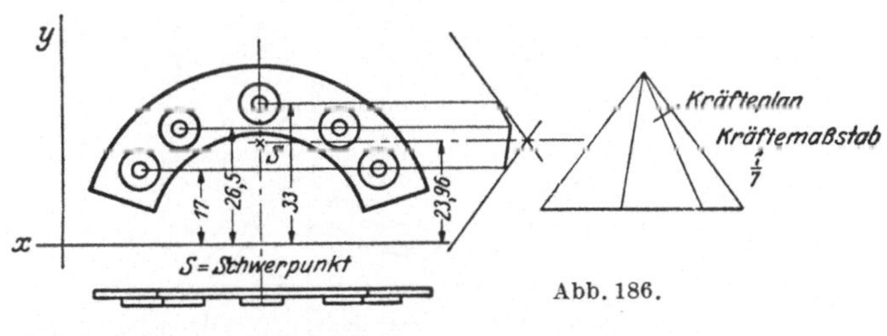


Abb. 186.

$$\text{Beweis:}\quad S = \frac{127{,}2 \cdot 17 + 127{,}2 \cdot 26{,}5 + 63{,}6 \cdot 33}{127{,}2 + 127{,}2 + 63{,}6} = 24\ \text{mm}$$

Beispiel Abb. 182:

Den Linienschwerpunkt bei Schnitten mit Vorlochern bestimmt man in den meisten Fällen von der $X$-Achse und $Y$-Achse, seltener von nur einer der Achsen aus. Es ist besonders darauf zu achten, daß die Summe der Kräfte im Nenner beider Brüche den gleichen Wert haben muß.

Die Schwerpunktbestimmung für einen Schnitt mit Vorlocher und zwei Seitenschneidern ist die gleiche wie bei dem vorhergehenden Werkzeug. Beispiel Abb. 183.

Schnittwerkzeuge, deren Schnittkräfte höher als die Pressenkraft liegen, sind in möglichst gleiche Kräfte zu unterteilen. Aus der vorliegenden Darstellung geht hervor, wie dies erfolgen kann. Beispiel Abb. 184.

## Ermittlung des Flächenschwerpunktes.

Flächenschwerpunktermittlungen kommen nur für Stanzwerkzeuge, d. h. bei solchen Werkzeugen, die mit hartem Endaufschlag Flächenverformungen hervorrufen, in Frage, wobei vorangegangene Biege-

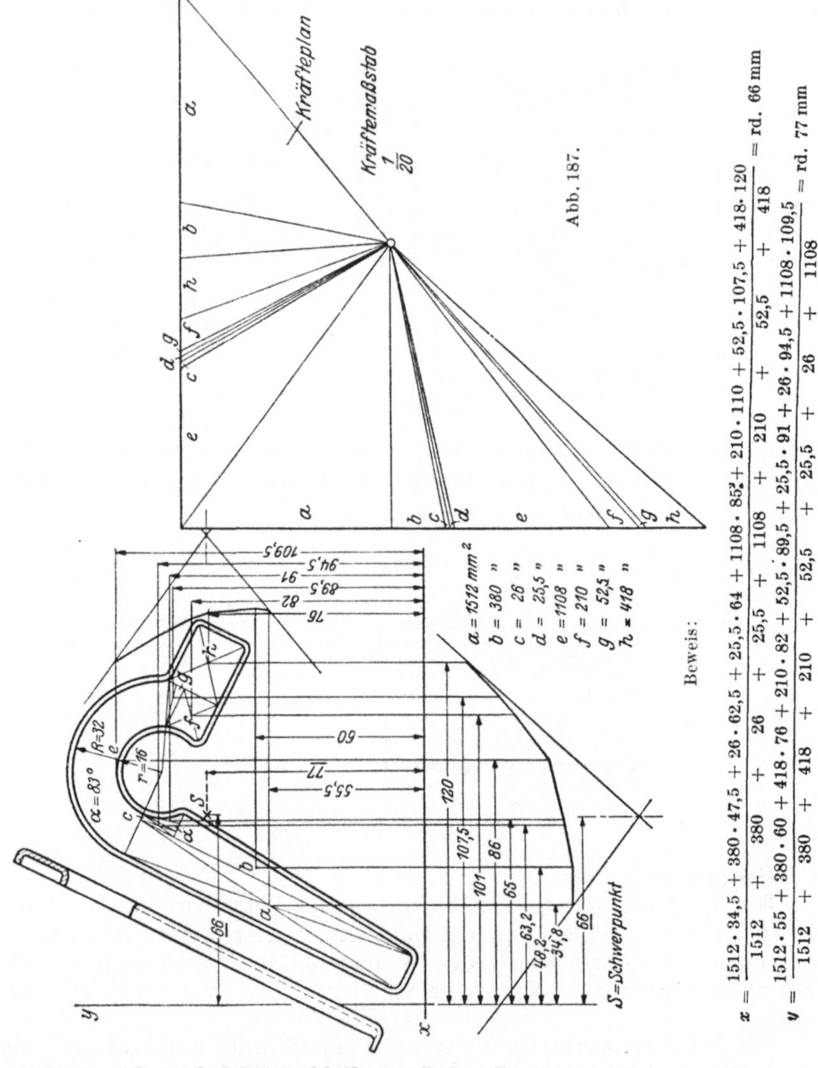


Abb. 187.

vorgänge unberücksichtigt bleiben. Jeder Punkt in einer verformten Gesamtfläche wird vom Unter- und Oberstempel getroffen. Zur Ermittlung des Schwerpunktes für den Einspannzapfen ist eine Unterteilung der gesamten Stanzfläche in Einzelfelder nötig, um den Gesamtschwerpunkt zu finden. Der Zweck ist, daß mit einem Zuschlag beider Stanzstempel die Teilform ausgeschlagen wird, damit sich bei kleinstem Zeitaufwand die einwandfreie Flächenausbildung ergibt. Das Ermittlungsverfahren ist das gleiche wie beim Linienschwerpunkt, es unterscheidet sich nur darin, daß an Stelle der Länge der Einzellinie der Inhalt jeder Einzelfläche zu setzen ist. Naheliegend ist daher, daß Biegeteile mit verschiedener Umrißform, in ein und demselben Werkzeug gestanzt, verschieden ausfallen müssen und außerdem mehrerer Stempelaufschläge bis zu ihrem Fertigzustand bedürfen. Für die Bestimmung des Flächenschwerpunktes gilt ganz allgemein folgende Gleichung:

$$S_p = \frac{F \cdot A + F_1 \cdot A_1 + F_2 \cdot A_2 + \cdots}{F + F_1 + F_2 + \cdots},$$

worin $F$, $F_1 \ldots$ der Inhalt der Einzelfläche und $A$, $A_1 \ldots$ der Schwerpunktabstand jeder Einzelfläche von der $X$- bzw. $Y$-Achse bedeutet.

Zahlentafel 3. **Kleinstzulässige Winkelabrundungen.**

Für Aluminiumlegierungen

| Legierung | Zustand | Blechdicke $\delta$ bis mm | Biegerundung $r_i$ in mm |
|---|---|---|---|
| AlCuMg | weich | 2 | 1 bis $2 \cdot \delta$ |
| | ausgehärtet | 3 | 2,5 bis $3 \cdot \delta$ |
| AlMgSi | weich | 1,2 | 0,8 bis $1,2 \cdot \delta$ |
| | abgeschreckt | 2,5 | 2 bis $2,5 \cdot \delta$ |
| | ausgehärtet | 3,5 | 2,5 bis $3,5 \cdot \delta$ |
| AlMg | weich | 2 | 1 bis $2 \cdot \delta$ |
| | halbhart | 3 | 2 bis $3 \cdot \delta$ |
| AlMn | weich | 1,2 | 0,8 bis $1,2 \cdot \delta$ |
| | hart | 3 | 2 bis $3 \cdot \delta$ |
| Al | weich | 1 | 0,3 bis $1 \cdot \delta$ |
| | hart | 2 | 1 bis $2 \cdot \delta$ |
| Magnesiumlegierung | kalt gebogen | 10 | 4 bis $10 \cdot \delta$ |
| | warm gebogen | 2 | $> 2 \cdot \delta$ |

Für Metalle

| $\delta$ | Messing weich | Messing hart | Tiefziehblech | Stahlblech |
|---|---|---|---|---|
| | $r_i$ mm | $r_i$ mm | $r_i$ mm | $r_i$ mm |
| 1 | 0,2 | 0,3 | 0,5 | 0,6 |
| 1,5 | 0,25 | 0,4 | 0,75 | 0,8 |
| 2 | 0,3 | 0,6 | 1 | 1,2 |
| 2,5 | 0,4 | 0,8 | 1,25 | 1,5 |
| 3 | 0,5 | 1 | 1,5 | 1,8 |
| 3,5 | 0,6 | 1,25 | 1,75 | 2,1 |
| 4 | 0,7 | 1,5 | 2 | 2,6 |
| 4,5 | 0,8 | 1,75 | 2,25 | 3 |

*Zu beachten:* Zu bevorzugen sind Rundungen nach DIN 250.

Zahlentafel 4.
**Gestreckte Länge gebogener Stanzteile**
(vgl. S. 91):

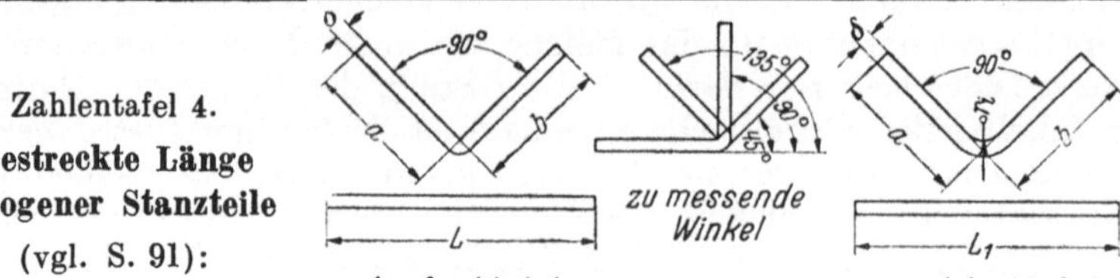


scharfer Winkel gerundeter Winkel

$$L = a + b + L_z = a + b + (\delta + 0{,}2) \cdot 0{,}785 \cdot \vartheta_T \text{ für scharfe Winkel } 90°,$$

$$L_1 = a + b + L_z = a + b + (\delta + 2\,r_i) \cdot 0{,}785 \cdot \vartheta_T \text{ für gerundete Winkel } 90°.$$

Für Winkel von $x°$: $L_z = \dfrac{(\delta + 0{,}2) \cdot 0{,}785 \cdot \vartheta_T \cdot x°}{90°}$ scharfkantig,

$$L_{z_1} = \frac{(\delta + 2r_i) \cdot 0{,}785 \cdot \vartheta_T \cdot x°}{90°} \text{ gerundet.}$$

Für Rundungen mit Umlenkwinkel $x° \leqq 360°$:

$$L = \frac{(\delta + 2r_i) \cdot 2 \cdot \eta \cdot x°}{360°}, \text{ wobei für}$$

| $r_i$ = 0,25 | 0,5 | 0,75 | 1,0 | 1,25 | 1,5 | 1,75 | 2,0 | 2,5 | 3,0 | 3,5 | 4,0 | 4,5 |
|---|---|---|---|---|---|---|---|---|---|---|---|---|
| η = 1,08 | 1,12 | 1,14 | 1,17 | 1,19 | 1,22 | 1,25 | 1,28 | 1,35 | 1,37 | 1,39 | 1,41 | 1,42 |

Die Zahlenwerte von $L_z$ und $\vartheta_T$ hängen von $r_i$, $\delta$ und der Werkstoffdehnung ab. Für 25 vH Werkstoffdehnung ergibt sich

| $r_i$ | $L_z$ | | | | | | | | | |
|---|---|---|---|---|---|---|---|---|---|---|
| | δ = 0 4 | 0,5 | 1 | 1,5 | 2 | 2,5 | 3 | 3,5 | 4 | 4,5 |
| 4,5 | −1,77 | −1,664 | −1,275 | −0,72 | −0,308 | −0,178 | +0,112 | +0,376 | +0,64 | +0,90 |
| 4 | −1,57 | −1,452 | −1,06 | −0,543 | −0,132 | −0,04 | +0,287 | +0,548 | +0,804 | +1,058 |
| 3,5 | −1,358 | −1,24 | −0,845 | −0,366 | −0,006 | +0,222 | +0,462 | +0,72 | +0,968 | +1,206 |
| 3 | −1,146 | −1,028 | −0,63 | −0,189 | +0,17 | +0,404 | +0,636 | +0,893 | +1,132 | +1,364 |
| 2,5 | −0,935 | −0,816 | −0,415 | −0,012 | +0,346 | +0,586 | +0,811 | +1,065 | +1,296 | +1,522 |
| 2 | −0,724 | −0,604 | −0,20 | +0,165 | +0,522 | +0,768 | +0,986 | +1,237 | +1,46 | +1,68 |
| 1,75 | −0,618 | −0,498 | −0,107 | +0,254 | +0,61 | +0,859 | +1,073 | +1,323 | +1,542 | +1,759 |
| 1,5 | −0,513 | −0,392 | +0,015 | +0,343 | +0,698 | +0,95 | +1,161 | +1,409 | +1,624 | +1,838 |
| 1,25 | −0,407 | −0,355 | +0,123 | +0,432 | +0,786 | +1,041 | +1,248 | +1,495 | +1,706 | +1,917 |
| 1 | −0,302 | −0,18 | +0,23 | +0,521 | +0,874 | +1,132 | +1,336 | +1,581 | +1,788 | +1,996 |
| 0,75 | −0,196 | −0,074 | +0,338 | +0,61 | +0,962 | +1,223 | +1,423 | +1,667 | +1,87 | +2,065 |
| 0,5 | −0,09 | +0,022 | +0,445 | +0,699 | +1,05 | +1,314 | +1,51 | +1,754 | +1,952 | +2,154 |
| 0,25 | +0,016 | +0,128 | +0,552 | +0,788 | +1,138 | +1,405 | +1,598 | +1,839 | +2,034 | +2,233 |
| 0 | +0,1 | +0,2 | +0,56 | +0,86 | +1,14 | +1,4 | +1,65 | +1,94 | +2,16 | +2,42 |

| $r_i$ | $\vartheta_T$ | | | | | | | | | |
|---|---|---|---|---|---|---|---|---|---|---|
| | δ = 0,4 | 0,5 | 1 | 1,5 | 2 | 2,5 | 3 | 3,5 | 4 | 4,5 |
| 4,5 | −0,24 | −0,222 | −0,168 | −0,087 | −0,035 | −0,02 | +0,012 | +0,038 | +0,064 | +0,085 |
| 4 | −0,237 | −0,217 | −0,143 | −0,073 | −0,017 | −0,005 | +0,033 | +0,061 | +0,088 | +0,103 |
| 3,5 | −0,234 | −0,210 | −0,134 | −0,055 | −0,008 | +0,025 | +0,059 | +0,087 | +0,118 | +0,132 |
| 3 | −0,230 | −0,203 | −0,114 | −0,032 | +0,027 | +0,061 | +0,089 | +0,12 | +0,144 | +0,165 |
| 2,5 | −0,22 | −0,184 | −0,088 | −0,003 | +0,063 | +0,099 | +0,128 | +0,151 | +0,187 | +0,204 |
| 2 | −0,21 | −0,17 | −0,051 | +0,038 | +0,112 | +0,152 | +0,179 | +0,21 | +0,232 | +0,251 |
| 1,75 | −0,201 | −0,159 | −0,032 | +0,065 | +0,142 | +0,182 | +0,198 | +0,241 | +0,262 | +0,28 |
| 1,5 | −0,192 | −0,142 | +0,005 | +0,097 | +0,178 | +0,22 | +0,247 | +0,275 | +0,295 | +0,313 |
| 1,25 | −0,183 | −0,152 | +0,045 | +0,138 | +0,222 | +0,257 | +0,292 | +0,32 | +0,335 | +0,349 |
| 1 | −0,16 | −0,092 | +0,097 | +0,19 | +0,278 | +0,32 | +0,339 | +0,366 | +0,38 | +0,392 |
| 0,75 | −0,142 | −0,005 | +0,172 | +0,26 | +0,35 | +0,39 | +0,404 | +0,426 | +0,456 | +0,440 |
| 0,5 | −0,082 | +0,002 | +0,183 | +0,366 | +0,446 | +0,476 | +0,481 | +0,494 | +0,496 | +0,508 |
| 0,25 | +0,02 | +0,163 | +0,47 | +0,50 | +0,579 | +0,60 | +0,85 | +0,585 | +0,569 | +0,57 |
| 0 | +0,212 | +0,362 | +0,595 | +0,645 | +0,656 | +0,656 | +0,656 | +0,656 | +0,656 | +0,656 |

Ist die Werkstoffdehnung von 25 vH verschieden, so sind die $L_z$ bzw. $\vartheta_T$ zu vergrößern, wenn die Dehnung kleiner ist, und zu verkleinern, wenn die Dehnung größer ist.
Zum Beispiel sind bei 30 vH Dehnung positive $L_z$ mit 0,95, negative $L_z$ mit 1,05 zu multiplizieren.

| Werkstoffdehnung . . . | 5 | 10 | 15 | 20 | 25 | 30 | 35 | 40 | 45 vH |
|---|---|---|---|---|---|---|---|---|---|
| Faktor für positive $L_z$ . | 1,2 | 1,15 | 1,1 | 1,05 | 1 | 0,95 | 0,9 | 0,85 | 0,8 |
| Faktor für negative $L_z$ . | 0,8 | 0,85 | 0,9 | 0,95 | 1 | 1,05 | 1,1 | 1,15 | 1,2 |

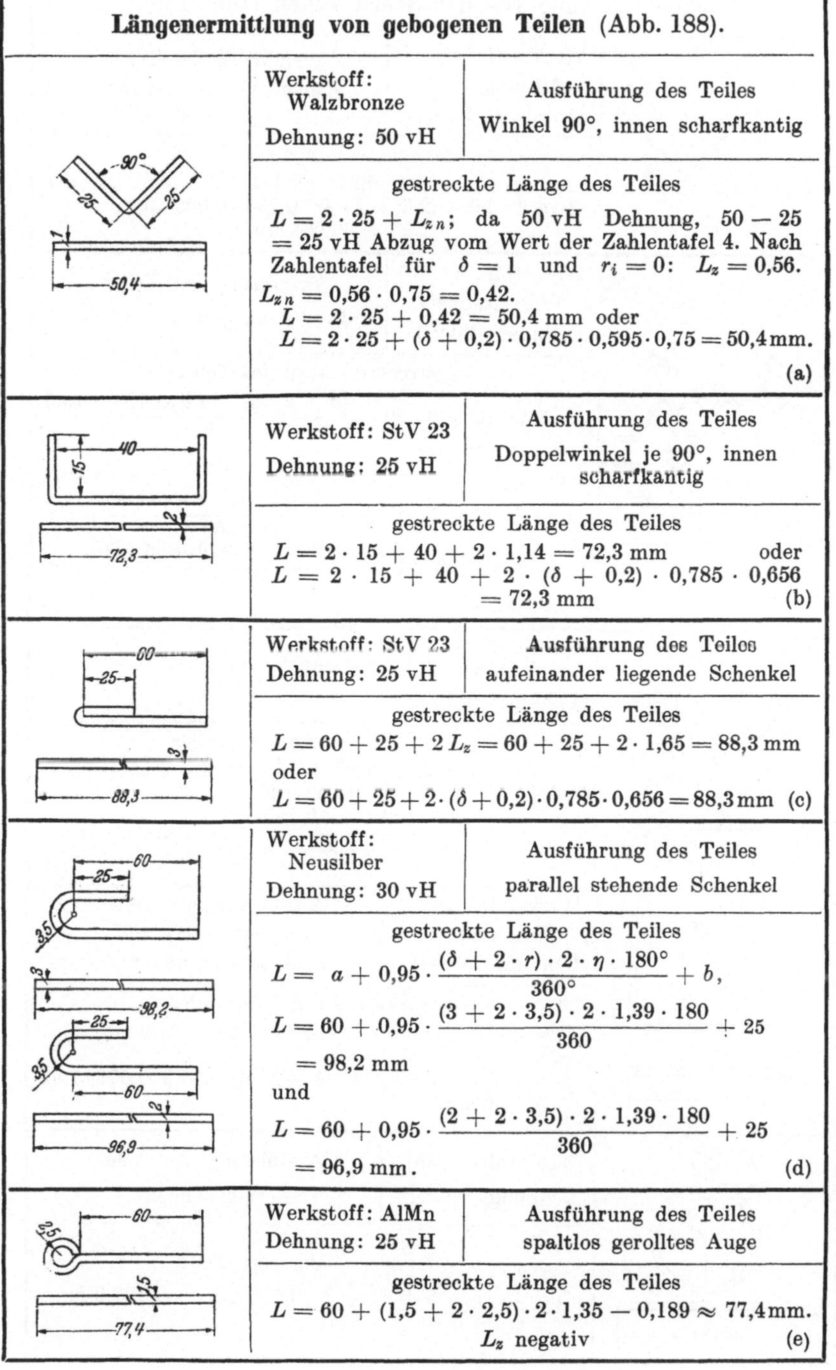

**Längenermittlung von gebogenen Teilen** (Abb. 188).

|  | Ausführung des Teiles | gestreckte Länge des Teiles |
|---|---|---|
| Werkstoff: Walzbronze<br>Dehnung: 50 vH | Winkel 90°, innen scharfkantig | $L = 2 \cdot 25 + L_{zn}$; da 50 vH Dehnung, 50 — 25 = 25 vH Abzug vom Wert der Zahlentafel 4. Nach Zahlentafel für $\delta = 1$ und $r_i = 0$: $L_z = 0{,}56$.<br>$L_{zn} = 0{,}56 \cdot 0{,}75 = 0{,}42$.<br>$L = 2 \cdot 25 + 0{,}42 = 50{,}4$ mm oder<br>$L = 2 \cdot 25 + (\delta + 0{,}2) \cdot 0{,}785 \cdot 0{,}595 \cdot 0{,}75 = 50{,}4$ mm. (a) |
| Werkstoff: StV 23<br>Dehnung: 25 vH | Doppelwinkel je 90°, innen scharfkantig | $L = 2 \cdot 15 + 40 + 2 \cdot 1{,}14 = 72{,}3$ mm oder<br>$L = 2 \cdot 15 + 40 + 2 \cdot (\delta + 0{,}2) \cdot 0{,}785 \cdot 0{,}656 = 72{,}3$ mm (b) |
| Werkstoff: StV 23<br>Dehnung: 25 vH | aufeinander liegende Schenkel | $L = 60 + 25 + 2\,L_z = 60 + 25 + 2 \cdot 1{,}65 = 88{,}3$ mm<br>oder<br>$L = 60 + 25 + 2 \cdot (\delta + 0{,}2) \cdot 0{,}785 \cdot 0{,}656 = 88{,}3$ mm (c) |
| Werkstoff: Neusilber<br>Dehnung: 30 vH | parallel stehende Schenkel | $L = a + 0{,}95 \cdot \frac{(\delta + 2 \cdot r) \cdot 2 \cdot \eta \cdot 180°}{360°} + b$,<br>$L = 60 + 0{,}95 \cdot \frac{(3 + 2 \cdot 3{,}5) \cdot 2 \cdot 1{,}39 \cdot 180}{360} + 25 = 98{,}2$ mm<br>und<br>$L = 60 + 0{,}95 \cdot \frac{(2 + 2 \cdot 3{,}5) \cdot 2 \cdot 1{,}39 \cdot 180}{360} + 25 = 96{,}9$ mm. (d) |
| Werkstoff: AlMn<br>Dehnung: 25 vH | spaltlos gerolltes Auge | $L = 60 + (1{,}5 + 2 \cdot 2{,}5) \cdot 2 \cdot 1{,}35 - 0{,}189 \approx 77{,}4$ mm.<br>$L_z$ negativ (e) |

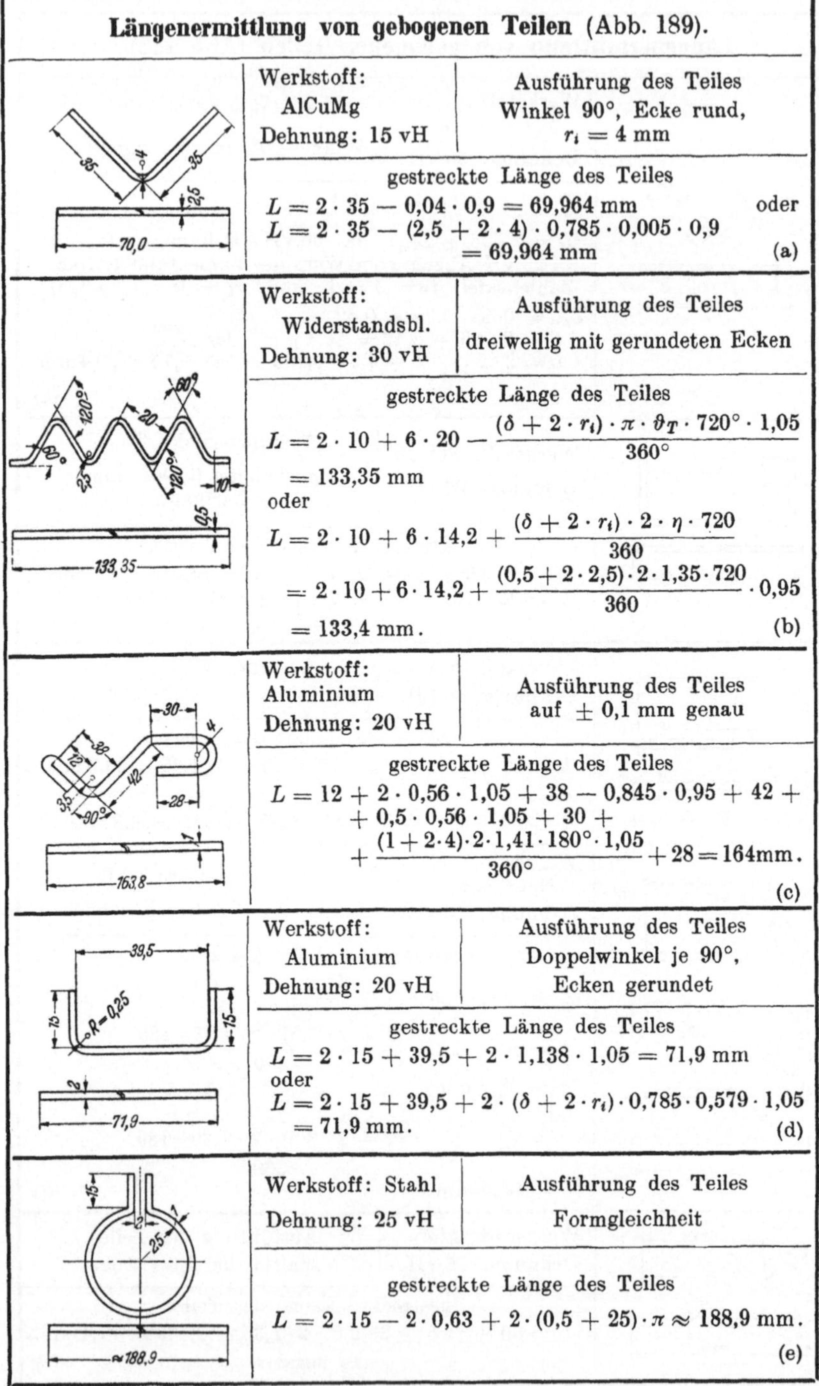

## **Längenermittlung von gebogenen Teilen** (Abb. 189).

| Werkstoff: | Ausführung des Teiles |
|---|---|
| Werkstoff: AlCuMg<br>Dehnung: 15 vH | Winkel 90°, Ecke rund, $r_i = 4$ mm |

gestreckte Länge des Teiles

$L = 2 \cdot 35 - 0{,}04 \cdot 0{,}9 = 69{,}964$ mm oder

$L = 2 \cdot 35 - (2{,}5 + 2 \cdot 4) \cdot 0{,}785 \cdot 0{,}005 \cdot 0{,}9 = 69{,}964$ mm (a)

| Werkstoff: | Ausführung des Teiles |
|---|---|
| Werkstoff: Widerstandsbl.<br>Dehnung: 30 vH | dreiwellig mit gerundeten Ecken |

gestreckte Länge des Teiles

$$L = 2 \cdot 10 + 6 \cdot 20 - \frac{(\delta + 2 \cdot r_i) \cdot \pi \cdot \vartheta_T \cdot 720° \cdot 1{,}05}{360°} = 133{,}35 \text{ mm}$$

oder

$$L = 2 \cdot 10 + 6 \cdot 14{,}2 + \frac{(\delta + 2 \cdot r_i) \cdot 2 \cdot \eta \cdot 720}{360} = 2 \cdot 10 + 6 \cdot 14{,}2 + \frac{(0{,}5 + 2 \cdot 2{,}5) \cdot 2 \cdot 1{,}35 \cdot 720}{360} \cdot 0{,}95 = 133{,}4 \text{ mm}.$$

(b)

| Werkstoff: | Ausführung des Teiles |
|---|---|
| Werkstoff: Aluminium<br>Dehnung: 20 vH | auf $\pm$ 0,1 mm genau |

gestreckte Länge des Teiles

$$L = 12 + 2 \cdot 0{,}56 \cdot 1{,}05 + 38 - 0{,}845 \cdot 0{,}95 + 42 + 0{,}5 \cdot 0{,}56 \cdot 1{,}05 + 30 + \frac{(1 + 2 \cdot 4) \cdot 2 \cdot 1{,}41 \cdot 180° \cdot 1{,}05}{360°} + 28 = 164 \text{mm}.$$

(c)

| Werkstoff: | Ausführung des Teiles |
|---|---|
| Werkstoff: Aluminium<br>Dehnung: 20 vH | Doppelwinkel je 90°, Ecken gerundet |

gestreckte Länge des Teiles

$L = 2 \cdot 15 + 39{,}5 + 2 \cdot 1{,}138 \cdot 1{,}05 = 71{,}9$ mm

oder

$L = 2 \cdot 15 + 39{,}5 + 2 \cdot (\delta + 2 \cdot r_i) \cdot 0{,}785 \cdot 0{,}579 \cdot 1{,}05 = 71{,}9$ mm. (d)

| Werkstoff: | Ausführung des Teiles |
|---|---|
| Werkstoff: Stahl<br>Dehnung: 25 vH | Formgleichheit |

gestreckte Länge des Teiles

$L = 2 \cdot 15 - 2 \cdot 0{,}63 + 2 \cdot (0{,}5 + 25) \cdot \pi \approx 188{,}9$ mm. (e)

**Festlegung von Stanzrippen zur Stabilisierung** (Abb. 190).

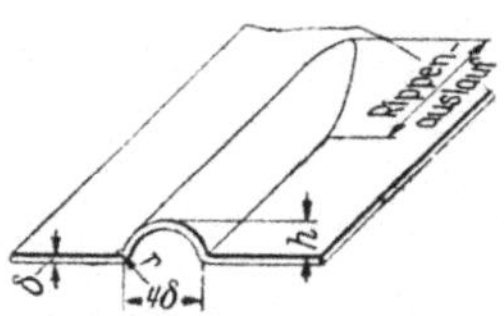


Richtwerte:

Stempeldicke: $4 \cdot \delta$ in mm.

Gestreckte Rippenbreite

$$R_{br} = 6 \cdot \delta + 6 \cdot \delta \cdot \vartheta$$

und für Ermittlung des Zentriwinkels

$$b = 0{,}017453 \cdot 3 \cdot \delta \cdot \varphi$$

und Rippenhöhe:

$$h = 3 \cdot \delta \cdot \left(1 - \cos\frac{\varphi}{2}\right).$$

Rippenauslauf:

bis $\delta = 0{,}25$ mm $10 \cdot \delta$
bis $\delta = 0{,}5$ mm $5 \cdot \delta$
bis $\delta = 1{,}0$ mm $2{,}5 \cdot \delta$

Stanzhalbmesser:

Nach dem Ziehkantendiagramm ist für Rippen zu setzen

$$10 \cdot (D_a - D_i) \cdot 2 = f(r)$$

(s. Band 2 Ziehradiendiagramm).

*Gegeben:*

Werkstoff: Aluminium (weich),
Dicke $\delta = 0{,}25$ mm,
Dehnung $\vartheta = 20$ vH.

Länge der Rippe einschließlich ihres Auslaufes 30 mm.

Gestreckte Rippenbreite

$$R_{br} = 6 \cdot \delta + 6 \cdot \delta \cdot \vartheta^*$$
$$= 6 \cdot 0{,}25 + 6 \cdot 0{,}25 \cdot 0{,}2 = 1{,}8.$$

* Dehnung des Werkstoffes $\vartheta = 20$ vH

(a)

Größe des Zentriwinkels „$\varphi$“

$$b = 0{,}017453 \cdot 3 \cdot \delta \cdot \varphi$$

$$\varphi = \frac{b}{0{,}017453 \cdot 3 \cdot 0{,}25} = \frac{1{,}8}{0{,}013} \approx 138^\circ.$$

Halbmessermittelpunkt liegt unter der Blechfläche.

(b)

Rippenhöhe

$$h = 3 \cdot \delta \cdot \left(1 - \cos\frac{\varphi}{2}\right)$$
$$= 3 \cdot 0{,}25 \cdot \left(1 - \cos\frac{138^\circ}{2}\right)$$
$$= 0{,}75 \cdot (1 - 0{,}358) \approx 0{,}48 \text{ mm}.$$

(c)

Stanzhalbmesser

$$(D_a - D_i) \cdot 20$$
$$= (6 \cdot 0{,}25 - 4 \cdot 0{,}25) \cdot 20 = 10,$$

daraus nach Diagramm (Bd. 2, Abb. 158) für $\delta = 0{,}25$ mm:

$$r = 0{,}28 \text{ mm}.$$

(d)

Rippenlänge

mit Rippenauslauf 30 mm
ohne Rippenauslauf $30 - 10 \cdot 0{,}25 = 27{,}5$ mm.

(e)

***Zu beachten:*** Bei weichem Blech ist die Richtung der Rippe zur Walzfaser belanglos, bei halbhartem dagegen ist sie rechtwinklig und bei einer Kreuzrippe übereck zu dieser anzuordnen.

**Stabilisieren durch Stanzrippe gegen Durchbiegung und Knickung** (Abb. 191).

Werkstoff: Messingblech 0,25 mm.

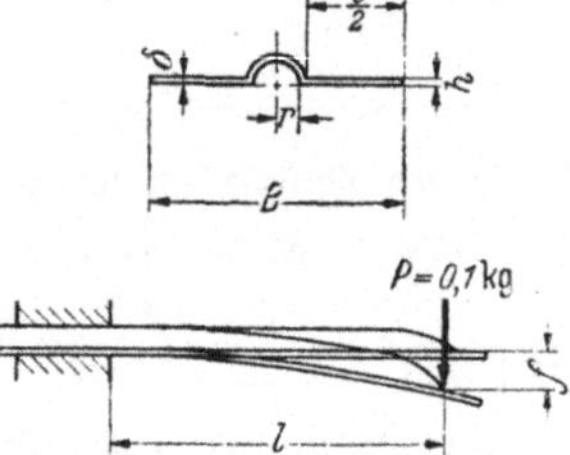


*Gegeben:* $\sigma_B = 29$ kg/mm², $E = 10000$ kg/mm².

| $B$ | $b$ | $l$ | $r$ |
|---|---|---|---|
| 5 | 3,6 | 25 | 0,5 mm |

$\delta = h = 0{,}25$ mm.

Das Trägheitsmoment für den Querschnitt mit Rippe:

$$J = 0{,}0491 \text{ mm}^4,$$

für den Querschnitt ohne Rippe:

$$J_1 = \frac{B \cdot h^3}{12} = 0{,}0065 \text{ mm}^4.$$

$$f = \frac{P \cdot l^3}{3 \cdot E \cdot J}.$$

Belastung des Teiles bei $l = 25$ mm mit 0,1 kg.

Belastungsfall:

Träger einseitig fest eingespannt, Gegenseite frei.

Durchbiegung mit Rippe:

$$f = \frac{0{,}1 \cdot 25^3}{3 \cdot 10000 \cdot 0{,}0491} = 1{,}06 \text{ mm},$$

ohne Rippe:

$$f = \frac{0{,}1 \cdot 25^3}{3 \cdot 10000 \cdot 0{,}0065} = 8{,}0 \text{ mm}.$$

Die Rippe verringert die Durchbiegung fast auf $^1/_8$.

*Gegeben:* Maße wie oben.

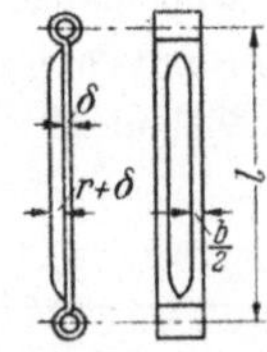

Zulässige Knicklast $P_k$ in kg bei $n = 4$facher Sicherheit

$$P_k = \frac{1}{n} \cdot \frac{\pi^2}{l^2} \cdot E \cdot J,$$

Knicklast mit Rippe:

$$P_k = \frac{1}{4} \cdot \frac{\pi^2}{25^2} \cdot 10000 \cdot 0{,}0491 = 1{,}94 \text{ kg},$$

ohne Rippe:

$$P_k = \frac{1}{4} \cdot \frac{\pi^2}{25^2} \cdot 10000 \cdot 0{,}0065 = 0{,}257 \text{ kg}.$$

Die Knicklast wird durch die Rippe fast auf das Achtfache erhöht.

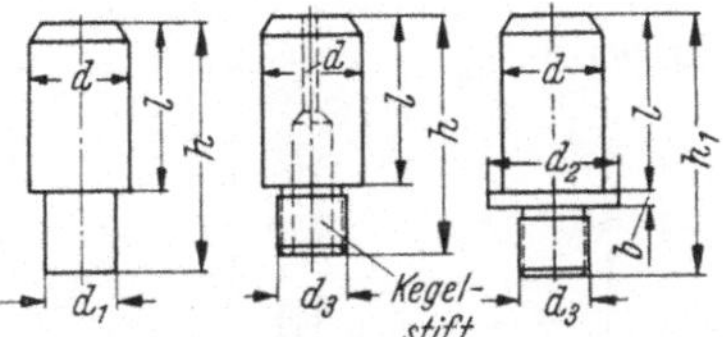


Abb. 192. Einspannzapfen nach DIN 9826 (vgl. auch Entwurf DIN 9859).

| Abmessungen | | | | | | | |
|---|---|---|---|---|---|---|---|
| $d_{f7}$ mm | $d_1$ $s6$ mm | $d_3$ | $d_2$ $f7$ mm | $l$ mm | $h$ mm | $h_1$ mm | $b$ mm |
| 8 | 6 | — | — | 22 | 40 | — | — |
| 10 | 8 | — | — | 25 | 43 | — | — |
| 12 | 9 | — | — | 28 | 46 | — | — |
| 16 | 12 | — | — | 32 | 50 | — | — |
| 20 | 15 | M 15×1,5 | 28 | 40 | 58 | 58 | 4,9 |
| 25 | 18 | M 18×1,5 | 34 | 45 | 63 | 75 | 4,9 |
| 32 | 24 | M 22×1,5 | 42 | 56 | 79 | 96 | 5,9 |
| 40 | 30 | M 27×2 | 52 | 71 | 94 | 121 | 6,9 |
| 50 | 40 | M 30×2 | 62 | 90 | 113 | 140 | 7,9 |
| 63 | 50 | M 42×3 | 80 | 112 | 140 | 172 | 9,9 |

| Abmessungen | | | | | | | | | |
|---|---|---|---|---|---|---|---|---|---|
| $e$ mm | $f$ mm | $a$ mm | $b$ mm | $h$ mm | $e$ mm | $f$ mm | $a$ mm | $b$ mm | $h$ mm |
| 20 | 22 | 40 | 40 | 26 | 73 | 76 | 100 | 100 | 30 |
| 20 | 42 | 63 | 40 | 26 | 73 | 06 | 125 | 100 | 30 |
| 20 | 62 | 80 | 40 | 26 | 73 | 116 | ◤140 | 100 | 30 |
| 20 | 82 | ◤100 | 40 | 26 | 73 | 136 | ◤160 | 100 | 30 |
| 20 | 102 | ◤125 | 40 | 26 | 93 | 96 | 125 | 125 | 30 |
| 24 | 26 | 50 | 50 | 28 | 93 | 116 | ◤140 | 125 | 30 |
| 24 | 36 | 63 | 50 | 28 | 93 | 136 | ◤160 | 125 | 30 |
| 24 | 56 | 80 | 50 | 28 | 93 | 156 | ◤180 | 125 | 30 |
| 24 | 76 | 100 | 50 | 28 | 93 | 176 | ◤200 | 125 | 30 |
| 24 | 96 | 125 | 50 | 28 | 116 | 110 | 140 | 150 | 40 |
| 33 | 36 | 63 | 63 | 28 | 116 | 130 | ◤160 | 150◥ | 40 |
| 33 | 56 | 80 | 63 | 28 | 116 | 150 | ◤180 | 150◥ | 40 |
| 33 | 76 | 100 | 63 | 28 | 116 | 170 | ◤200 | 150◥ | 40 |
| 33 | 96 | 125 | 63 | 28 | 116 | 195 | ◤224 | 150◥ | 40 |
| 33 | 116 | ◤140 | 63 | 28 | 146 | 150 | ◤180 | 180◥ | 40 |
| 53 | 56 | 80 | 80 | 30 | 146 | 170 | ◤200 | 180◥ | 40 |
| 53 | 76 | 100 | 80 | 30 | 146 | 195 | ◤224 | 180◥ | 40 |
| 53 | 96 | 125 | 80 | 30 | 146 | 220 | ◤250 | 180◥ | 40 |
| 53 | 116 | ◤140 | 80 | 30 | 166 | 170 | ◤200 | 200◥ | 40 |
| | | | | | 166 | 220 | ◤250 | 200◥ | 40 |

Abb. 193. Eckige Stempelköpfe (vgl. DIN Vornorm 9828).

Bei Werkzeugen mit dünnen Stempeln vergrößert sich das Maß $h$ um die Stärke der zwischengelegten Druckplatte (∼ 4 mm).

Die beiden Schrauben in der Mitte der Seite „$a$“ nur bei den Größen mit Kopfnote ◤ links.

Die beiden Schrauben in der Mitte der Seite „$b$“ nur bei den Größen mit Kopfnote ◥ rechts.

In der Tabelle ist $e \cdot f$ die Nutzfläche zwischen den Schrauben.

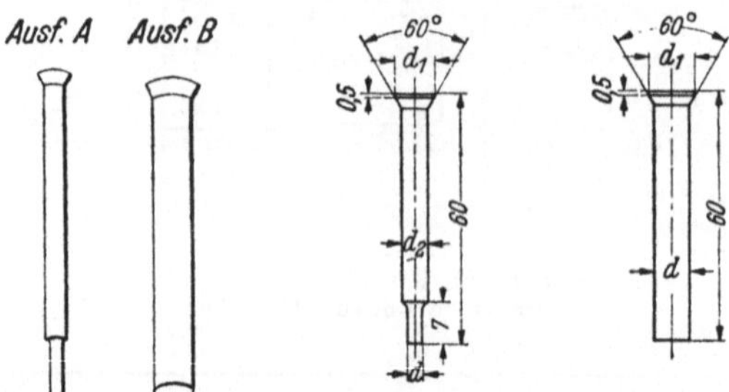


Abb. 194. Runde Schneidstempel bis 10 mm Schneiddurchmesser (DIN 9861).

| Abmessungen | | | | |
|---|---|---|---|---|
| $d$ mm | $d_1$ mm | $d_2$ mm | $d$ mm | $d_1$ mm |
| 0,75 bis 1,5 | 3 | 2 | 5,5 bis 5,9 | 7 |
| 1,55 bis 2,95 | 4,5 | 3 | 6,0 bis 6,4 | 8 |
| 3,0 bis 3,4 | 4,5 | | 6,5 bis 7,4 | 9 |
| 3,5 bis 3,9 | 5 | | 7,5 bis 8,4 | 10 |
| 4,0 bis 4,4 | 5,5 | | 8,5 bis 9,4 | 11 |
| 4,5 bis 4,9 | 6 | | 9,5 bis 10,0 | 12 |
| 5,0 bis 5,4 | 6,5 | | | |

Durchmesser $d$ und $d_2$ mit Passung $h$ 6 ausführen!

Durchmesser $d$ bis 2,95 von 0,05 zu 0,05 gestuft, ab 3 von 0,1 zu 0,1. Außer der Länge 60 mm ist auch die Länge 70 mm und für die Sonderfälle 90 mm genormt.

Außer der dargestellten Ausführung mit Kopf ist auch die Ausführung ohne Kopf genormt, bei der das obere Schaftende $\sim$ 10 mm lang weich ausgeführt wird zum Anhämmern des Kopfes.

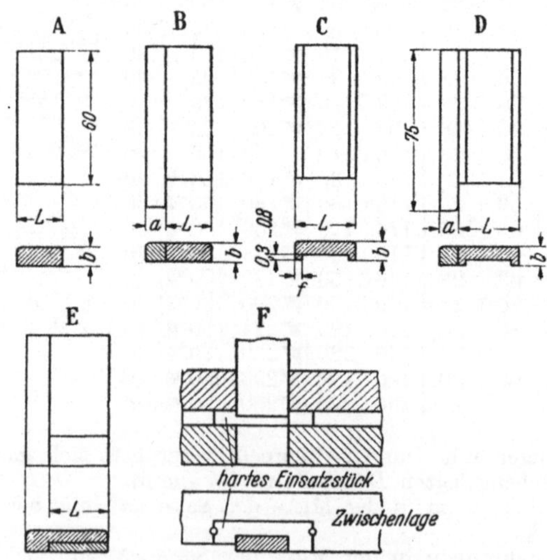


Abb. 195. Seitenschneiderausführungen.
(Die Ausführungen $A$ und $C$ sind in DIN 9862 genormt.)

Abb. 195.

| $L$ | bis 6 | >6 bis 10 | >10 bis 16 | >16 bis 25 | >25 bis 40 | >40 bis 100 |
|---|---|---|---|---|---|---|
| $b$ | 6 | 6 | 6 | 8 | 10 | 12 |
| $f$ | — | 1,6 | 2,5 | 3 | 4 | 5 |

Anschläge für Seitenschneider sind in DIN 9863 genormt.

| $a_1$ | $a$ | $b$ | $e$ | $e_1$ | $g$ | $g_1$ | $f$ | $s$ | $u$ |
|---|---|---|---|---|---|---|---|---|---|
| 103 | 63 | 40 | 20 | 40 | je Seite eine Schrb. | | 13 | 10 | 20 |
| 120 | 80 | 63 | 35 | 55 | | | 16 | 18 | 28 |
| 140 | 100 | 63 | 35 | 75 | | 40 | 16 | 18 | 28 |
| 165 | 125 | 63 | 35 | 95 | | 60 | 16 | 18 | 28 |
| 140 | 100 | 80 | 50 | 70 | | 40 | 18 | 22 | 32 |
| 165 | 125 | 80 | 50 | 90 | | 60 | 18 | 22 | 32 |
| 190 | 150 | 80 | 50 | 110 | | 80 | 18 | 22 | 32 |
| 165 | 125 | 100 | 65 | 85 | 35 | 55 | 18 | 22 | 37 |
| 190 | 150 | 100 | 65 | 115 | 35 | 85 | 18 | 22 | 37 |
| 220 | 180 | 100 | 65 | 145 | 35 | 110 | 18 | 22 | 37 |
| 190 | 150 | 125 | 85 | 115 | 55 | 85 | 23 | 28 | 37 |
| 220 | 180 | 125 | 85 | 145 | 55 | 110 | 23 | 28 | 37 |
| 240 | 200 | 125 | 85 | 165 | 55 | 125 | 23 | 28 | 37 |
| 264 | 224 | 125 | 85 | 185 | 55 | 145 | 23 | 28 | 37 |
| 220 | 180 | 160 | 110 | 140 | 75 | 105 | 23 | 32 | 42 |
| 240 | 200 | 160 | 110 | 160 | 75 | 120 | 23 | 32 | 42 |
| 264 | 224 | 160 | 110 | 185 | 75 | 145 | 23 | 32 | 42 |
| 290 | 250 | 160 | 110 | 210 | 75 | 160 | 23 | 32 | 42 |
| 240 | 200 | 200 | 150 | 150 | 110 | 110 | 23 | 37 | 42 |
| 264 | 224 | 200 | 150 | 175 | 110 | 135 | 23 | 37 | 42 |
| 290 | 250 | 200 | 150 | 200 | 110 | 150 | 23 | 37 | 42 |
| 340 | 300 | 200 | 150 | 250 | 110 | 200 | 23 | 37 | 42 |

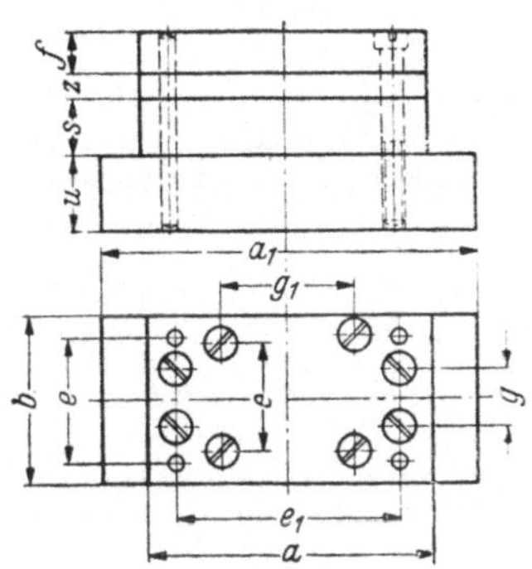


Abb. 196. Schnittkästen mit Unterplatte (vgl. DIN 9829).

Die Dicke $z$ der Zwischenlage ist von dem zu bearbeitenden Werkstoff abhängig; im allgemeinen dürften 4 mm für Schnitte mit Seitenschneidern und Hakenanschlag, 6 mm für Schnitte mit Einhängestiften ausreichen.

| $d=d_1$ mm | $e$ mm | $d_2$ | $a$ mm | $b$ mm | $h$ mm | $h_1$ mm | $h_3$ mm | $s_1$ mm | $s_2$ mm |
|---|---|---|---|---|---|---|---|---|---|
| **80** | 112,5 | M18×1,5 | 211 | 115 | 140 | 50 | 30 | 18 | 19 |
| **100** | 134,5 | M18×1,5 | 259 | 140 | 140 | 50 | 30 | 24 | 25 |
| **125** | 159,5 | M18×1,5 | 284 | 165 | 140 | 50 | 30 | 24 | 25 |
| **160** | 198 | M22×1,5 | 340 | 200 | 170 | 56 | 40 | 30 | 32 |
| **180** | 218 | M22×1,5 | 360 | 220 | 170 | 56 | 40 | 30 | 32 |
| **200** | 238 | M22×1,5 | 380 | 240 | 170 | 56 | 40 | 30 | 32 |
| **224** | 269 | M27×2 | 450 | 274 | 180 | 56 | 50 | 40 | 42 |
| **250** | 295 | M27×2 | 476 | 300 | 180 | 56 | 50 | 40 | 42 |
| **280** | 325 | M30×2 | 506 | 330 | 190 | 63 | 50 | 40 | 42 |
| **315** | 360 | M30×2 | 541 | 365 | 190 | 63 | 50 | 40 | 42 |
| **355** | 400 | — | 581 | 405 | 200 | 63 | 56 | 40 | 42 |

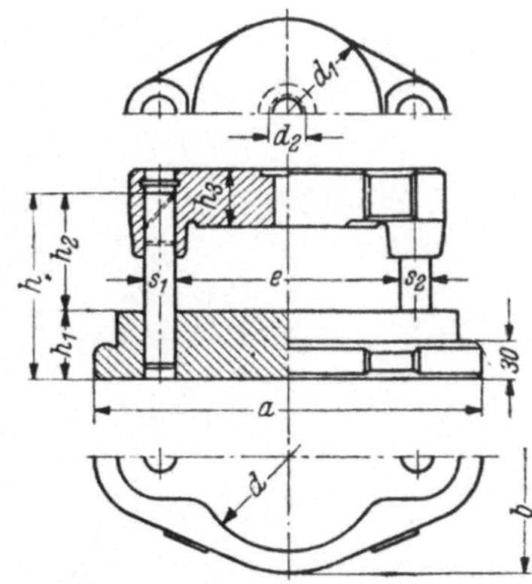


Abb. 197. Säulenführungs-Stanzgestelle (runde Arbeitsfläche). Abmessungen nach DIN 9812 (vgl. auch Entwurf DIN 9851).

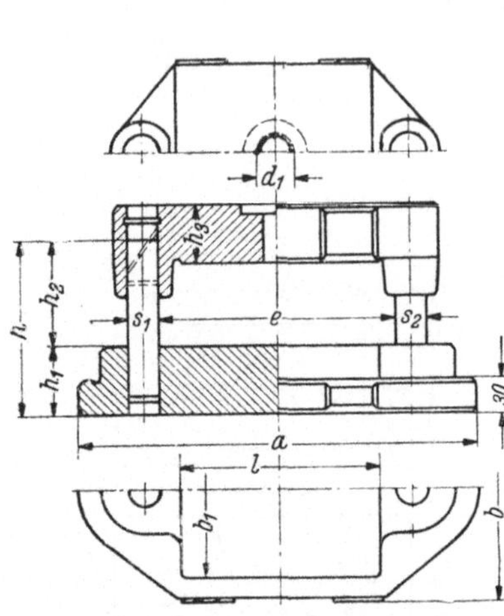


Abb. 198. Säulenführungs-Stanzgestelle (rechteckige Arbeitsfläche). Abmessungen nach DIN 9812 (vgl. auch Entwurf DIN 9852).

| $l$ mm | $b_1$ mm | $e$ mm | $d_1$ | $a$ mm | $b$ mm | $h$ mm | $h_1$ mm | $h_3$ mm | $s_1$ mm | $s_2$ mm |
|---|---|---|---|---|---|---|---|---|---|---|
| **80** | **63** | 112,5 | M 18×1,5 | 211 | 93 | 140 | 50 | 30 | 18 | 19 |
| **100** | **63** | 132,5 | M 18×1,5 | 231 | 93 | 140 | 50 | 30 | 18 | 19 |
| **125** | **63** | 157,5 | M 18×1,5 | 256 | 93 | 140 | 50 | 30 | 18 | 19 |
| **160** | **63** | 194,5 | M 18×1,5 | 319 | 103 | 140 | 50 | 30 | 24 | 25 |
| **200** | **63** | 234,5 | M 18×1,5 | 359 | 103 | 140 | 50 | 30 | 24 | 25 |
| **100** | **80** | 134,5 | M 18×1,5 | 259 | 120 | 140 | 50 | 30 | 24 | 25 |
| **125** | **80** | 159,5 | M 18×1,5 | 284 | 120 | 140 | 50 | 30 | 24 | 25 |
| **160** | **80** | 194,5 | M 18×1,5 | 319 | 120 | 140 | 50 | 30 | 24 | 25 |
| **200** | **80** | 234,5 | M 18×1,5 | 359 | 120 | 140 | 50 | 30 | 24 | 25 |
| **250** | **80** | 284,5 | M 18×1,5 | 409 | 120 | 150 | 56 | 30 | 24 | 25 |
| **125** | **100** | 159,5 | M 22×1,5 | 284 | 140 | 150 | 50 | 40 | 24 | 25 |
| **160** | **100** | 194,5 | M 22×1,5 | 319 | 140 | 150 | 50 | 40 | 24 | 25 |
| **200** | **100** | 238 | M 22×1,5 | 380 | 140 | 170 | 56 | 40 | 30 | 32 |
| **250** | **100** | 288 | M 22×1,5 | 430 | 140 | 170 | 56 | 40 | 30 | 32 |
| **315** | **100** | 353 | M 22×1,5 | 495 | 140 | 170 | 56 | 40 | 30 | 32 |
| **160** | **125** | 198 | M 22×1,5 | 340 | 165 | 170 | 56 | 40 | 30 | 32 |
| **200** | **125** | 238 | M 22×1,5 | 380 | 165 | 170 | 56 | 40 | 30 | 32 |
| **250** | **125** | 288 | M 22×1,5 | 430 | 165 | 170 | 56 | 40 | 30 | 32 |
| **315** | **125** | 353 | M 22×1,5 | 495 | 165 | 170 | 56 | 40 | 30 | 32 |
| **400** | **125** | 445 | — | 626 | 175 | 200 | 63 | 56 | 40 | 42 |
| **200** | **160** | 238 | M 27×2 | 380 | 200 | 180 | 56 | 50 | 30 | 32 |
| **250** | **160** | 288 | M 27×2 | 430 | 200 | 180 | 56 | 50 | 30 | 32 |
| **315** | **160** | 360 | M 27×2 | 541 | 210 | 190 | 63 | 50 | 40 | 42 |
| **400** | **160** | 445 | — | 626 | 210 | 200 | 63 | 56 | 40 | 42 |
| **500** | **160** | 545 | — | 726 | 210 | 200 | 63 | 56 | 40 | 42 |
| **250** | **200** | 295 | M 30×2 | 476 | 250 | 190 | 63 | 50 | 40 | 42 |
| **315** | **200** | 360 | M 30×2 | 541 | 250 | 190 | 63 | 50 | 40 | 42 |
| **400** | **200** | 445 | — | 626 | 250 | 200 | 63 | 56 | 40 | 42 |
| **500** | **200** | 545 | — | 726 | 250 | 200 | 63 | 56 | 40 | 42 |

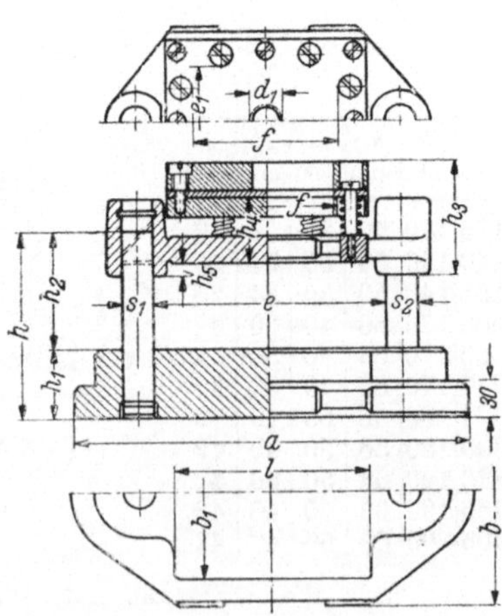


Abb. 199. Säulengestell mit beweglicher Führungsplatte (vgl. DIN Vornorm 9814).

Abb. 199. *Abmessungen.*

| $f$ mm | $e_1$ mm | $l$ mm | $b_1$ mm | $e$ mm | $d_1$ | $a$ mm | $b$ mm | $h$ mm | $h_1$ mm | $h_3$* mm | $h_5$ mm | $S_1$ mm | $S_2$ mm |
|---|---|---|---|---|---|---|---|---|---|---|---|---|---|
| **48** | **63** | 80 | 63 | 112,5 | M18×1,5 | 211 | 93 | 160 | 50 | 92 | 6 | 18 | 19 |
| **66** | **46** | 100 | 80 | 134,5 | M18×1,5 | 259 | 120 | 160 | 50 | 92 | 11 | 24 | 25 |
| **86** | **60** | 125 | 100 | 159,5 | M22×1,5 | 284 | 140 | 170 | 50 | 102 | 11 | 24 | 25 |
| **113** | **77** | 160 | 125 | 198 | M22×1,5 | 340 | 165 | 180 | 56 | 102 | 14 | 30 | 32 |
| **154** | **114** | 200 | 160 | 238 | M27×2 | 380 | 200 | 200 | 56 | 112 | 14 | 30 | 32 |
| **204** | **153** | 250 | 200 | 295 | M30×2 | 476 | 250 | 212 | 63 | 112 | 23 | 40 | 42 |
| **269** | **204** | 315 | 250 | 360 | M30×2 | 541 | 300 | 212 | 63 | 112 | 23 | 40 | 42 |

* Zuzüglich Dicke der Druckplatte.

*Abmessungen*

| $l$ mm | $b_1$ mm | $e$ mm | $e_1$ mm | $d_1$ | $a$ mm | $a_1$ mm | $h$ mm | $h_1$ mm | $h_3$ mm | $s_1$ mm | $s_2$ mm |
|---|---|---|---|---|---|---|---|---|---|---|---|
| 80 | 63 | 61,5 | 89,5 | M18×1,5 | 130 | 158 | 140 | 50 | 30 | 18 | 19 |
| 100 | 63 | 81,5 | 89,5 | M18×1,5 | 150 | 158 | 140 | 50 | 30 | 18 | 19 |
| 125 | 63 | 106,5 | 89,5 | M18×1,5 | 175 | 158 | 140 | 50 | 30 | 18 | 19 |
| 160 | 63 | 135,5 | 91,5 | M18×1,5 | 220 | 176 | 140 | 50 | 30 | 24 | 25 |
| 200 | 63 | 175,5 | 91,5 | M18×1,5 | 260 | 176 | 140 | 50 | 30 | 24 | 25 |
| 100 | 80 | 75,5 | 108,5 | M18×1,5 | 160 | 193 | 140 | 50 | 30 | 24 | 25 |
| 125 | 80 | 100,5 | 108,5 | M18×1,5 | 185 | 193 | 140 | 50 | 30 | 24 | 25 |
| 160 | 80 | 135,5 | 108,5 | M18×1,5 | 220 | 193 | 140 | 50 | 30 | 24 | 25 |
| 200 | 80 | 175,5 | 108,5 | M18×1,5 | 260 | 193 | 140 | 50 | 30 | 24 | 25 |
| 250 | 80 | 225,5 | 108,5 | M18×1,5 | 310 | 193 | 150 | 56 | 30 | 24 | 25 |
| 125 | 100 | 100,5 | 128,5 | M22×1,5 | 185 | 213 | 150 | 50 | 40 | 24 | 25 |
| 160 | 100 | 135,5 | 128,5 | M22×1,5 | 220 | 213 | 150 | 50 | 40 | 24 | 25 |
| 200 | 100 | 169 | 132 | M22×1,5 | 271 | 234 | 170 | 56 | 40 | 30 | 32 |
| 250 | 100 | 219 | 132 | M22×1,5 | 321 | 234 | 170 | 56 | 40 | 30 | 32 |
| 315 | 100 | 284 | 132 | M22×1,5 | 386 | 234 | 170 | 56 | 40 | 30 | 32 |
| 160 | 125 | 129 | 157 | M22×1,5 | 231 | 259 | 170 | 56 | 40 | 30 | 32 |
| 200 | 125 | 169 | 157 | M22×1,5 | 271 | 259 | 170 | 56 | 40 | 30 | 32 |
| 250 | 125 | 219 | 157 | M22×1,5 | 321 | 259 | 170 | 56 | 40 | 30 | 32 |
| 315 | 125 | 284 | 157 | M22×1,5 | 386 | 259 | 170 | 56 | 40 | 30 | 32 |
| 200 | 160 | 169 | 192 | M27×2 | 271 | 294 | 180 | 56 | 50 | 30 | 32 |
| 250 | 160 | 219 | 192 | M27×2 | 321 | 294 | 180 | 56 | 50 | 30 | 32 |
| 315 | 160 | 274 | 199 | M27×2 | 405 | 330 | 190 | 63 | 50 | 40 | 42 |
| 250 | 200 | 209 | 239 | M30×2 | 340 | 370 | 190 | 63 | 50 | 40 | 42 |
| 315 | 200 | 274 | 239 | M30×2 | 405 | 370 | 190 | 63 | 50 | 40 | 42 |

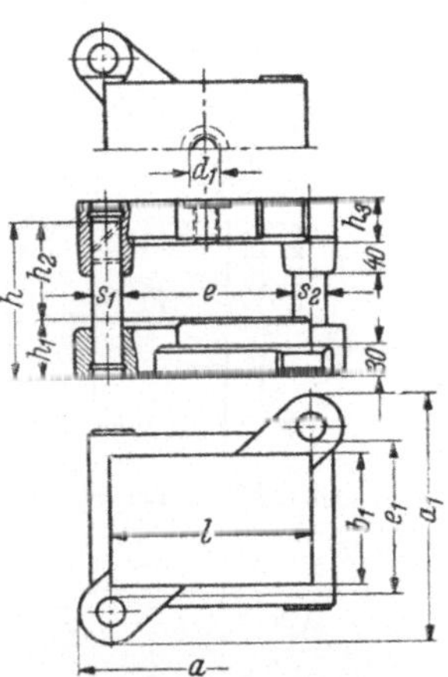


Abb. 200. Einfach-Säulengestell mit rechteckiger Arbeitsfläche und übereck angeordneten Säulen DIN 9819 (vgl. auch Entwurf DIN 9853).

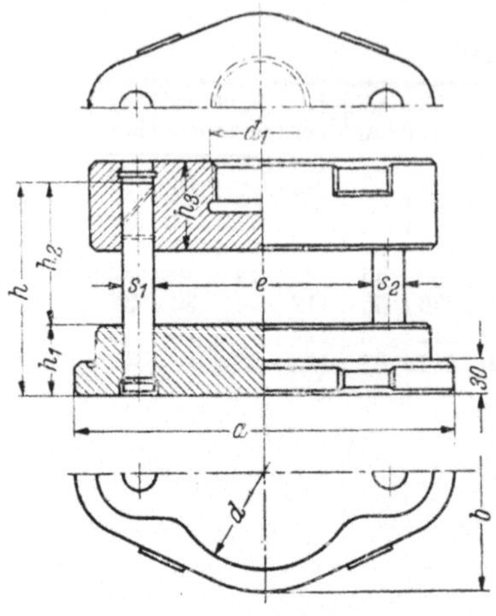


Abb. 201. Säulengestell für Gesamtschnitte mit runder Arbeitsfläche (vgl. DIN Vornorm 9816).

*Abmessungen.*

| $d$ mm | $e$ mm | $d_1$ | $a$ mm | $b$ mm | $h$ mm | $h_1$ mm | $h_3$ mm | $S_1$ mm | $S_2$ mm |
|---|---|---|---|---|---|---|---|---|---|
| 85 | 103,5 | M 64×4 | 202 | 115 | 180 | 50 | 85 | 18 | 19 |
| 106 | 129,5 | M 80×4 | 254 | 146 | 190 | 50 | 90 | 24 | 25 |
| 132 | 154,5 | M 100×4 | 279 | 172 | 200 | 56 | 95 | 24 | 25 |
| 170 | 195 | M 130×4 | 337 | 210 | 236 | 63 | 118 | 30 | 32 |
| 190 | 215 | M 150×4 | 357 | 230 | 236 | 63 | 118 | 30 | 32 |
| 212 | 235 | M 170×4 | 377 | 252 | 236 | 63 | 118 | 30 | 32 |

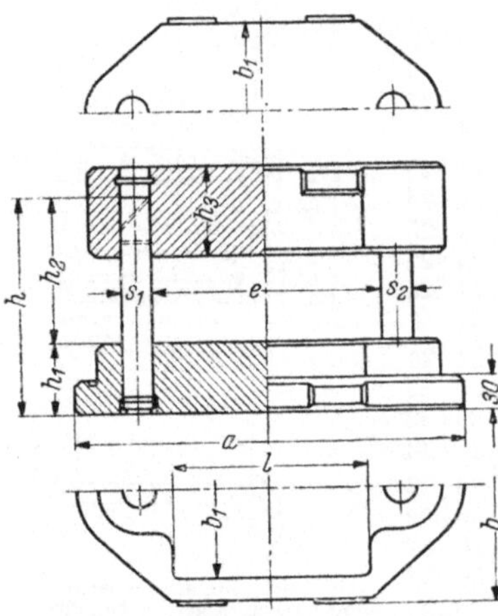


**Abb. 202. Säulenführungsgestelle für Gesamtschnitte (eckige Bauart).**

*Abmessungen.*

| $l$ mm | $b_1$ mm | $e$ mm | $a$ mm | $b$ mm | $h$ mm | $h_1$ mm | $h_3$ mm | $S_1$ mm | $S_2$ mm |
|---|---|---|---|---|---|---|---|---|---|
| 80 | 60 | 101 | 200 | 95 | 170 | 50 | 60 | 18 | 19 |
| 100 | 80 | 125 | 240 | 115 | 170 | 50 | 60 | 24 | 25 |
| 120 | 100 | 145 | 290 | 145 | 185 | 55 | 70 | 24 | 25 |
| 150 | 130 | 178 | 320 | 175 | 185 | 55 | 70 | 30 | 32 |
| 180 | 160 | 208 | 360 | 205 | 195 | 60 | 80 | 30 | 32 |
| 200 | 200 | 228 | 380 | 245 | 195 | 60 | 80 | 30 | 32 |
| 225 | 200 | 253 | 425 | 245 | 195 | 60 | 80 | 40 | 42 |
| 250 | 200 | 278 | 450 | 245 | 195 | 60 | 80 | 40 | 42 |
| 300 | 200 | 328 | 510 | 245 | 195 | 60 | 80 | 40 | 42 |

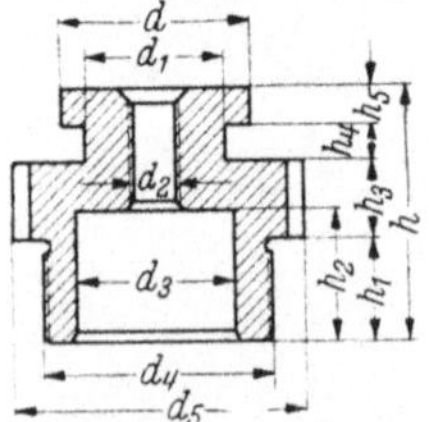


**Abb. 203. Kupplungszapfen für Gesamtschnitte DIN 9827 (vgl. Entwurf DIN 9860).**

*Abmessungen.*

| $d_{h11}$ mm | $d_{1\,h11}$ mm | $d_2$ | $d_3$ mm | $d_4$ | $d_5$ mm | $h$ mm | $h_1$ mm | $h_2$ mm | $h_3$ mm | $h_{5\,-0,1}$ mm |
|---|---|---|---|---|---|---|---|---|---|---|
| 37,5 | 28 | M 10 | 18 | M 27×2 | 48 | 49 | 20 | 27 | 15 | 7 |
| 37,5 | 28 | M 10 | 33 | M 45×3 | 58 | 49 | 20 | 27 | 15 | 7 |
| 37,5 | 28 | M 10 | 39 | M 56×4 | 68 | 54 | 23 | 32 | 17 | 7 |
| 47,5 | 32 | M 10 | 49 | M 64×4 | 78 | 60 | 23 | 32 | 19 | 9 |
| 47,5 | 32 | M 10 | 64 | M 85×4 | 98 | 71 | 25 | 35 | 28 | 9 |
| 47,5 | 32 | M 10 | 74 | M 95×4 | 108 | 71 | 25 | 38 | 28 | 9 |
| 47,5 | 32 | M 10 | 84 | M 105×4 | 128 | 76 | 30 | 38 | 28 | 9 |

*Abmessungen.*

| $d_{f7}$ mm | $d_1^{H11}$ mm | $d_2^{H11}$ mm | $h$ mm | $h_1$ mm | $l$ mm |
|---|---|---|---|---|---|
| 32 | 38,5 | 29 | 56 | 25 | 111,5 |
| 40 | 48,5 | 33 | 71 | 30 | 121,5 |

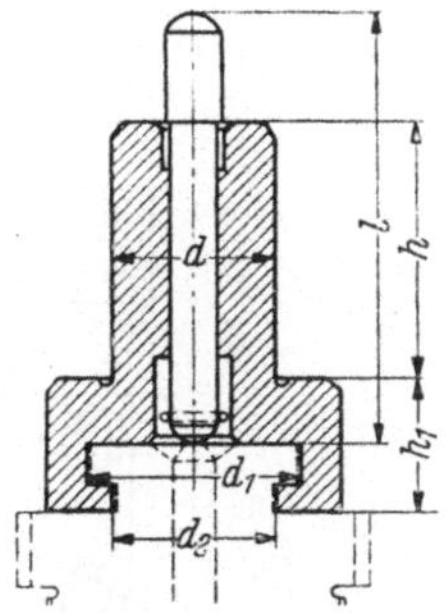

Abb. 204. Aufnahmefutter für Kupplungs-Einspannzapfen DIN 9827 (vgl. Entwurf DIN 9860).

*Abmessungen.*

| $d_{f7}$ mm | $d_1^{H11}$ mm | $d_2$ mm | $d_3$ | $d_4$ mm | $h$ mm | $h_1$ mm | $h_2$ mm |
|---|---|---|---|---|---|---|---|
| 32 | 10 | 18 | M 27×2 | 48 | 56 | 15 | 20 |
| 32 | 10 | 33 | M 45×3 | 58 | 56 | 15 | 20 |
| 32 | 12 | 39 | M 56×4 | 68 | 56 | 17 | 23 |
| 40 | 14 | 49 | M 64×4 | 78 | 71 | 10 | 23 |
| 40 | 14 | 64 | M 85×4 | 98 | 71 | 28 | 25 |
| 40 | 14 | 74 | M 95×4 | 108 | 71 | 28 | 25 |
| 40 | 14 | 84 | M 105×4 | 128 | 71 | 28 | 30 |

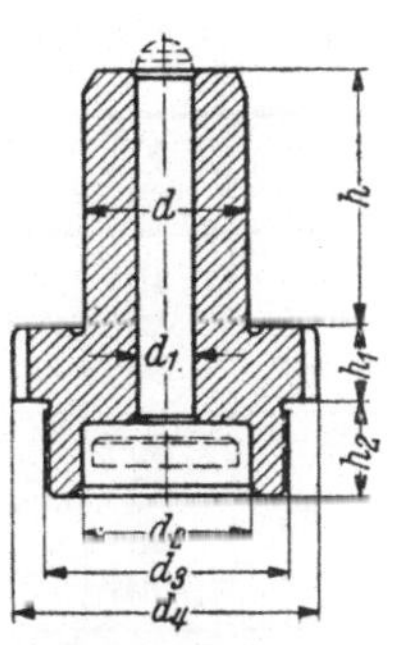

Abb. 205. Einspannzapfen für zwangsweisen Auswerfer bei Gesamtschnitten nach DIN 9827.

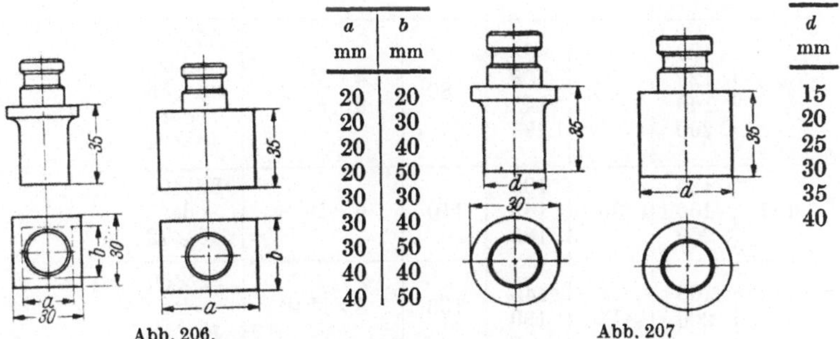

| $a$ mm | $b$ mm |
|---|---|
| 20 | 20 |
| 20 | 30 |
| 20 | 40 |
| 20 | 50 |
| 30 | 30 |
| 30 | 40 |
| 30 | 50 |
| 40 | 40 |
| 40 | 50 |

| $d$ mm |
|---|
| 15 |
| 20 |
| 25 |
| 30 |
| 35 |
| 40 |

Abb. 206. Abb. 207

Austauschbare Schnittstempel für Schnittgestelle.

eckig rund

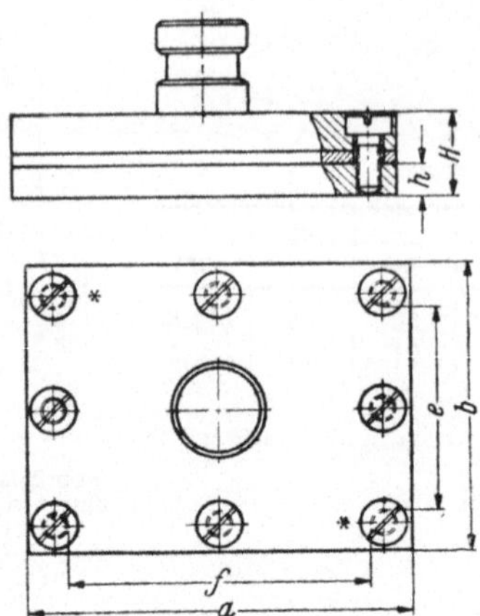


Abb. 208. Stempelköpfe (Entwurf DIN 9866) mit 4 mm starker Druckplatte.

*Abmessungen.*

| *b*<br>mm | *a*<br>mm | *h*<br>mm | $e_1$<br>mm | $e_2$<br>mm | Zahl× Gewinde<br>der Schrauben | *d*×*l*<br>mm mm |
|---|---|---|---|---|---|---|
| 38 | 40<br>63<br>80 | 30 | 27<br>50<br>67 | 25 | 4×M 6 | 20×40 |
| 48 | 50<br>63<br>80<br>100 | 32 | 37<br>50<br>67<br>87 | 35 | 4×M 6 | 20×40<br>oder<br>25×45 |
| 63 | 63<br>80<br>100 | 32 | 46<br>63<br>83 | 46 | 4×M 8 | 25×45 |
| 77 | 80<br>100<br>125<br>160 | 34 | 63<br>83<br>108<br>143 | 60 | 4×M 8<br><br>6×M 8 | 25×45 |
| 97 | 100<br>125<br>160<br>200 | 39 | 83<br>108<br>143<br>183 | 80 | 4×M 8<br>6×M 8 | 25×45<br>oder<br>32×56<br>oder<br>40×72 |
| 127 | 125<br>160<br>200 | 39 | 108<br>143<br>183 | 110 | 6×M 8 | 32×56<br>oder<br>40×72 |
| 156 | 160<br>200 | 43 | 140<br>180 | 136 | 8×M10 | 32×56<br>oder<br>40×72 |

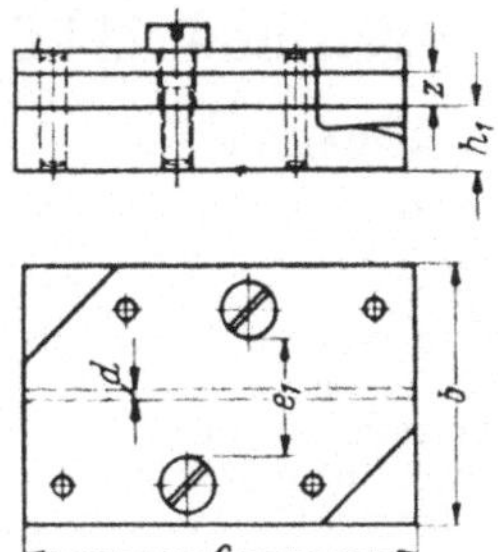


Abb. 209. Schnittkästen (vgl. Entwurf DIN 9867).

*Abmessungen in mm.*

| *a* | *b* | *e* | *g* | *l* | *m* | *u* | *s* | *z* | *f* |
|---|---|---|---|---|---|---|---|---|---|
| 80<br>100<br>125 | 62 | 56<br>76<br>101 | — | 60 | 50<br>60<br>80 | 23 | 18 | 6 | 16 |
| 100<br>125<br>160 | 77 | 76<br>101<br>136 | — | 60 | 60<br>80<br>100 | 23 | 23 | 6 | 18 |
| 125<br>160<br>200 | 97 | 93<br>128<br>168 | 33 | 80 | 80<br>100<br>130 | 23 | 23 | 6 | 18 |
| 125<br>160<br>200 | 127 | 93<br>128<br>168 | 63 | 100 | 80<br>100<br>130 | 28 | 28 | 8 | 23 |
| 160<br>200<br>250 | 156 | 120<br>160<br>210 | 76 | 120 | 100<br>130<br>180 | 28 | 32 | 8 | 23 |
| 200<br>250 | 196 | 156<br>206 | 106 | 120 | 130<br>180 | 37 | 37 | 8 | 23 |

# Anmerkung.

Die Abmessungen der runden Schneidstempel, Seitenschneider, Anschläge für Seitenschneider und runden Suchstifte sind in DIN 9861 bis 9864 als DIN-Norm festgelegt. Für die anderen Werkzeugteile bestehen Richtlinien in den Vornormen DIN 9814 u. f. und den Entwürfen DIN 9850 u. f.

Nun den Ehrgeiz besitzen zu wollen, für Schnittkästen, Stempelköpfe u. a. m. sich nach wenig abweichenden Betriebsnormen zu richten, wäre wahrlich gegen den Sinn einer wirtschaftlichen Fertigung und Werkstoffverbrauch.

# Bezeichnungen und Abkürzungen.

| Zeichen | bedeutet |
|---|---|
| $A$ . . | Schnittarbeit in mkg, |
| $B_r$ . . | Streifenbreite in mm, |
| $c$ . . | Konstante in kg/mm², |
| $d_r$ . . | Drahtdurchmesser in mm, |
| $D_a$ . . | Scheibendurchmesser in mm, |
| $d_t$ . . | Topfscheibendurchmesser in mm, |
| $D_i$ . . | Topfinnendurchmesser in mm, |
| $D_{max}$ . . | Großer Stufenscheibendurchmesser in mm, |
| $D_{min}$ . . | Kleiner Stufenscheibendurchmesser in mm, |
| $E$ . . | Elastizitätsmodul in kg/cm², |
| $f_z$ . . | Zusammendrückung von Schraubenfedern in mm, |
| $f$ . . | Durchbiegung eines Trägers in cm, |
| $G_g$ . . | Werkstoffverbrauch (Gesamtgewicht) in kg, |
| $G_n$ . . | Nettogewicht der Fertigungsteile in kg, |
| $G_a$ . . | Werkstoffabfall (Abfallgewicht) in kg, |
| $g$ . . | Erdbeschleunigung 9,81 m/s² $\approx$ 10 m/s², |
| $i$ . . | Trägheitshalbmesser in m, |
| $L$ . . | Streifenlänge in mm bzw. mm/min, |
| $l$ . . | Trägerlänge in cm, |
| $n$ . . | Drehzahl in $min^{-1}$, |
| $p$ . . | Flächenpressung in kg/mm² bzw. kg/cm², |
| $p_r$ . . | Preßdruck in kg/cm², |
| $P$ . . | Schnittkraft in kg, |
| $P_a$ . . | Ausstoßkraft in kg, |
| $S_s$ . . | Seitenschneiderabschnitt in mm, |
| $t_h$ . . | Hauptzeit der Fertigung in min, |
| $t_n$ . . | Nebenzeit in min, |
| $t_g$ . . | Fertigungsgrundzeit in min, |
| $t_v$ . . | Fertigungsverlustzeit in min, |
| $t_r$ . . | Rüstzeit (Einrichtezeit) in min, |
| $t_E$ . . | Einführung des Streifens in das Werkzeug in min, |
| $t_A$ . . | Streifenauslaufzeit in min, |
| $t_M$ . . | Zeitverlauf nach Einrückung der Maschine in min, |
| $T_l$ . . | Teillänge in Streifen in mm, |
| $1/u$ . . | Arbeitshubzeit (Hauptzeit) in min, |
| $V_s$ . . | Vorschub in mm, |
| $W$ . . | Widerstandsmoment in cm³, |
| $x$ . . | Anzahl der Teile im Streifen, |
| $y$ . . | Anzahl der Streifen, |
| $z$ . . | Anzahl der Fertigungsstücke, |
| $Z_m$ . . | Stegbreite (Zwischenmaterial) in mm, |
| $Z_{vs}$ . . | Anzahl der Streifenvorschübe, |
| $\alpha$ . . | Winkelgröße in Grad, |
| $\gamma$ . . | Wichte des Werkstoffes, |
| $\delta$ . . | Werkstoffdicke in mm, |
| $\varphi$ . . | Stufensprung $\varphi = \sqrt[z-1]{n_z/n_1}$, |
| $\omega$ . . | Winkelgeschwindigkeit in 1/s, |
| $\mu$ . . | Reibungszahl 0,1 bzw. 0,06, |
| $\Sigma_T$ . . | Summe der Teile für Gesamtauftrag, |
| $\sigma_B$ . . | Zugfestigkeit in kg/cm² bzw. kg/mm², |
| $\sigma_d$ . . | Druck beim Formstanzen in kg/mm², |
| $\tau_a$ . . | Scherfestigkeit in kg/mm² bzw. kg/cm², |
| $\sigma_b$ . . | Biegenennspannung beim Winkelbiegen in kg/cm² bzw. kg/mm². |

---

721/47/53